国家出版基金项目
NATIONAL PUBLICATION FOUNDATION

Supernovae

核塌缩型
超新星的演化

刘门全 张洁 罗志全 彭秋和 著

山东大学出版社

图书在版编目(CIP)数据

核塌缩型超新星的演化 / 刘门全等著. —济南：
山东大学出版社，2019.12
　ISBN 978-7-5607-6553-2

　Ⅰ．①核… Ⅱ．①刘… Ⅲ．①超新星－研究 Ⅳ.
①P145.3

中国版本图书馆 CIP 数据核字(2019)第 292872 号

策划编辑　李港
责任编辑　李港
封面设计　张荔

出版发行　山东大学出版社
社　　址　山东省济南市山大南路 20 号
邮政编码　250100
发行热线　(0531)88363008
经　　销　新华书店
印　　刷　山东新华印务有限公司
规　　格　787 毫米×1092 毫米　1/16
　　　　　11.75 印张　269 千字
版　　次　2019 年 12 月第 1 版
印　　次　2019 年 12 月第 1 次印刷
定　　价　65.00 元

前　言

在辽阔的宇宙中,有一类我们平时看不见的天体,但是当它吸积物质到其表面并点燃表层核烧然时,其亮度会突然增加,以致被人们发现,这种变星叫"新星"。如果变星亮度的增加比普通新星大得多,并且能持续数月甚至更长时间,则称其为"超新星"。超新星是恒星死亡前的回光返照。当银河系中发生超新星爆炸时,我们在地球上用肉眼就可以轻易看到这种天文奇观。

古往今来,人类有许多关于超新星的记录,最早的甚至可能追溯到原始社会留下的壁画,有文字记载的包括中国、日本和欧洲、阿拉伯等地区。我国古人把超新星称为"客星",因为它突然出现在天空,一段时间之后又神秘消失,好像客人一样。在我国古代神话后羿射日中,天上有 10 个太阳,其中另外的 9 个是不是超新星呢?

随着现代天文观测技术和理论研究的发展,人类对超新星的理解越来越深刻。超新星爆炸不仅现象非常壮观,而且对天文和物理的研究非常重要。超新星如此之亮,因此可把它作为标准烛光,用来确定宇宙大尺度的距离。超新星爆炸是大质量恒星晚期演化中最重要的一环,爆炸将决定中子星和黑洞这样的致密天体能否诞生,亦或没有任何致密遗迹。恒星内部是难于直接观测的,但是超新星爆炸时的强大能量将推开厚厚的包层,使我们有机会能像剥洋葱一样"解剖"恒星,了解恒星内部的情况。超新星核心区极端高温、高密和强磁场的环境是当前的地球实验室不能实现的,所以它又是一个天然的理想物理实验室。超新星爆炸是宇宙高能粒子和电离辐射的重要来源。超新星可能与伽马射线暴成协;超新星爆炸发出的大量中微子是中微子天文学的主要监测目标。超新星 1987A 的中微子观测已经证明了核塌缩理论的合理性,证实了预期的中子星结合能、扩散时间尺度和近似质量。大量的观测和理论研究表明,超新星爆炸是星际介质中重元素和能量的主要来源。超新星的能量输出比 O 型星、B 型星、A 型星和沃尔夫—拉叶星(Wolf-Rayet)输出的总能量还要大几倍。超新星是宇宙中绝大部分碳以上元素的来源,也是一些特殊元素(如快中子俘获元素)的重要诞生场所。这些抛射的物质和能量必将影响下一代恒星的诞生和演化,以及整个星系的演化。

因此,超新星的完整演化链应该是从它的前身星一直到下一代恒星的形成。本书基本是按照这个顺序来写的。在第 1 章里,我们综述了超新星的分类和核塌缩型超新星的爆炸机制,包括普通的核塌缩型超新星和超亮超新星,计算了至今最亮超新星供能所需的放射性核素的质量。第 2 章介绍了核塌缩型超新星的爆炸过程。首先介绍了利用新的核配分函数和核统计平衡计算前身星物质组份的方法,然后介绍了导致前身星星核塌缩的原因——电子俘获的计算方法,接着采用一个一维的数值模拟程序模拟了超新星核塌缩、反弹形成激波和激波传播过程。当然,严格的一维数值模拟是失败的,激波不能冲出铁核。于是我们又采用人为调压强梯度的方法构造了一个成功的强爆发模型,分析成功的爆发模型中的对流传能。当前主流的超新星爆发模型是延迟爆发模型。延迟爆发模型需要的大量中微子可能来自夸克相变,于是我们计算了不同夸克质量模型下 u,d 夸克到 u,d,s 夸克相变的中微子产能率。星核中心产生的中微子在传播路程中要和其他的中微子、电子等相互作用,造成中微子集体振荡,于是引入中微子味道同位旋矢量来描述中微子的味道转化。超新星爆炸成功后,来自初生中子星的强大中微子流可能形成持续 10 多秒的、由中微子驱动的星风。虽然时间很短,但这个星风被认为是快中子俘获元素的诞生场所。第 3 章介绍了中微子驱动的星风动力学和快中子俘获的核合成条件。星风动力学方程组的求解依赖于边界条件。采用有外部中微子流时的 $npe^{\pm}$ 平衡条件计算出星风初始的电子丰度。初生中子星星风中的能量吸收取决于中微子和反中微子的反应截面,因此也研究了它们的截面问题。最后采用不同的物态方程求解中微子驱动的星风动力学方程,分析计算结果对快中子俘获核合成的影响。超新星爆炸后可能直接在中心生成恒星级的黑洞,但本书不讨论这种情况,只讨论中心生成中子星的情况。初生的中子星是非常热的,温度可达到 1×10^{12} K 以上,但是初生的中子星会迅速冷却。冷却主要通过中微子发射来带走能量。在初始阶段,冷却由直接 URCA 过程主导,在 1 min 内中子星的温度降到 1×10^{10} K。但一旦达到这个"低温",大多数中子星就没有足够的热激发核子继续支持直接 URCA 过程了,因为这个过程不能再同时保证能量和动量守恒。计算表明,为了保持动量守恒,直接 URCA 过程要求最小质子丰度为 1/9。当温度达到 1×10^{10} K以下时,中子星中的质子丰度由核对称能决定。对于典型的中子星密度(原子核密度),对称能使质子丰度大约为 1/25,因此,直接 URCA 过程是禁戒的,而修正 URCA过程在中子星冷却中起主要作用。在第 4 章中,我们计算了在中子星内部超流和强磁场下的修正 URCA 过程的中微子发射率,也计算了中子星壳层中的电子俘获和β衰变,以期有助于理解强磁场下的β平衡以及解释超暴(一种比正常Ⅰ型X射线暴还强3个量级的爆发,因为能量不够,使当前理论计算的壳层中的碳点火深度比观测推断值大)等的观测。第 5 章介绍了超新星抛射物的长期演化,从第一年到几十万年。由抛射物的初始物理量,如总能量、速度、空间尺度等模拟出超新星遗迹的动能、势能、热能、激波速度、遗迹光度、温度、密度等随时间的演化。由于双中子星合并遗迹和超新星遗迹在观测上是难于区分的,我们也模拟了双中子星合并遗迹的长期演化,得到了不同演化阶段的观测特征。对超新星的研究不仅有助于理解恒星的晚期演化,而且有助于研究星系的演化。第 6 章讨论了超新星产生的铁族元素在星系中的演化。以银河系附近的矮椭球星系为例,计算了它们的恒星形成率、超新星(含Ⅰa型和核塌缩型)爆发率以及不同类型超新星的产量。与观测相比,我们的模型可以较好地解释目前观测到的这些星系中的 Fe,Mn,Co 等的分布。

关于核塌缩型超新星的演化理论虽然已经基本成型,但是仍然还有很多问题没有完全解决。本书是我们前期关于核塌缩型超新星研究的一个工作总结,大部分成果已经公开发表,但仍有部分是未公开发表的结果。刘门全主要负责全书统稿和数值模拟部分,张洁主要负责中子星物理部分,罗志全主要负责弱相互作用的理论指导,彭秋和主要负责超新星爆发机制的理论指导。我们希望这本书能够为对超新星感兴趣的读者提供一些参考。

本书的研究工作得到了国家自然科学基金(编号 10347008、11273020、11305133)、国家出版基金、中国博士后科学基金、四川省科技厅(编号 2018JY0502)、山东省自然科学基金、西华师范大学科研基金和齐鲁师范学院科研基金的支持,在此一并致谢。

由于水平有限,书中难免存在不当之处,恳请各位专家学者批评指正,以便在后续工作中改正。

作者

2019 年 11 月

目　录

第 1 章　核塌缩型超新星的概述

1.1　超新星简介

超新星爆炸是宇宙中极为壮观的天文现象,也是宇宙中绝大部分碳(C)以上元素的来源。它的特征爆发能量为 1×10^{51} erg(在超新星研究中,常用 foe 来代替 ten to fifty-one erg,即最后三个单词首字母的缩写)。2007 年,伍斯利(Woosley)等人建议用 B 来代替 1×10^{51} erg,以纪念贝特(Bethe)在超新星研究方面的杰出贡献(Woosley et al.,2007)。由于习惯的原因,本书仍然采用 foe。对于高能超新星(High Energy Supernovae,也称"Hypernovae",缩写为"HNe"),其爆发能量在 10 foe 以上(Nomoto,2004;Tominaga et al.,2007);而对于宇宙早期第一代的超巨质量(Pop Ⅲ)恒星导致的电子对不稳定超新星(PISN),理论上的最大爆发能量接近 100 foe(Heger et al.,2002)。

首先简要介绍一下超新星的分类。按照恒星死亡原因,超新星可以分为两大类(Woosley et al.,2005):(1)Ⅰa 型,通常认为是由双星系统中 CO 白矮星吸积伴星超过钱德拉塞卡质量而点燃热核爆炸造成的(Hillebrandt et al.,2000),其结果是把整个白矮星完全销毁,没有致密残骸(如 SN1006,SN 代表超新星,1006 代表爆发的年份,年份后的字母代表当年的编号),可进一步分为单简并模型和双简并模型。(2)其余的所有超新星都是核塌缩型(Core-collapse SN,简写为"CCSN"),包括 Ⅱ 型超新星(如 SN1054、SN1987A)、Ⅰb 型超新星(如 SN2001ig,SN2005cz)、Ⅰc 型超新星(如 SN2007bi)、电子对不稳定超新星(PISN)[当前虽然有些候选者,但还没有定论(Woosley et al.,2007;Moriya et al.,2010)]等。在通常情况下,核塌缩型超新星爆炸后会在中心留下致密星体:中子星(夸克星)或黑洞(PISN 除外),它们也是宇宙中爆发频率最高的超新星。Ⅱ型、Ⅰb 型和Ⅰc 型超新星的共同点是它们的前身星都有"铁核"($8M_\odot \sim 10M_\odot$ 的前身星形成 O-Ne-Mg 核)。本书主要讨论这三类超新星,而对电子对不稳定超新星在 1.3 节仅作简要介绍。

按照光谱分类(见图 1-1),超新星通常分为两大类:缺少氢谱线的为Ⅰ型和存在氢谱

1

线的为 II 型。I 型又分为:光谱中有 Si 线的为 Ia 型和无 Si 线的为 Ib 型。SN Ib 中又可以细分出 SN Ic(它在光极大时没有氦线)。I a 型超新星谱线中的重元素(^{56}Ni-^{56}Co-^{56}Fe)很多,后期 Fe 线最强。I a 型在光极大时的光度几乎相同,其绝对星等约为 -20 mag,平均值为 -19.7(或 -20.1)+5lg(Hu/50) mag,弥散度为 0.4~0.8 m。人们常常利用这一性质,将 I a 型光极大作为标准烛光来测定遥远星系的距离,也可以确定哈勃常数 Hu 的大小(王贻仁等,2003)。II 型根据光变曲线分为 II L 型和 II P 型,L,P 表示 II 型超新星的光变曲线是线性下降的或是平台形下降的,其中 II P 型是出现频率最高的(Poznanski et al.,2009)。如果连续谱宽成分上有很窄的 He 发射线,则称为"II-n 型"(Schlegel,1990)[n 是 narrow 的首字母,如 SN2008s (Prieto et al.,2008)]。另外,如果光谱中有 H 但是以 He 为主导,则归为 II b 型(如 SN1993J)。

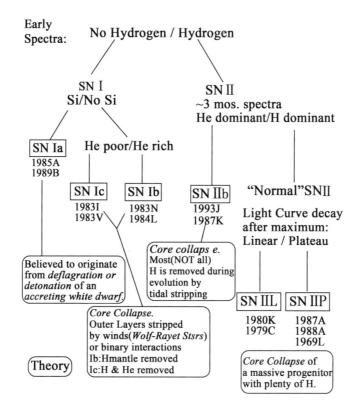

图 1-1 超新星按照光谱分类(1)

来自:http://rsd-www.nrl.navy.mil/7212/montes/snetax.html

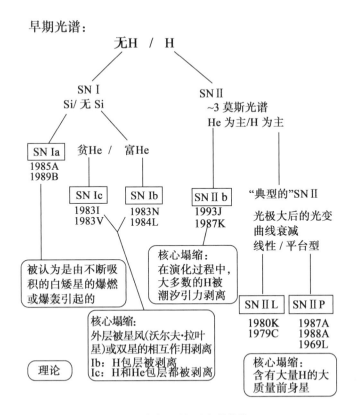

图 1-1　超新星按照光谱分类(2)

来自:http://rsd-www.nrl.navy.mil/7212/montes/snetax.html

Ⅰa 型超新星发生在所有类型的星系中,没有偏向恒星形成区,这与它们诞生于年老的或中等年龄的恒星相一致。其余类型的超新星通常是年轻的大质量恒星,出现在恒星形成区。但是,在椭圆星系 NGC4589 中出现了Ⅰb 型超新星 SN2005cz,这是比较特殊的一例,因为椭圆星系通常只包括低质量的年老恒星,而少有大质量的年轻恒星(Kawabata et al.,2010)。

1.2　核塌缩型超新星的爆发机制

恒星的初始质量、金属丰度、旋转速度决定了恒星演化,其中最主要的是恒星的质量。下面以 $15M_\odot$ 恒星为例介绍核塌缩型超新星的演化过程。

$15M_\odot$ 恒星的核心将经过平稳的 H 燃烧、He 燃烧、C 燃烧、Ne 燃烧、O 燃烧、Si 燃烧(与小质量的恒星不同,不会经过 He 闪等脉动阶段),最终形成铁核。从表 1-1 中可以看出,H 燃烧和 He 燃烧占据了恒星生命 99% 以上的时间,一旦开始 C 燃烧,它的生命就进入了倒计时。恒星晚期光学光度增加不明显,而中微子光度呈量级地明显增加。当中微子光度达到太阳的 1×10^{11} 倍时,离最后的爆发大约只有两周的时间了。因此,在理论上可以通过寻找中微子流量反常的恒星找出超新星的前身星,然而在实际上由于探测中微子非常困难,所以这种方法至少现在还是不现实的(如超新星1987A爆发时,理论上至少有1×10^{58}个中微子被发射,但被探测到的中微子只有19个)。恒星最后形成"洋葱"状的结构:中心是铁核心,外面依次为前述各元素的壳层和它们的燃烧层(Woosley et al., 1995)。铁核半径为1 650 km;Si核半径为6 400 km,约为地球半径;O-Ne核半径为18 500 km;O-C核半径为31 800 km……H包层外半径为3.4×10^8 km,近似等于日地距离的2倍(2AU)。铁核大小约为$1.3M_\odot$[1995年的模型为$1.38M_\odot$(Woosley et al., 1995),2002年的模型为$1.29M_\odot$,正如伍斯利(Woosley)指出的那样,铁核总体上减小了$0.1M_\odot$(Woosley et al., 2002)]。

表1-1 $15M_\odot$恒星的演化(Woosley et al., 2005)

阶段	时间尺度	反应物	生成物	温度($\times10^9$ K)	密度(g·cm^{-3})	光度(太阳标准)	损失中微子(太阳标准)
H	11 Ma	H	He	0.035	5.8	28 000	1 800
He	2.0 Ma	He	C,O	0.18	1 390	44 000	1 900
C	2 000 a	C	Ne,Mg	0.81	2.8×10^5	72 000	3.7×10^5
Ne	0.7 a	Ne	O,Mg	1.6	1.2×10^7	75 000	1.4×10^8
O	2.6 a	O,Mg	Si,S,Ar,Ca	1.9	8.8×10^6	75 000	9.1×10^8
Si	18 d	Si,S,Ar,Ca	Fe,Ni,Cr,Ti…	3.3	4.8×10^7	75 000	1.3×10^{11}
铁核塌缩	~1 s	Fe,Ni,Cr,Ti…	Neutron Star	>7.1	$>7.3\times10^9$	75 000	$>3.6\times10^{15}$

前身星的铁核具有约1 000 km·s^{-1}的向内塌缩速度,而从铁核往外的壳层,塌缩速度逐渐减小,从每秒几百千米降到零。此时铁核区域电子简并压占主导,热中微子过程和电子俘获过程产生的中微子逃逸导致铁核能量和简并压力迅速降低,而电子俘获是导致塌缩的主要原因,塌缩的最大速度可达到1/4倍光速。最后,当核区密度达到$(4\sim5)\times10^{14}$ g·cm^{-3}时,核力起主导作用抵抗引力,中心区塌缩首先停止,已经停止的内核和外核碰撞产生激波(Woosley et al., 2005)。实际模拟表明,最初只有中心很小的区域停止塌缩,但会迅速扩大,从中心往外,会经过一段极短时间的振荡然后形成主激波(Liu et al., 2009)。激波初始能量高于10 MeV,速度在10 000 km·s^{-1}以上。早期的研究曾认为反弹激波就是超新星爆炸能量的主要来源(Colgate et al., 1960;Baron et al., 1985),但现在认为这是不可能的(Woosley et al., 2005;Fischer et al., 2009)。由于外核区壳层的光致裂解和中微子损失,反弹激波不能冲破外层铁核和外面包层的阻碍,它很快(几毫秒之后)就会停在铁核中形成驻激波,而中心刚刚诞生的中子星会以每秒零点几倍太阳质量的速度吸积物质。如果这种吸积能够持续即使1 s,初生中子星也将粉碎成一个黑洞,也就没有我们观测到的超新星的爆炸了(Mac Fadyen et al., 1999),即这种瞬时爆发机制是失败的。

现在的主流观点认为,在反弹后的几秒时间里,有大约3×10^{53} erg的能量(相当于消耗掉初生中子星质量能量的10%)以中微子的形式发射出来。中微子将加热驻激波,并且在极短时间内加热储存的能量必须超过某个阈值,即克服快速吸积造成的碰撞压强

（Ram Pressure。Bethe，1990）。如此，在中子星附近形成充满正负电子对和光子的不断膨胀的巨大气泡（Bubble）。Bubble 的外边界演化为向外的激波，抛射星体外部壳层，从而导致超新星爆炸。这种观点是贝特（Bethe）和威尔逊（Wilson）在 1985 年首次提出的，称为"延迟爆发机制"（Bethe et al.，1985）。激波通过外面壳层时，会点燃爆炸性的 Si 燃烧、O 燃烧等，直到温度降到点火临界温度以下。激波在 10 000 km 处的速度在 30 000 km·s^{-1}以上（见图 1-2）。大约 2 h 后，抛射物到达光学薄的区域，光学波段的信息才能被观测到，这已比塌缩过程的中微子信息晚了许多。爆发后期的光度能量来源主要是由生成的放射性核素衰变加热提供的。此外，爆发过程中的对流是非常复杂的，这将在第 2 章作简要介绍。从超新星铁核塌缩到激波反弹再到冲出铁核，整个过程在 1 s 以内完成。一个和地球差不多大的塌缩核，瞬间就成了半径几十千米的高温高密初生中子星，进而形成激波，加热激波，打破铁核，点燃外部壳层爆炸性的核燃烧，天文的奇妙就是如此。虽然人们已经对核塌缩型超新星进行了几十年的研究，但其具体的爆发机制至今没有人能够肯定（Woosley et al.，2005）。

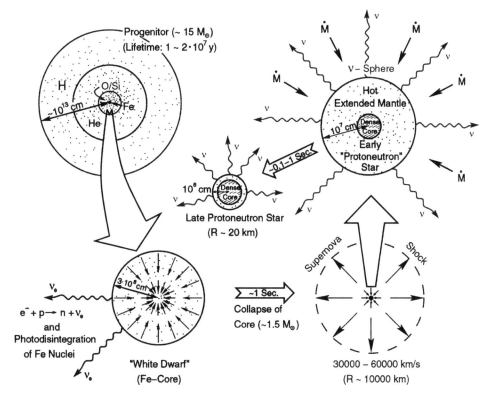

图 1-2　15$M_\odot$超新星爆发过程示意图（Martinez-Pinedo，2008）（1）

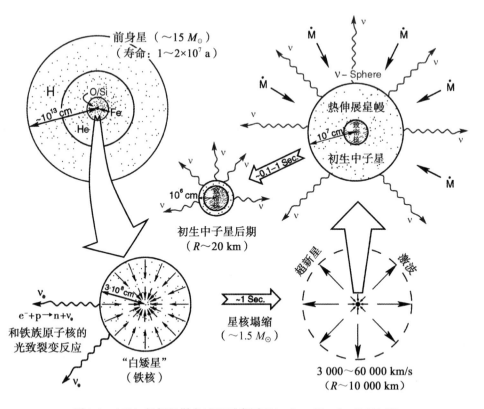

图 1-2　15$M_\odot$ 超新星爆发过程示意图（Martinez-Pinedo,2008）(2)

　　在延迟爆发机制中,极短的时标内大量中微子如何产生仍然是一个没有完全解决的问题,其中一种可能的机制是从两味(u,d)夸克到三味(u,d,s)夸克的相变(具体过程将在 2.4 小节介绍。Dai et al.,1995)。另外,中微子被物质吸收或散射的截面非常小,如何有效地把中微子能量传递给物质也是一个难题。有学者采用人为增大中微子反应截面 2～3 倍的方法(Fischer et al.,2009)。2006 年,伯罗斯(Burrows)等人提出可能是内星核振荡产生声子,利用声子加热激波而非中微子,因为声子几乎可以 100% 地被物质吸收,但对于声子的产生机制仍有争论(Burrows et al.,2006)。彭秋和曾经提出一种内核提前塌缩,依靠中微子和外核物质相干散射导致超新星爆发的模型,但仍需要更详细的数值模拟验证(Peng,2004)。还有一种磁场驱动机制。这种机制早在四十多年前就被提出了(Bisnovatyi-Kogan,1970;1971),但此后长期没有引起人们的关注,只到近年,才有不少学者进行了相关研究。他们发现,足够强的磁场(如磁星)再加上非球对称模拟可以实现超新星的强爆发(Komissarov et al.,2007)。但当前天文观测发现的磁星数量远小于超新星的数量,这种机制是否有普遍意义就成了一个问题。面对诸多困难,伍斯利(Woosley)建议考虑采用一些新的物理知识,包括旋转和磁场,对描述中子星内部的高密物态方程修正,或改变中微子物理。

　　至今,考虑严格计算的一维模拟没有一个是成功的,但作为研究历史最悠久、计算方法最成熟的模型,一维模型至今仍然被不少学者采用(Hix et al.,2003;Arcones et al.,2008;Janka et al.,2008;Fischer et al.,2009),特别是当考虑新的物理后,先采用一维模拟是许多学者的首选。天文观测证实超新星爆炸是非球对称的,多维模拟更有利于爆发成功。然而,包括中微子运输过程的自由参数的多维模型,在超新星是否真的爆炸的关键问题上出现了模棱两可的结果。目前,全世界至少有四个小组(Woosley、Janka、Mezzacappa、Fryer)在用世界上最快的超级计算机进行二维和三维模拟。多维模拟是非常困难的。不仅要对整个中子星构造高分辨率的网格,计算空间网点需要十亿的量级,而且必须考虑各种的中微子输运、对流等过程。不同研究小组对有关问题使用不同的近似。没有任何一个小组的三维模拟结果达到让全世界同行都相信的精度(Woosley et al.,2005)。这些已经进行了各种近似的计算给出不等的结果:从积极的爆炸(Burrows et al.,1995;Fryer et al.,2004),到边界的失败(Buras et al.,2006),再到彻底的失败(Mezzacappa et al.,1998)。

超新星理论研究的主要障碍之一是对超新星的核心了解太少。人们从光变曲线、光谱和抛射物的化学元素来间接理解超新星的核心,而直接观测只有尽可能地利用中微子或引力辐射。到目前为止,超新星 1987A 的中微子观测已经证实了预期的中子星结合能、扩散时间尺度和近似质量,但探测到的中微子的数量毕竟太少。未来,银河系中超新星的测量将提供更多的信息,包括对旋转速率的限制等,我们期待下一代更高精度的大型地下中微子探测器能带来更多的信息。

1.3 超亮超新星的重要性及分类

超新星是恒星死亡前的回光返照。几十年来,天文上对于超新星的研究都很活跃,因为超新星爆发是宇宙高能粒子、重元素和电离辐射的重要来源,而它们爆炸后留下的中子星和黑洞也有很多问题还在讨论之中。当宇宙中的大质量和超大质量恒星死亡时,如果这些恒星通过核塌缩形成超新星同时伴随自旋下降的磁星;或者形成脉动的电子对不稳定超新星(初始质量为 $100M_\odot \sim 140M_\odot$);或者形成电子不稳定超新星(初始质量为 $140M_\odot \sim 260M_\odot$);或有其他机制供能,就会产生比正常超新星高 100 倍的爆发能量。诱发产生的相对论性喷流的极限事件可能会产生明亮的光度,用相对较小的望远镜就能观测到。这些极限事件会输出较高的辐射能量,比如伽马射线暴。随着天文观测手段的进步,近几年发现了一些超大光度的超新星。对于观测到的一般超新星,其峰值绝对星等大多大于 -21 星等。但也有少数观测到的超新星极亮,其峰值星等均小于 -21 星等(星等越小,亮度越大)。对于此类超新星,我们称其为"超亮超新星"(SLSN)。对于超亮超新星而言,这类超大光度的超新星的前身星很有可能是宇宙中质量最大的那些恒星,它们对宇宙化学组成的演化有重要影响,同时有可能是黑洞的候选体。与光度较小的普通超新星相比,超亮超新星的超大光度也就意味着它的爆发机制可能与一般光度的超新星不同,甚至挑战以前建立的模型。对超亮超新星的前身星和爆发机制的研究,可以检验当前的恒星演化理论。最重要的是超亮超新星所爆发的光度可以维持数十天以上,有的还伴随着大量的紫外光线流量,这让研究它们宿主星系所处的气体环境和研究遥远的正在形成恒星的星系成为可能。与用短寿命的伽马射线暴余辉和大光度高红移类星体来研究相比,超亮超新星的紫外线流量具有持续时间长,并且对环境没有持久的影响等优点。对于一类星体的研究需要大量的观测样本和数据,而现在观测到的超亮超新星的数量很少,在 20 颗左右。因此,超亮超新星的许多性质对我们来说还是一个未知领域,还需要长时间地对其进行观测和研究。因此,这也是一个非常有前景的课题。由于观测上所发现的超亮超新星较少,我们将至今为止在文献中出现的超亮超新星列在表 1-2 中。这些超亮超新星根据观测和物理特性大致可以分为 3 类:放射性供能型 SLSN-R、光度最大的贫氢型 SLSN-Ⅰ、富氢型 SLSN-Ⅱ。

超亮超新星在宇宙早期的出现率可能更高,因为早期气体较纯,初始质量函数不稳定,更容易形成大质量恒星。观测表明:红移的大小与超新星的形成率有关。大多数超亮超新星的红移都很小,红移较大的超新星被发现的较少,如 $z=2$ 的超亮超新星只观测到两颗:一颗属于超新星电子对不稳定超新星事件,另一颗属于 SLSN-Ⅰ型超亮超新星事件。核塌缩型超新星与恒星的形成率成比例,并受初始质量函数的影响。除 SN Ⅱn 型超新星(光谱中有强烈的窄发射线,可能是超新星抛射物和致密的环恒星介质碰撞造成的。Moriya et al.,2012)和超亮超新星之外,大多数核塌缩型超新星的光度很低。超亮超新星在可见光波段有极亮光度,因此,期望在较高的红移处能观测到更多的超亮超新星。

超亮超新星的物理模型包括超新星电子对不稳定、磁星、夸克星、星周物质相互作用和喷流模型等。它们输出的能量高达 $(1\sim10)\times10^{55}$ erg,大于 100 倍太阳在主序星阶段辐射的总能量。为了研究超亮超新星的前身星,我们通常还会研究其宿主星系。通过研究超亮超新星与宿主星系的关系,可以对其前身星进行限制。

电子对不稳定超新星理论早在 1960 年就已被提出。它是由质量为 $140M_\odot\sim260M_\odot$ 的恒星死亡产生的,产生的条件是在它们的核燃烧过程中,核心温度高而密度低,能快速地将伽马射线的光子转化为正负电子对。引起普通核塌缩型超新星引力塌缩的首要因素是电子俘获过程,而对超巨质量恒星,当其核心区在 C 燃烧完后,电子对不稳定性开始出现。正负电子对湮灭有一定的概率产生中微子对,而且产生的中微子对携带着能量立即从恒星内部几乎毫无阻拦地射向太空。在高温下,这种中微子能量损失率非常大,它将使星体核心区压强急剧地下降。因此,电子对不稳定性是引起超巨质量恒星不稳定塌缩的主要因素。在核区 Ne 燃烧耗尽之后,温度达到 $(2\sim2.2)\times10^9$ K,密度小于 1×10^7 g·cm^{-3},塌缩速度约为1000 km·s^{-1}。之后,核区将点燃爆炸性的 O 燃烧(部分大质量的前身星会有 Si 燃烧),导致产生热核爆炸型超新星,不留致密残骸(Heger et al.,2002)。如果是质量为 $100M_\odot\sim140M_\odot$ 的恒星,He 燃烧后会形成多次类似电子对不稳定超新星爆炸的脉动,但最终中心可能形成黑洞。观测上的许多事件都是属于电子对不稳定超新星,比如 SN2007bi。具有高红移的超亮超新星极有可能就是电子对不稳定超新星。

通过快速旋转的磁场强度为 $(0.1\sim1)\times10^{15}$ G 的磁星供能,也可以产生超大光度。如果磁星的能量能够高效率地转化成辐射能,那么就要求这颗磁星需要极限参数。也有人认为沃尔夫—拉叶星通过超新星爆发就可形成有超亮光度和双峰光变曲线的超亮超新星,中心将留下夸克星。无论是电子对不稳定超新星模型、磁星模型,还是解释超亮超新星耗能最低的模型,都涉及前身星大规模的抛射质量。抛射物(含辐射)与壳层的碰撞可以为其提供所需的能量,这类模型被称为“相互作用的超新星”。还有人认为,当高红移的超大质量(约 $1\times10^5M_\odot$)的黑洞吸积时,可能会导致被吸积的超大质量恒星直接塌缩成黑洞。从直接塌缩的黑洞会发射出相对论性的喷流,同时产生伽马射线暴。虽然我们观测不到大多数的伽马射线暴,但是有巨大的能量$[(1\sim10)\times10^{55}$ erg]从喷流注入包层,从而观测到超亮超新星的火球层,光度为$(1\sim10)\times10^{45}$ erg·s^{-1}。

表 1-2　观测到的超亮超新星及其特性

名称	类型	绝对(峰值)星等	辐射能(erg)
SN2007bi	SLSN-R	−21.35	$(1\sim2)\times10^{51}$
SN1999as	SLSN-R	−21.4	—
CSS100217	SLSN-Ⅰ	−23.07	1.3×10^{52}
SN2008fz	SLSN-Ⅰ	−22.34	1.4×10^{51}
SN2008am	SLSN-Ⅰ	−22.39	2×10^{51}
SN2008es	SLSN-Ⅰ	−22.21	1.1×10^{51}
SN2006gy	SLSN-Ⅰ	−22.0	$(2.3\sim2.5)\times10^{51}$
SN2003ma	SLSN-Ⅰ	−21.52	4×10^{51}
SN2006tf	SLSN-Ⅰ	<−20.7	7×10^{50}
SN2005ap	SLSN-Ⅱ	−22.73	1.2×10^{51}
SCP06F6	SLSN-Ⅱ	−22.53	1.7×10^{51}
PS1-10ky	SLSN-Ⅱ	−22.53	$(0.9\sim1.4)\times10^{51}$
PS1-10awh	SLSN-Ⅱ	−22.53	$(0.9\sim1.4)\times10^{51}$
PTF09atu	SLSN-Ⅱ	−22.03	—
PTF09cnd	SLSN-Ⅱ	−22.03	1.2×10^{51}
SN2009jh	SLSN-Ⅱ	−22.03	—
SN2006oz	SLSN-Ⅱ	−21.53	—
SN2010gx	SLSN-Ⅱ	−21.23	6×10^{50}
ASASSN-15lh	不确定	−23.5±0.1	$(1.1\pm0.2)\times10^{52}$

1.4　超亮超新星 ASASSN-15lh 的爆发能量

1.4.1　ASASSN-15lh 的观测特征

东苏勃(Dong)等人在 2015 年发现的超亮超新星 ASASSN-15lh 是至今为止发现的最亮的一颗超新星,其光变曲线与 SN Ⅰa 型超新星相似,但光变曲线的成因和爆发机制至今还不明确。由于观测到的红移很低,为 $Z=0.2326$,因此可以排除其是引力透镜事件。而且观测到的流量变化和光谱斜率与正常的活动星系核的不相同,因此,ASASSN-15lh 不起源于活动星系核。观测到的光谱是普通非热的幂律谱,因此,ASASSN-15lh 也不起源于 Blazars 和相关的喷射现象。同时还可以排除它是 Seyfert 星系爆发或大质量黑洞的潮汐事件,因为这两类事件所观测的光谱应是富氢型的,而 ASASSN-15lh 的光谱是贫氢型的。通过观测，东苏勃等人给出了这颗超亮超新星的光变曲线，并指出，若 ASASSN-15lh 的光变曲线是由 ^{56}Ni 造成的，那么需要大于 $30M_\odot$ 的 ^{56}Ni。戴子高(Dai)等人在 2015 年的相关文章中也对 ASASSN-15lh 所需的 ^{56}Ni 进行了估算，得出来 $260M_\odot$ 的结果。由于这个结果远远超过了超新星爆发时合成的放射性 ^{56}Ni 的质量，因此，他们排除了这个能源机制，并且认为无论是 SLSN-Ⅰ型超新星还是 SLSN-Ⅱ型超新星，很多都不能用 ^{56}Ni 供能来解释，它是一颗旋转达到开普勒极限的新生的超强磁场的磁星。若这颗磁星是中子星，存在的引力辐射驱动的 r-模式的不稳定性会导致这颗磁星的旋转能快速下降；但若这颗磁星是夸克星，与夸克之间的非轻子相互作用联系的大体积黏度会使不稳定性受到高度抑制，那么，提取其旋转能就足以为 ASASSN-15lh 供能。但是，夸克星的存在还只是一种预言，至今为止还没有观测证据证明其存在。在此之后，伍斯利(Woolsey)等人在 2016 年的文章中，在非相对论和各向同性的恒星爆炸下，限制了符合 ASASSN-15lh 峰值光度和辐射总能量的物理条件，认为它符合Ⅰ型爆炸的超新星，有亚毫秒的磁星供能，并且这颗超新星属于 SLSN-Ⅰ型超新星。对于 ASASSN-15lh，以上单一的模型不能解决其供能不足的问题，于是查佐普洛斯(Chatzopoulos)等人在 2016 年关于超亮超新星 ASASSN-15lh 模型的文章中，提出能解决供能不足问题的混合模型，即它是由一个 $40M_\odot$ 的中心塌缩的年轻恒星与 $20M_\odot$ 的贫氢壳层组成的。而莱卢扎斯(Leloudas)等人却认为 ASASSN-15lh 的光度可能起源于黑洞潮汐瓦解恒星的事件而非超新星爆发。正常的Ⅰa型超新星的能源来自 ^{56}Ni 的电子俘获过程。对于光变曲线类似于Ⅰa型超新星的 ASASSN-15lh，首先想到的是其能源是否也来自 ^{56}Ni 的衰变，因此，本节对超亮超新星 ASASSN-15lh 所需的 ^{56}Ni 进行了估算。通常的计算只考虑母核基态到子核基态的质量损失，而本节的计算考虑了原子核的能级和中微子的能量损失。根据弱相互作用理论，计算出一个 ^{56}Ni 经过一次完整的衰变链放出的能量，结合 ASASSN-15lh 的观测总能量，计算出 ASASSN-15lh 所需的 ^{56}Ni 的质量为 $31.32M_\odot$。由于还有其他的供能机制，因此，此结果应为 ^{56}Ni 的质量上限。

1.4.2 ASASSN-15lh 爆炸过程所需 ^{56}Ni 的估算

1.4.2.1 SLSN-R 型超亮超新星的供能机制

下面简要介绍 SLSN-R 型超亮超新星的供能机制。SLSN-R 是所有超大光度超新星中我们了解得较为清楚的一类。这类超亮超新星的供能机制与 SN Ⅰa 型相同，都是源自爆发中合成的放射性元素 ^{56}Ni。^{56}Ni 通过电子俘获形成不稳定的 ^{56}Co，再由 ^{56}Co 衰变成 ^{56}Fe，经过一条完整的衰变链后释放出热能而转化为超新星的辐射能量。由于其光度比普通超新星大很多，因此，所需的 ^{56}Ni 的质量比普通的超新星大，一般为太阳质量的若干倍。将此衰变反应链的放能曲线与光变曲线进行拟合，发现超亮超新星光变曲线的峰值与 ^{56}Ni 的数量成正比，而晚期光变曲线的演化与 ^{56}Co 的衰变有关。通过拟合，再一次说明 SLSN-R 型的光度源自 ^{56}Ni 的衰变，并且 SLSN-R 型的供能机制在超新星 SN 2007bi 中得到了很好的证明。

SLSN-R 型如此大质量的 ^{56}Ni 的物理机制还存在争议，主要是在理论上存在两种模型。一是与 SN Ⅱ型的爆发机制相同，都是大质量恒星演化后期由中心铁核塌缩而爆发，产生的激波在传播中点燃 Si 等壳层燃烧造成的。二是由于恒星质量大，在演化过程中，

中心的氧核超过了 $50M_\odot$ 的临界，造成正负电子对不稳定。这些核心在密度较低的情况下达到了较高的温度，在氧点火之前生成大量的正负电子对，正负电子对不稳定造成压力减小，恒星快速收缩而把氧点燃，造成强烈的超新星爆发，甚至把恒星摧毁。但是这种观点需要有质量足够大的氧核心，这样才能产生若干倍太阳质量的放射型元素 ^{56}Ni。研究表明，大约 $43M_\odot$ 的氧核心就会产生强烈爆发，产生的放射型元素 ^{56}Ni 符合 SLSN-R 型超新星的光变曲线。以上两种模型的光变曲线与 SLSN-R 型超新星的都相符，但是第二种模型要求此类超新星的前身星具有更大的氧核心，也就是具有更大的恒星初始质量，但这样的恒星在宇宙中的存在性很低。单从恒星的存在性来说，第一种模型的可能性更大。但从 SN Ⅱ 数值模拟失败的原因分析，第二种模型的可能性更大。因此，关于这个问题还需要进一步的研究。

我们把 SLSN-R 型超新星供能机制应用于近期发现的光变曲线类似于 Ⅰa 型的超亮超新星 ASASSN-15lh，用 ^{56}Ni 解释这颗特殊超新星的光变曲线。通过对光变曲线积分，得到超亮超新星 ASASSN-15lh 辐射的总能量；考虑退激发能和中微子能量损失，算出一个 ^{56}Ni 经过一次完整的电子俘获过程释放的能量；通过以上结果计算出所需的 ^{56}Ni 的质量，并与其他计算结果进行比较，分析其存在差异的原因。

1.4.2.2　ASASSN-15lh 辐射的计算

ASASSN-15lh 特殊之处在于它是至今为止发现的最亮的一颗超新星，比原先已知的最亮超新星亮 2 倍。据观测显示，ASASSN-15lh 的绝对星等为 -23.5 ± 0.1，红移为 0.2326。

为了计算 ASASSN-15lh 的辐射能，根据东苏勃（Dong）等人提供的光变曲线（见图 1-3），对其进行积分。

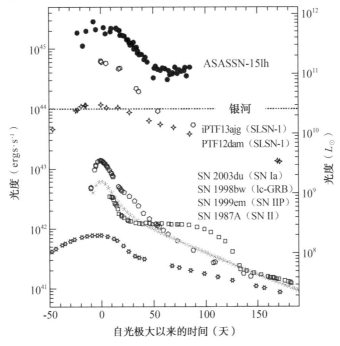

图 1-3　ASASSN-15lh 与其他典型超新星的光变曲线图（Dong et al.，2015）

通过计算可以得出 ASASSN-15lh 辐射的总能量 $Q_{Tot} = 8.09 \times 10^{51}$ erg。这里所计算的辐射总能量并不全是 ^{56}Ni 通过电子俘获放出的能量,还包括来自超新星爆炸时从中心携带的黑体辐射能量。由于 ^{56}Ni 的半衰期大约是 7 天,即爆发 7 天以后,才有较多的放射性能量注入。因此,光变曲线初期(对于 ASASSN-15lh 峰值前 22 天)的能量是来自超新星爆炸中心的黑体辐射能量。为了计算方便,假设 ASASSN-15lh 超新星遗迹是球对称的,其黑体辐射总能量为 Q_{BB},计算公式如下:

$$Q_{BB} = \frac{4}{3}\pi R_{BB}^3 \rho(T) \qquad (1.4.1)$$

$$\rho(T) = aT_{BB}^4 \qquad (1.4.2)$$

其中,$\rho(T)$ 为黑体辐射密度,a 为黑体辐射常数,等于 7.7×10^{-15} erg • cm^{-3} • K^{-4},T_{BB} 为黑体辐射温度,R_{BB} 为黑体辐射半径。根据东苏勃(Dong)等人关于超亮超新星 ASASSN-15lh 观测的文章中的内容(见图 1-4)可知:$T_{BB} = 2.75 \times 10^4$ K,$R_{BB} = 2.16 \times 10^{15}$ cm。将数据带入式(1.4.1)可得 $Q_{BB} = 1.82 \times 10^{50}$ erg。那么由 ^{56}Ni 衰变放出的能量 Q 应为辐射的总能量减去黑体辐射能量,即:

$$Q = Q_{Tot} - Q_{BB} = 7.91 \times 10^{51} \text{ erg} \qquad (1.4.3)$$

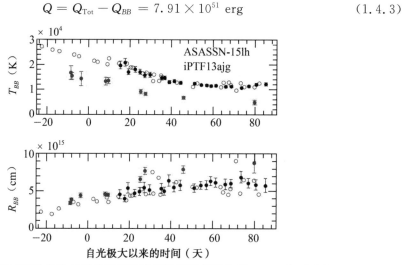

图 1-4 ASASSN-15lh 的黑体温度和半径随时间的变化(Dong et al.,2015)

1.4.2.3 ^{56}Ni 衰变能的计算

超新星爆发期间会合成大量的不稳定放射性元素 ^{56}Ni,^{56}Ni 通过衰变生成 ^{56}Co,^{56}Co 不稳定,随后通过电子俘获生成 ^{56}Fe,形成一条 ^{56}Ni→^{56}Co→^{56}Fe 的衰变链。由于超新星爆炸期间的温度极高,在此期间合成的 ^{56}Ni 大多处于激发态,因此在计算中不能只考虑母核基态到子核基态的质量亏损,还要考虑子核从激发态到基态的能级跃迁所放出的能量。同时,反应中还会生成大量的中微子,而中微子会携带能量,因此,在计算时还要考虑中微子的能量损失。衰变过程中有大量的 γ 射线产生,并最终会变为热能和转化为光学辐射。

运用铃木利男(Toshio Suzuki)等人与张(Zhang)等人的计算电子俘获反应放热公式:

$$\overline{E}_x = \sum_i \sum_j \frac{\ln2(2J_i+1)\exp\left(\dfrac{-E_i}{k_{\mathrm{B}}T_{BB}}\right)\left(\dfrac{\left|M_{\mathrm{GT}}\right|_{ij}^2}{10^{3.59}}+\dfrac{\left|M_{\mathrm{F}}\right|_{ij}^2}{10^{3.79}}\right)\varphi_{ij}(\rho,T_{BB},Y_e,Q_{ij})}{G(Z,A,T_{BB})\lambda}\Delta E_{ij}$$

$$\varphi_{ij}(\rho,T_{BB},Y_e,Q_{ij}) = \int_l^\infty w^2(Q_{ij}+w)^2 G(Z,w) f_e \mathrm{d}w$$

$$\lambda = \ln2 \sum_i \frac{(2J_i+1)\exp\left(\dfrac{-E_i}{k_{\mathrm{B}}T_{BB}}\right)}{G(Z,A,T_{BB})}\sum_j\left(\frac{\left|M_{\mathrm{GT}}\right|_{ij}^2}{10^{3.59}}+\frac{\left|M_{\mathrm{F}}\right|_{ij}^2}{10^{3.79}}\right)\varphi_{ij}(\rho,T_{BB},Y_e,Q_{ij})$$

$$Q_{ij} = (m_{\mathrm{p}}-m_{\mathrm{d}})c^2 + E_i - E_j$$

$$f_e = \left\{1+\exp\left[\frac{w-\mu_e}{k_{\mathrm{B}}T_{BB}}\right]\right\}^{-1} \tag{1.4.4}$$

其中，$\overline{E}_x$ 是一个原子核的平均退激发能，ΔE_{ij} 是从激发态 E_j 到子核基态的退激发能，w 是电子总能量（含静止质量），$G(Z,w)$ 是库伦波改正因子，m_{p} 和 m_{d} 分别是母核和子核的质量，J_i 和 E_i 分别是母核的自旋和激发能，E_f 是子核的激发能。当 $Q_{ij} \geqslant -1$ 时，$l=1$，当 $Q_{ij} < -1$ 时，$l=\left|Q_{ij}\right|$。f_e 是电子的费米—狄拉克分布方程，μ_e 是电子的化学势，k_{B} 是玻尔兹曼常数，$G(Z,A,T)$ 是核配分函数，$\left|M_{\mathrm{GT}}\right|_{ij}$ 和 $\left|M_{\mathrm{F}}\right|_{ij}$ 分别是 GT 跃迁矩阵元和费米跃迁矩阵元，φ_{ij} 是相空间积分，λ 表示电子俘获率。其中，化学势 μ_e 主要取决于超新星遗迹的密度 ρ。

采用贾米尔·纳比（Jameel-Un Nabi）等人 2016 年的实验数据图表，我们获得了 ^{56}Ni 与 ^{56}Co 的 GT 强度分布；根据 NNDC 的实验数据，得到了核素的能级分布，如表 1-3 所示，E_i 为能级，J_i 为角动量。

表 1-3　^{56}Ni, ^{56}Co, ^{56}Fe 的能级分布

^{56}Ni	E_i(MeV)	0	2.7	3.925	4.935	5.481	5.988	6.431	6.588					
	J_i	0	2	4	3	4	3	4	3					
^{56}Co	E_i(MeV)	0	0.158	0.576	0.970	1.72								
	J_i	4	3	4	2	1								
^{56}Fe	E_i(MeV)	2.058	2.959	3.122	3.370	3.445	3.856	4.408	4.100	4.119	4.298	4.394	4.447	4.458
	J_i	8.62	9.97	7.642	10.1	6.974	6.692	7.057	6.446	6.443	6.495	7.285	8.146	6.864

1.4.2.4　超新星遗迹密度 ρ 的计算以及化学势 μ_e 的确定

假设超新星遗迹是球对称的，根据质量和密度的关系，可计算超新星遗迹密度的上限。采用的公式如下：

$$\begin{cases} \rho = \dfrac{M}{V} \\ V = \dfrac{4}{3}\pi R_{BB}^3 \end{cases} \tag{1.4.5}$$

其中，M 是超新星 ASASSN-15lh 的质量，V 是超新星 ASASSN-15lh 的体积，R_{BB} 是黑体辐射半径。查佐普洛斯（Chatzopoulos）等人为了解决单一模型对 ASASSN-15lh 供能不足的问题，在 2016 年的文章中提出了关于超新星 ASASSN-15lh 的混合模型。通过

这个模型,可以得到该超新星的总质量 $M = 60M_\odot$,带入式(1.4.5)中,即可得到超新星遗迹的密度 $\rho = 2.8 \times 10^{-12}$ g·cm^{-3}。由于超新星爆炸后,超新星遗迹密度随时间的推移逐渐较低,因此,计算出的超新星遗迹密度为密度的上限。富勒等人(FFN)在 1980 年给出的密度与化学势的关系图。由图可知,在密度很低的情况下,$\mu_e = 0$。

图 1-5 为 ^{56}Ni 放能曲线与光变曲线的关系图。

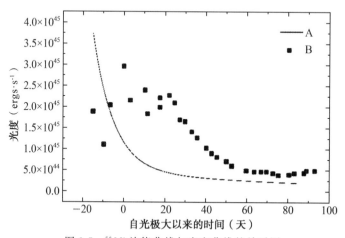

图 1-5　^{56}Ni 放能曲线与光变曲线的关系图

A 为 $m = 31.32M_\odot$ 的 ^{56}Ni 的放能曲线,B 为东苏勃(Dong)等人文章中的光变曲线

1.4.2.5　结果与分析

ASASSN-15lh 超亮超新星的总辐射能量为 $Q_{Tot} = 8.09 \times 10^{51}$ erg,黑体辐射能量为 $Q_{BB} = 1.82 \times 10^{50}$ erg,那么,^{56}Ni 衰变放出的能量 $Q = Q_{Tot} - Q_{BB} = 7.91 \times 10^{51}$ erg。在表 1-4 中,将计算结果与不考虑退激发能与中微子能量损失的计算结果进行对比。对于一个 ^{56}Ni:^{56}Ni $\rightarrow$ ^{56}Co 衰变能量 $E_1 = 3.35$ MeV,对比于 ^{56}Ni $\rightarrow$ ^{56}Co 的质量亏损(即由一个 ^{56}Ni 的基态跃迁到 ^{56}Co 的基态所释放的能量)为 1.62 MeV。此结果没有考虑中微子的能量损失,因此这是核反应放能的上限。但是,本书的计算结果大于质量亏损,这是因为在此超新星环境下,生成的 ^{56}Co 处于激发态的数量较多,因此考虑退激发能是有必要的。^{56}Co $\rightarrow$ ^{56}Fe 衰变能量 $E_2 = 4.03$ MeV,而其质量亏损为 4.05 MeV,比计算结果大,说明在此环境下生成的 ^{56}Fe 基本都处于基态。根据能量守恒,估算了在整个电子俘获过程中的中微子能量损失,约为 2.0 MeV。但是此环境中的密度远低于中微子的囚禁密度,物质对中微子几乎是透明的。因此,这里的中微子对辐射能没有贡献。

表 1-4　退激发能的计算结果与质量亏损

核反应	质量亏损 (不考虑退激发能与中微子能量损失,MeV)	反应放能 (考虑退激发能与中微子能量损失,MeV)
^{56}Ni → ^{56}Co	1.62	3.35
^{56}Co → ^{56}Fe	4.05	4.03

由以上结果可知，经过一次完整的衰变链，释放的总能量为 $E = E_1 + E_2 = 7.38$ MeV，那么所需的 ^{56}Ni 核的数量 $n = \dfrac{Q \times 10^{-7} J}{E \times 1.6 \times 10^{-13} J} = 6.70 \times 10^{56}$，则所需 ^{56}Ni 的质量 $m = 6.23 \times 10^{31}$ kg，即 $m = 31.32 M_\odot$。

采用赛腾萨尔（Seitenzahl）等人文章中的方法，画出 $m = 31.32 M_\odot$ 的 ^{56}Ni 的放能曲线，并与东苏勃（Dong）等人文章中的光变曲线拟合，如图 1-5 所示。

可以看出，在光极大前 15 天，计算出的能量比观测到的能量高。在此之后，计算出的能量比观测到的能量低，这可能是由于没有考虑超新星内部的辐射输运过程。而在光极大后 60 天，两者基本一致，且计算出的总能量与观测到的总能量相等。

在超新星爆炸的整个过程中，都有原初黑体辐射能量的影响，而本书只扣除了 ^{56}Ni 衰变之前的原初黑体辐射能量，这就导致了计算的 ^{56}Ni 含量偏大。但是，原初黑体辐射的能量很小（与总能量相比，小一个量级），所以这种偏差对计算结果的影响可以忽略。

东苏勃（Dong）等人在 2016 年的文章中给出的 ASASSN-15lh 辐射能量为 $(1.1 + 0.2) \times 10^{52}$ erg。若 ASASSN-15lh 光变曲线是由 ^{56}Ni 造成的，那么所需的 ^{56}Ni 的质量应不小于 $30 M_\odot$。本书中通过对东苏勃（Dong）等人给出的光变曲线的积分得出的辐射能量为 8.09×10^{51} erg；由弱相互作用得出 ^{56}Ni 的衰变能量，从而求出所需 ^{56}Ni 的质量约为 $31.32 M_\odot$，与东苏勃（Dong）等人估计的值一致，远远小于戴子高（Dai）等人所估算的 $260 M_\odot$。此结果是根据萨瑟兰（Sutherland）等人 1984 年文章中的计算公式计算出来的。根据此公式算出一个 ^{56}Ni 的放能，由于没有考虑退激发能，而此环境中的 ^{56}Ni 大多处于激发态，因此用这个公式算出的 ^{56}Ni 的放能比本书的计算结果低，相应的 ^{56}Ni 的需求量较高。

1.4.2.6　结论

超亮超新星发射的极其明亮的光度的物理起源，是当前研究的热点之一。ASASSN-15lh 是至今为止发现的一颗最亮的超新星。如果认为 ASASSN-15lh 是 SLSN-R 型超新星并设 ^{56}Ni 作为其光度来源，通过详细的计算，得到的结果是需要 $31.32 M_\odot$ 的 ^{56}Ni 提供能量。2002 年，赫格尔（Heger）计算星族Ⅲ（POPⅢ）的恒星爆炸后核合成得出能生成的 ^{56}Ni 的最大质量为 $57 M_\odot$，因此，由 ^{56}Ni 提供能量不能被完全排除。但这个结果一定要考虑生成核的退激发能，否则将会远超理论上限。^{56}Ni 可以作为 SNⅠa 型光度的一个来源，因此，研究 ^{56}Ni 的实际释放能对解释 SNⅠa 型或类似于 SNⅠa 型光变曲线的成因是尤为重要的。

第 2 章　核塌缩型超新星的爆发过程

2.1　核塌缩型超新星的前身星

2.1.1　前身星模型

核统计平衡在核塌缩型超新星的演化过程中扮演着重要的角色。当 Si 燃烧结束后，超新星前身星铁核中的温度和密度都非常高（0.1×10^9 K$<T<5 \times 10^9$ K，1×10^5 g・cm$^{-3}<\rho<1 \times 10^{10}$ g・cm^{-3}，Fuller et al. ,1982）。此时除弱相互作用外，强相互作用和电磁相互作用都处于平衡，铁核详细的组份可由核 Saha 方程推导（Hartmann et al. ,1985），即核统计平衡（NSE）。核统计平衡的结果与质量密度、温度、电子丰度以及每个核的结合能和核配分函数有关。随后的核反应和恒星演化都会明显受到 NSE 的影响。比如 NSE 给出了每种核的丰度，而电子丰度 Y_e 的变化敏感地依赖于每种核的丰度和电子俘获率。我们知道电子俘获会降低电子数密度，减小电子简并压力，进而引起铁核坍塌，同时伴随大量的中微子损失。因此，铁核坍塌的加速过程会因为不同的核统计平衡的结果而存在差异。核塌缩型超新星前身星的组成成分以及相关物理过程都应该谨慎地处理。

核塌缩型超新星中的核统计平衡问题已被多位学者关注（Clifford et al. ,1965；Epstein et al. ,1975；Hartmann et al. ,1985；Aufderheide et al. ,1994；Bravo et al. ,1999）。克利福德（Clifford）和泰勒（Tayler）运用核 Saha 方程首先推导了恒星环境中的核统计平衡方程（Clifford et al. ,1965）。哈特曼（Hartmann）等人研究了超新星抛射物中的核统计平衡和超新星爆发膨胀过程中的冻结（freeze-out）条件，并认为对于冻结后的组份，核统计平衡是很好的近似。1994 年，奥夫德海德（Aufderheide）等人计算了超新星环境下处于核统计平衡的 150 个重要核的弱相互作用率。此后，准平衡理论（QSE）表明，当温度 $T>5 \times 10^9$ K 时，其结果类似于核统计平衡（Meyer et al. ,1998；Hix et al. ,1999）。近年来，钱德拉（Chandra）望远镜对 SN1987A 的新观测数据表明，重要的放射性核丰度符合核塌缩型超新星内层抛射物正常 NSE 的产物，因而，关于此 NSE 的研究对天文观测来说也是有意义的（Leising,2006）。

　　计算核统计平衡的一个很大不确定性来自核配分函数，因为核的高激发态分布至今还不清楚（高能态的分布近乎是连续的，尤其是较重的核）。在超新星环境中，核通常是不稳定的，而且不同的同位素核的能级分布有很大的差别，难于找到准确的函数来描述每个核的能级分布。哈特曼（Hartmann）等人在计算中采用基态核配分函数（Hartmann et al.，1985）；奥夫德海德（Aufderheide）等人采用蒂勒曼（Thielemann et al.，1986）给出的能级密度参数来描述核配分函数（Aufderheide et al.，1994）；迪马科（Dimarco）等人考虑采用处于低能部分的有限的核试验能级数据来计算核配分函数（Dimarco et al.，2002）。显然这些方法都需要修正，尤其是在高温环境下。近年来，劳舍尔（Rauscher）和蒂勒曼（Thielemann）基于费米气体方程给出一个新的核配分函数（Rauscher et al.，2000；Rauscher 2003）。它依赖于考虑了核质量微观修正的能级密度参数（Finite-Range Droplet Model，FRDM）以及壳层淬火效应的扩展 Thomas-Fermi 质量方程（ETFSI-Q）。与其他方法相比，这个方法使得能级密度在更大范围适用。这种新方法是可靠的，尤其是对于探索高温下的未知同位素的核配分函数，并且使获得处于核统计平衡中更加准确的核丰度成为可能。在本节中，采用劳舍尔（Rauscher）的新方法重新计算了核统计平衡（Liu et al.，2007）。由于前身星的中心区域由硅燃烧后的铁族核构成，并且铁族的丰度对电子丰度的改变至关重要，所以这里只关心核塌缩超新星环境中质量数 A 在 $50\sim60$ 范围内的核素。

2.1.2　计算前身星物质组份

　　为了方便解释下面的结果，有必要先介绍计算过程中的一些公式。χ_k 对应处于温度 T、密度 ρ、电子丰度 Y_e 的核统计平衡中第 k 个核（Z_k，A_k）的质量丰度。它满足质量和电荷守恒（Aufderheide et al.，1994），有：

$$\sum_k \chi_k = 1 \tag{2.1.1}$$

$$\sum_k \frac{Z_k}{A_k} X_k = Y_e \tag{2.1.2}$$

　　根据核 Saha 方程第 k 个核的丰度表达式为：

$$\chi_k = \frac{G(Z,A,T)}{2}\left(\frac{\rho N_A \lambda^3}{2}\right)^{A-1} \times A^{5/2} X_n^N X_p^Z \exp\left(\frac{Q_k}{k_B T}\right) \tag{2.1.3}$$

　　其中，$G(Z,A,T)$ 是第 k 个核的配分函数，N_A 是阿伏伽德罗常数，热波长 $\lambda = (h^2/2\pi m_H k_B T)^{1/2}$，$k_B$ 为玻尔兹曼常数，X_n 和 X_p 分别为中子和质子丰度，结合能 $Q_k = (Z m_p - N m_n - m_k)c^2$，$m_p$，$m_n$，$m_k$ 分别为质子、中子和第 k 个核的质量。这些数据来自实验数据或者文献（Moller et al.，1997）。$G(Z,A,T)$ 被定义为：

$$G(Z,A,T) = \sum_i (2J_i + 1)\exp\left(-\frac{E_i}{k_B T}\right) \tag{2.1.4}$$

　　其中，J_i 和 E_i 是第 i 态的自旋和能量。当 $G(Z,A,T)$ 归一化为核基态自旋时，通常定义为：

$$G(Z,A,T) = (2J_0 + 1)G(T)$$

$$= \sum_{\mu=0}^{\mu_m} (2J_\mu + 1)\exp\left(\frac{-E_\mu}{k_B T}\right) + \int_{E^{\mu_m}}^{E^{\max}} \sum_{J_\mu, \pi_\mu} 2(J_\mu + 1)\exp\left(\frac{-\varepsilon}{k_B T}\right)\rho(\varepsilon, J_\mu, \pi_\mu)\,\mathrm{d}\varepsilon$$

$$\tag{2.1.5}$$

其中，J_0 是基态的自旋，ρ 是能级密度，μ_m 代表已知的最后一个实验能级。式(2.1.5) 中第二个等号后的第一项表示对从基态到 μ_m 态的所有实验测得的分离能级求和，采用的实验数据来自文献(Dimarco et al.，2002)。最后一个能级 μ_m 以上的配分函数用核能级密度的积分代替求和(Rauscher et al.，2000)。式(2.1.5)的高温修正可以同时自然地应用于基态和连续的核激发态能级。

为了研究核配分函数对核统计平衡的影响，首先计算前身星阶段一些重要的温度、密度点的统计平衡。图 2-1 和图 2-2 分别描绘在 $T=5\times10^9$ K，$0.45<Y_e<0.5$ 范围内几种核质量丰度在不同密度下的变化情况。实线代表采用基态配分函数时的核丰度分布，点线代表采用改进的配分函数的核素丰度分布。研究发现，每种核素的质量丰度都在它的特定 Y_e 值(Z/A)位置有个峰值，并且对不同的配分函数峰的宽度是相同的，但是不同的配分函数对出现的 7 种最丰的核修正程度差别很大。例如两种配分函数得到的 ^{58}Fe 的质量丰度基本没变化，但是当 $\rho=1\times10^7$ g·cm^{-3} 时，得到的 ^{52}Cr 的丰度相差 5% 以上。注意，这种差别不是仅仅由一种核决定的(如 ^{52}Cr 自身)，而是由所有包含在计算中的核素共同决定的。实际上，配分函数对 ^{58}Fe 的修改更大(此时 ^{58}Fe 和 ^{52}Cr 的配分函数比基态下分别大 2.05 倍和 1.266 倍)。

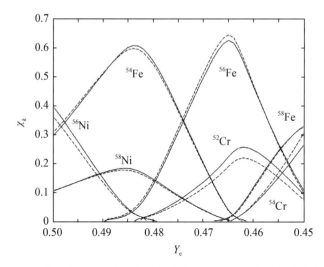

图 2-1　处于核统计平衡的最丰核素的质量丰度随电子丰度的变化

($T=5\times10^9$ K，$\rho=1\times10^7$ g·cm^{-3})

当电子丰度 $Y_e=0.5$ 时，^{56}Ni 和 ^{54}Fe 是两种最重要的核(它们的丰度约占 69%)，所以总的电子丰度的变化率 $\dot{Y}_e^{\alpha}$ 主要由这两种核所决定。在塌缩阶段，根据壳层模型详细计算的 ^{56}Ni 和 ^{54}Fe 的电子俘获率分别为 $10^{-1.8}$ s^{-1} 和 10^{-3} s^{-1}(Brachwitz et al.，2000)，电子丰度的变化率 $\dot{Y}_e^{\alpha}$ 和电子俘获率的关系式为：

$$\dot{Y}_e^{\alpha} = \sum_k \frac{-\chi_k}{A_k \lambda_k^{\alpha}} \qquad (2.1.6)$$

其中，λ_k^{α} 是第 k 个核的电子俘获率。

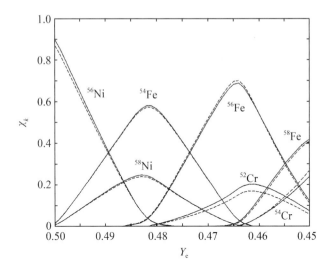

图 2-2　处于核统计平衡的最丰核素的质量丰度随电子丰度的变化

$(T=5\times10^9\ \text{K},\ \rho=1\times10^9\ \text{g}\cdot\text{cm}^{-3})$

从图 2-1 和图 2-2 可以发现,当 $Y_e<0.49$ 时,^{56}Ni 的质量丰度降低,而 ^{54}Fe 的丰度却增大,总的电子丰度变化率 $\dot{Y}_e^\alpha$ 将减小。类似地分析其他核(^{56}Fe,^{58}Fe,^{52}Cr)发现,当 $0.45<Y_e<0.5$ 时,电子丰度的变化率 $\dot{Y}_e^\alpha$ 随着电子俘获反应的进行先降低然后又增加。核塌缩型超新星的坍塌过程理所当然会改变。当然,在数值模拟中可能出现一些反馈效应,这些有待于详细的模拟证实。图 2-2 给出了更高密度($\rho=1\times10^9\ \text{g}\cdot\text{cm}^{-3}$)的计算结果,核素丰度明显变化但是修正相对变小,表明配分函数的修正受密度影响较小。

在不同温度下,处于核统计平衡的最丰核素的质量丰度 ($\rho=1\times10^7\ \text{g}\cdot\text{cm}^{-3}$) 如表 2-1 所示,左边的是基态配分函数的结果,右边的是改进的配分区函数的结果。

表 2-1　质量丰度

^AZ	$T(1\times10^9\ \text{K})$					
	3	4	5	3	4	5
^{56}Ni	9.941×10^{-1}	9.081×10^{-1}	3.633×10^{-1}	9.948×10^{-1}	9.182×10^{-1}	3.978×10^{-1}
^{52}Fe	4.721×10^{-3}	2.859×10^{-2}	4.093×10^{-2}	3.977×10^{-3}	2.016×10^{-2}	2.581×10^{-2}
^{54}Fe	3.379×10^{-4}	2.834×10^{-2}	3.101×10^{-1}	3.365×10^{-4}	2.760×10^{-2}	2.984×10^{-1}
^{58}Ni	1.593×10^{-4}	1.156×10^{-2}	1.080×10^{-1}	1.591×10^{-4}	1.140×10^{-2}	1.065×10^{-1}
^{55}Co	2.877×10^{-4}	6.865×10^{-3}	2.514×10^{-2}	2.903×10^{-4}	7.124×10^{-3}	2.868×10^{-2}
^{53}Fe	2.801×10^{-4}	8.633×10^{-3}	4.024×10^{-2}	2.684×10^{-4}	7.893×10^{-3}	3.653×10^{-2}

表 2-1 中给出了不同温度下的核丰度数据,从中可以看出核质量丰度的修正总体上随温度增加较小,原因是温度增加会提高核配分函数,但是当温度 $T<5\times10^9$ K 时,与基

态的配分函数相比,平均增加不到 3 倍。

2.1.3　小结

本节通过研究不同配分函数的行为,发现当温度低于 5×10^9 K,并且 $0.45 < Y_e < 0.5$ 时,核统计平衡对配分函数的依赖性较小(不到 10%)。由于中微子能量损失,核塌缩型超新星在整个坍塌过程中的显著特点是低熵(Bethe et al.,1979)。尽管最新的结果为核统计平衡提供了较好的丰度估算,但以上修正局限在核塌缩型超新星坍塌阶段。当中心密度达到最大值(2~3 倍饱和核密度)时,下落的外核将会碰撞到坚硬的内核,并产生反弹激波(激波温度超过 1×10^{11} K,$15M_\odot$ 模型的瞬时最高温度 $T > 1 \times 10^{12}$ K)。在如此高的温度下,光子的能量远高于核的结合能,铁族核将光致裂解为自由核,激波后的组份仅仅是质子、中子和电子,被称为"三粒子模型"(Lattimer et al.,1991)。我们也研究了在此物理环境下的核统计平衡并得到了相同的结论,所以,改进的核配分函数带来的核塌缩型超新星核丰度的修正没有前人预言的那么重要(Rauscher,2003)。配分函数可能会影响电子俘获和 β 衰变等弱相互作用过程,以后将做详细的数值研究。我们的结论已得到了西布林尼科夫(Blinnikov)、亨佩尔(Hempel)等人的支持(Blinnikov et al.,2011;Hempel et al.,2010)。

2.2　电子俘获和核塌缩型超新星的塌缩过程

众所周知,弱相互作用特别是电子俘获,是核塌缩型超新星演化过程中导致核心塌缩至关重要的因素。在过去的几十年里,许多学者在这方面进行了研究,如巴考尔(Bahcall)、富勒(Fuller)、奥夫德海德(Aufderheide)、兰甘克(Langanke)等人(Bahcall,1962;1964;Fuller et al.,1980;1982;Aufderheide et al.,1994;Langanke et al.,1999;2000)。电子屏蔽将影响电子俘获率的计算。1982 年,富勒(Fuller)等人曾经提到对电子俘获的屏蔽修正,但他们并没有做出详细的计算。后来,希克斯(Hix)与蒂勒曼(Thielemann)、布瑞沃(Bravo)与加西亚·森茨(García-Senz)考虑了硅燃烧和核统计平衡(NSE)阶段的电子屏蔽效应,发现屏蔽修正有明显的影响(Hix et al.,1996;Bravo et al.,1999)。罗志全等人研究了超新星环境中的电子屏蔽对电子俘获的影响。他们使用富勒(Fuller)等人的方法(即所谓的壳模型的边缘假说)进行研究,结果表明在高密度下,屏蔽可降低电子俘获率 10%~20%(罗志全等,1996)。我们提出了改进计算电子屏蔽的方法(Liu et al.,2007)。电子屏蔽对电子俘获的影响主要表现在三个方面:第一,屏蔽改变了电子波函数,即影响跃迁矩阵元,但因为屏蔽势能远远小于电子的平均能量,所以它的影响可以忽略不计。第二,屏蔽降低了俘获反应电子的能量,减少了高能电子的数量。第三,屏蔽提高了电子俘获反应的阈值能量。罗志全等人曾认为屏蔽对于阈值能量的修改量和电子能量的减少量是一样的。在改进的方法中,我们对阈值能量和电子能量的修改量区别对待。β 衰变在塌缩的初始阶段($Y_e < 0.42$)同样存在,但是屏蔽对 β 衰变的影响同电子俘获相比至少有两点不同:第一,β 衰变的电子能量取决于母核及子核(包括静止质量)之

间的能量差,但参加电子俘获的电子能量可以比阈能大得多。第二,在超新星内核,由于泡利不相容原理,β 衰变是禁止的[彼得森(Peterson)等曾给出了禁戒程度(Peterson et al.,1963)];在外核,β 衰变是允许的,但在塌缩阶段(总共小于 0.5 s),内核的演化要比外核快得多,因此,在这里忽略了 β 衰变的屏蔽效应。兰甘克(Langanke)等人曾建议在详细的数值模拟中应考虑屏蔽(Langanke et al.,2003),但到现在为止,采用近年来改进的屏蔽计算方法,也尚未有关于超新星爆炸过程中屏蔽的总体影响的讨论。早期的数值模拟表明,超新星爆炸取决于超新星前身星模型和演化模式,尤其是与电子俘获密切相关的物理参数输入(Heger et al.,2001)。因此,获得高精度的电子俘获率是非常重要的。一系列的重要参数,如中微子能量损失、塌缩时标等,都会因为屏蔽而改变,作为一个实际的物理输入,屏蔽不应该被忽视。在本节中,我们详细探讨了核塌缩型超新星中电子屏蔽效应的影响。

2.2.1 计算电子俘获率的高斯谱改进

超新星的前身星及其核心区的结构在超新星爆发过程中起着重要作用,决定着后来的演化模式。数据模拟的结果表明,超新星的爆发条件和爆发结果依赖于前身星模型,其演化模式对给定的物理参数是非常敏感的,而这些参数与超新星前身星阶段的电子丰度变化率紧密相关。电子俘获率的高低是超新星爆发机制研究中一个最为关键的物理因素。电子俘获不仅对于超新星内的核合成以及前身星内部的中微子产生速率是非常重要的,而且其过程也是核心坍缩型超新星(包括 Ⅱ 型、Ⅰ b 型和 Ⅰ c 型超新星)爆发中的一个非常重要且关键的物理过程。当质量密度达到一些核的电子俘获过程的临界密度时,其前身星的核心区开始坍缩。前身星核心区的电子丰度 Y_e 是 Ⅱ 型超新星理论研究中的关键参数之一。对于 Ⅰ a 型超新星来说,尽管其坍缩主要是由吸积白矮星的质量超过钱德拉塞卡(Chandrasekhar)临界质量时的广义相对论效应引起的,但是电子俘获会加速其坍缩过程。电子俘获率的高低不仅影响着前身星演化阶段中的中子剩余,而且电子俘获反应还伴随着大量中微子的产生。因此,大量的电子俘获反应冷却了铁核心。

由于弱相互作用率(特别是电子俘获率)在恒星的晚期演化,特别是在超新星爆发机制的理论研究中具有重要性,多年来,人们对恒星环境下的弱相互作用问题进行了较深入的研究。贝特(Bethe)等认为,伽莫夫—泰勒(Gamow-Teller,GT)共振跃迁能大大提高其电子俘获反应率,并可能影响 Ⅱ 型超新星的前身星中铁核心的形成和核心区的坍缩。富勒(Fuller)、富勒(Fowler)、纽曼(Newman)(3 位可简称为"FFN")做出了许多先驱性的工作,如采用核壳层模型讨论了 GT 共振跃迁的共振能量和强度,并详细计算了恒星内部 $21 \leqslant A \leqslant 60$ 的 226 种核素的弱相互作用率。奥夫德海德(Aufderheide)等人(AFWH)指出,由于前身星演化中产生的恒星核心区是由一些超富中子的核素组成的,因而在理论分析时,必须考虑 $A > 60$ 的核素的影响,由此扩展了 FFN 的工作,讨论了一些 $A > 60$ 的核素的 GT 跃迁,并给出了 150 个具有较强跃迁的最丰的核素在一些较重要的温度—密度点的电子俘获率。Langanke Martinez-Pinedo(简称"LMP")等人对核素进行了大量壳层能级分布计算,极大地丰富了超新星前身星环境下的核素的弱相互作用率数据。

只要知道核子激发态的分布情况,核子的电子俘获率是容易被计算出的,但由于超新星前身星阶段所涉及的很多核的激发态是非稳定的,难以知道其分布情形,而且要每一核都获得一激发态的精确分布情况是非常困难的,因为高激发态能级的分布近乎是连续的(重核尤其如此)。在处理上,人们主要利用核壳层模型来分析核子激发能级。在兰甘克(Langanke)等人的工作中,对许多核素进行了大量壳层计算,并提供了丰富的电子俘获率数据,但分析计算工作量非常大。AFWH 等人的工作中简化了核激发能级跃迁的计算方法,将激发能态分为基态附近的低能部分和共振态附近的高能部分,分别由基态间的跃迁率和共振点的跃迁率之和来表征其俘获率。AFWH 等人的工作过于简化,因而精度是有限的。

较精确地提供超新星前身星阶段中各重要核的弱相互作用率,对于超新星的爆发和核心区坍缩的研究非常重要。我们采用类似卡尔(Kar)等人在分析前身星阶段的 β 衰变的 GT 共振时的方法,对 AFWH 等人的分析方法作进一步的改进,并采用一高斯函数代替激发能级的 GT 共振强度分布,以期能提供更精确的前身星阶段的富中子核的电子俘获率。

2.2.1.1 用"边缘假设"计算电子俘获率

在电子俘获分析计算中,AFWH 等人将 GT 算符产生的激发能态分为基态附近的低能部分和共振态附近的高能部分。基态的情形容易研究。基态的自旋可以从已有的实验数据中找到,或利用核的壳层模型进行估计。对于能态较密集的高能态的分布,可行的方法是寻求一能态分布函数来代替。但对每一核的激发态作一精确的分布函数是不大可能的。每一母核初态 i 的 GT 跃迁算符在可能的跃迁终态上将产生一强度分布,最强的地方称为"GT 共振点"。不同的初态产生的共振点的位置不同,其分布与母核的激发态分布相对应。AFWH 等人假设,母核在从任一激发能为 E_i(本书中的能量除用 MeV 为单位外,均用电子的静止能量 $m_e c^2$ 为单位)的初态向所有可能的能量为 E_f 的终态 f 跃迁过程中,GT 算符产生的 GT 跃迁强度分布与母核从基态跃迁产生的强度分布相似,只是共振点的位置相应向上移动 E_i,这就是所谓的"边缘假设"。在此假设下,某一核子的电子俘获率可表示为:

$$\lambda = \ln 2 \sum_f B_{0f} f(Q_{0f}) \qquad (2.2.1)$$

其中,$B_{0f} = 10^{-3.596} M_{0f}^2$,$M_{0f}$ 为基态向终态 f 的 GT 跃迁矩阵元,Q_{0f} 为其相应的电子俘获反应的阈能,$Q_{0f} = Q_{00} + E_0 - E_f$,$Q_{00}$ 为基态之间跃迁时的阈能,E_0 和 E_f 分别为母核基态和子核终态的能态。$f(Q_{0f})$ 为电子俘获的相空间积分因子,由物质密度 ρ、电子丰度 Y_e 以及温度 T 决定。

$$f(Q_{0f}) = \int_{\varepsilon_q}^{\infty} \varepsilon^2 (Q_{0f} + \varepsilon)^2 G(z,\varepsilon) f_e(\varepsilon) d\varepsilon \qquad (2.2.2)$$

其中,ε 为电子的能量。函数 $G(z,\varepsilon)$ 通常称为"库仑校正因子",在恒星高密环境下的电子俘获率和 β 衰变率的计算中给出了其近似表达式。$f_e(\varepsilon)$ 为电子的费米—狄拉克(Fermi-Dirac)分布函数。ε_Q 为参加反应的电子的最低相互作用能量,定义为:

$$\varepsilon_Q = \begin{cases} |Q_{if}| & (Q_{if} < -1) \\ 1 & (Q_{if} \geqslant -1) \end{cases} \qquad (2.2.3)$$

为对式(2.2.1)进行求和,将终态 f 的分布分成基态附近的低能区和共振点附近的共振区两部分。在低能区,B_{0f} 可以用一有效值 B_{eff} 代替(有学者求得此值为 1.65×10^{-5}),而高能区的完全由 GT 共振跃迁决定。这样,电子俘获率可进一步表示为:

$$\lambda = \lambda_0 + \lambda_{GT} \tag{2.2.4}$$

在此,λ_0 代表低能跃迁的电子俘获率,$\lambda_0 = \ln 2 B_{eff} f(Q_{00})$,当温度密度较低时,这一项是主要的。$\lambda_{GT}$ 代表 GT 共振跃迁的电子俘获率,当温度密度较高时,这一项是主要的。用 λ_{AFWH} 表示由 AFWH 等人给出的方法计算出的电子俘获率,则:

$$\lambda_{AFWH} = \lambda_0 + \lambda_{GT}^{AFWH} \tag{2.2.5}$$

$$\lambda_{GT}^{AFWH} = \ln 2 B_{GT} f(Q_{00} - E_{GT})$$

其中,$B_{GT} = 10^{-3.596} M_{GT}^2$,$E_{GT}$ 和 M_{GT} 分别是相对于基态的共振点的能量位置和共振跃迁矩阵元。

在核的壳层模型下,GT 共振点的位置可以表示为 $E_{GT} = \Delta E_1 + \Delta E_2 + \Delta E_3$,其中,$\Delta E_1$ 为核的共振态和基态之间的单粒子轨道能量差。单粒子轨道能谱可以从有关文献中查到。ΔE_2 为子核中的粒子—空穴排斥能,ΔE_3 是当子核为偶中子或偶质子数时的对能。在通常情况下,$\Delta E_2 = 2$ MeV,$\Delta E_3 = 12 A^{-\frac{1}{2}}$,$A$ 为核子数。GT 共振跃迁的矩阵元为:

$$M_{GT}^2 = \frac{1}{2} \cdot \frac{n_i^p n_f^h}{2 J_f + 1} \left| M_{GT}^{sp} \right|_{if}^2$$

其中,n_i^p 和 n_f^h 分别是母核初始轨道上的质子数和子核终态轨道上的空穴数,J_f 是子核态的角动量。因子 $\frac{1}{2}$ 是实验对 GT 共振跃迁矩阵的压抑因子,适用于共振跃迁为主的情形。$\left| M_{GT}^{sp} \right|_{if}^2$ 是单粒子 GT 跃迁矩阵元的平方。

2.2.1.2　GT 共振跃迁的高斯谱改进

在 AFWH 等人的讨论中,GT 共振跃迁的电子俘获率用其共振点的电子俘获率 λ_{GT}^{AFWH} 来表征,而没有包括所有的激发态分布,这样处理的精度是有限的。我们认为,对于能态较密集的高能态的分布,较合理而可行的方法是寻求一能态分布函数来代替。我们用一中心位置在共振点的归一化的高斯函数作为 GT 共振强度的分布函数,即:

$$B_{GT}^{LP} = \frac{1}{\sqrt{\pi} \Delta} \exp \left[-\frac{(\varepsilon' - E_{GT})^2}{\Delta^2} \right] \cdot B_{GT} \tag{2.2.6}$$

其中,B_{GT}^{LP} 是经过高斯谱函数修正后的共振强度,ε' 是激发态的能量。Δ 是高斯函数的半宽度,其值本应通过相应的电子俘获的高能核物理实验数据分析获得,但现有的核数据库不能提供足够多的数据,因而对每一核的跃迁获得相应的半宽度是不现实的(在本书的分析中,就只有一个可能的宽度范围进行讨论)。改进后,相应的电子俘获率 λ_{LP} 可表示为:

$$\lambda_{LP} = \lambda_0 + \lambda_{GT}^{LP} \tag{2.2.7}$$

λ_{GT}^{LP} 是修正后 GT 共振跃迁的电子俘获率,其表达式为:

$$\lambda_{GT}^{LP} = \int_{\varepsilon_{LP}}^{\infty} B_{GT}^{LP} d\varepsilon' \int_{Q_{LP}}^{\infty} f(Q_{00}, \varepsilon, \varepsilon') d\varepsilon \tag{2.2.8}$$

$f(Q_{00}, \varepsilon, \varepsilon')$ 为修正后的相空间因子,其值为:

$$f(Q_{00}, \varepsilon, \varepsilon') = \varepsilon^2 (Q_{00} - \varepsilon' + \varepsilon)^2 G(z, \varepsilon) f_e \qquad (2.2.9)$$

式(2.2.8)中的积分下限 ε_{LP} 为高能共振区能量的下端,具体位置取决于高斯分布的半宽度。Q_{LP} 是参与电子俘获反应的最低能量,应满足:

$$Q_{LP} = \begin{cases} |Q_{00} - \varepsilon'| & (Q_{00} - \varepsilon' < -1) \\ 1 & (Q_{LP} - \varepsilon' \geqslant -1) \end{cases} \qquad (2.2.10)$$

为了便于计算和比较讨论,定义一个高斯宽度调节因子 C,满足:

$$C = \frac{\Delta}{E_{GT}} \qquad (2.2.11)$$

因子 C 的大小反映了对共振强度分布的高斯修正的程度。若 $C \to 0$,即 $\Delta \to 0$,则高斯函数变为 δ 函数,电子俘获率的计算回到 AFWH 等人的工作。卡尔(Kar)等人在讨论 β 衰变时,采用实验数据加理论分析相结合的方法来确定高斯函数的半宽度,其半宽度为 6.3 MeV 左右。由于实验上测定的困难,在本书中,就半宽度范围取一系列可能的值来进行讨论。

2.2.1.3 数值分析与结论

为了比较共振跃迁高斯谱分布修正的结果,选取了几个在前身星阶段较典型的富中子核的电子俘获反应,计算了它们在一些较重要的温度—密度点的俘获率,同时计算了相应条件下的 λ_{AFWH} 和共振跃迁占总的俘获率的比重 F_{GT}。表 2-2 给出了核素 ^{56}Fe, ^{56}Co 在条件 $\rho = 5.86 \times 10^7$ g·cm^{-3}, $T = 3.4 \times 10^9$ K, $Y_e = 0.47$ 下的电子俘获率的修正值 λ_{LP} 随 C 的变化情况及比值 $\frac{\lambda_{LP}}{\lambda_{AFWH}}$。表 2-3 给出了核素 ^{56}Fe, ^{56}Mn 在条件 $\rho = 1.45 \times 10^8$ g·cm^{-3}, $T = 3.8 \times 10^9$ K, $Y_e = 0.45$ 下的电子俘获率的修正值 λ_{LP} 随 C 的变化情况及修正前后的比值 $\frac{\lambda_{LP}}{\lambda_{AFWH}}$。

表 2-2　^{56}Fe 和 ^{56}Co 的电子俘获反应率随 C 的变化

($\rho = 5.86 \times 10^7$ g·cm^{-3}, $T = 3.4 \times 10^9$ K, $Y_e = 0.47$)

C	^{56}Fe$(e^-, \nu_e)^{56}$Mn		^{56}Co$(e^-, \nu_e)^{56}$Fe	
	$\lambda_{AFWH} = 6.9529 \times 10^{-8}$ s^{-1}, $F_{GT} = 5.936 \times 10^{-4}$		$\lambda_{AFWH} = 5.1000 \times 10^{-2}$ s^{-1}, $F_{GT} = 4.410 \times 10^{-1}$	
	λ_{LP}	$\dfrac{\lambda_{LP}}{\lambda_{AFWH}}$	λ_{LP}	$\dfrac{\lambda_{LP}}{\lambda_{AFWH}}$
0.01	6.9529×10^{-8}	1.0000	0.0511	1.0021
0.05	0.6954×10^{-7}	1.0002	0.0583	1.1439
0.10	0.6965×10^{-7}	1.0018	0.0795	1.5601
0.15	0.7041×10^{-7}	1.0126	0.1135	2.2277
0.20	0.7799×10^{-7}	1.1217	0.1598	3.3136
0.25	0.1774×10^{-6}	2.5517	0.2183	4.2839

表 2-3　^{56}Fe 和 ^{56}Mn 的电子俘获反应率随 C 的变化

$(\rho=1.45\times10^8 \text{ g}\cdot\text{cm}^{-3}, T=3.8\times10^9 \text{ K}, Y_e=0.45)$

C	^{56}Fe$(e^-,\nu_e)^{56}$Mn $\lambda_{\text{AFWH}}=1.2946\times10^{-6}$ s^{-1}, $F_{\text{GT}}=2.261\times10^{-3}$		^{56}Mn$(e^-,\nu_e)^{56}$Cr $\lambda_{\text{AFWH}}=2.3782\times10^{-4}$ s^{-1}, $F_{\text{GT}}=3.560\times10^{-5}$	
	λ_{LP}	$\dfrac{\lambda_{\text{LP}}}{\lambda_{\text{AFWH}}}$	λ_{LP}	$\dfrac{\lambda_{\text{LP}}}{\lambda_{\text{AFWH}}}$
0.01	1.2946×10^{-6}	1.0000	2.3782×10^{-4}	1.0000
0.05	0.1295×10^{-5}	1.0007	0.2378×10^{-3}	1.0000
0.10	0.1300×10^{-5}	1.0045	0.2379×10^{-3}	1.0003
0.15	0.1326×10^{-5}	1.0244	0.2388×10^{-3}	1.0041
0.20	0.1500×10^{-5}	1.1588	0.2565×10^{-3}	1.0785
0.25	0.2982×10^{-5}	2.3037	0.4601×10^{-3}	1.9344

从表 2-2 和表 2-3 可以看出，对 ^{56}Fe 和 ^{56}Mn 而言，在 $C<0.15$ 的修正范围内，λ_{LP} 和 λ_{AFWH} 的值几乎没有差别。这是因为高斯谱修正的是 GT 共振跃迁，而在我们计算的温度、密度条件下，上述两种核素的共振跃迁所占的比例很小。但对反应 ^{56}Co$(e^-,\nu_e)^{56}$Fe 而言，在所给的条件下，共振跃迁所占的比例高达 40% 以上，高斯谱修正的效果非常明显，电子俘获率较原来有非常大的增加（在 $C=0.25$ 时，最多可以增加 4 倍左右）。

从表 2-2 和表 2-3 还可以看出，高斯谱的修正结果使得理论上的电子俘获速率都是增加的。其物理原因不难理解，尽管跃迁强度是一高斯函数分布，其强度分布是以共振点为中心对称的，但由于电子分布满足费米—狄拉克（Fermi-Dirac）分布，参与共振反应的电子的能量是不对称的，参与俘获反应的电子数量明显增多，因此，总的电子俘获率是增加的，特别是以共振跃迁为主的核反应尤其明显。高斯修正的结果还和高斯分布的半宽度有关，也就是说，和共振跃迁的激发能级强度分布有关。

从上面的计算分析可以看出，共振激发能级分布的高斯谱改进使得电子俘获率有不同程度的增加；在以低能跃迁为主的电子俘获反应中，这种修正的意义不大；但在高能共振占较大比例的反应中，高斯谱分布扩充了参与共振反应的电子数量，因而使得反应率有明显的增加。我们认为，在前身星阶段由于密度较高，电子的费米能也高，某些核素的电子俘获反应是以高能共振跃迁为主的，这时考虑对共振跃迁激发能级分布的高斯谱等效描述是必要的。另外，在这种情形下高斯函数中的最高点应比"边缘假设"的等效共振强度低，以保证总的俘获率与实验结果一致。即使将来实验或理论得到了精确的能级分布，我们的这种方法依然是有用的，因为把实验或理论上复杂的能级等效于我们的高斯函数分布后进行计算，既能保证精度又可简化计算过程。数值模拟涉及数千种核素，每个时间步长、每个网格都需要把这数千种核素计算一遍，所以这种能够节省时间的方法是必要的。

2.2.2　强电荷屏蔽下的电子俘获率

超新星的前身星环境是高密等离子体，其核素处于电子海的强屏蔽之下，考虑电荷屏蔽效应后,电子俘获速率相对裸原子核而言会有所降低。电荷屏蔽效应提高了电子俘获反应的有效能阈值,由此影响了爆前超新星核心坍缩的临界密度阈数值。虽然早在1950年瑞兹(Reitz)等人就曾通过狄拉克(Dirac)方程研究了电荷屏蔽对β衰变的影响,并得出屏蔽对β⁻衰变影响很小、对β⁺衰变影响较大的结论。但当时所考虑的环境是地球环境,并只考虑出射粒子波函数对库仑改正因子的影响。此后的一些学者对这一问题的研究主要基于对费米(Fermi)函数的修正和库仑改正因子的研究,而没有考虑对出射粒子能量的影响,因为在通常情况下,屏蔽势相对于电子的出射能量是非常小的。罗志全、彭秋和(1996)讨论了在恒星高密环境下电荷屏蔽对电子俘获率的影响,结果表明这一影响是较显著的,并指出在超新星的前身星的结构及后来核心区的坍缩等演化模式的理论研究中应考虑电荷屏蔽的影响。在先前的讨论中,采用的强电荷屏蔽势能是萨尔彼得(Salpeter)等人利用离子球模型给出的是电子俘获的阈能修正。伊藤(Itoh et al., 2002)等人在计算相对论简并电子流引起的电荷屏蔽时,采用了在固体物理中广泛采用的线性响应理论,得到屏蔽造成的入射电子能量的改变。我们提出计算屏蔽下电子俘获的新方法,对超新星前身星环境下的电子俘获率的影响进行分析,以期给出对精确计算电子俘获率有用的结论。

2.2.2.1 高密等离子体中的电子屏蔽势

在先前分析电荷屏蔽对电子俘获反应的影响的研究中,我们采用的是等离子体的离子球模型。在强屏蔽下,每个维格纳—赛茨(Wigner-Seitz)离子球总的屏蔽势为:

$$E_0 = 1.764 \times 10^{-5} Z^{5/3} Y_e^{1/3} \rho^{1/3}$$

其中,Z 为核电荷数,ρ 为质量密度,Y_e 为电子丰度。

故对某一核而言,平均每个电子的屏蔽势能为:

$$\Delta Q = 1.764 \times 10^{-5} Z^{2/3} Y_e^{1/3} \rho^{1/3} \tag{2.2.12}$$

最近,伊藤(Itoh)等人采用了詹科维奇(Jancovici)的静态纵向绝缘函数 $\varepsilon(q,0)$,分析了由相对论简并电子引起的电荷屏蔽,其屏蔽势能表达式为:

$$D = 7.525 \times 10^{-3} Z (Y_e \rho_6)^{1/3} J(r_s, R) \tag{2.2.13}$$

其中,ρ_6 是以 10^6 g·cm^{-3} 为单位的质量密度。

$$J = \frac{1}{R} \left\{ 1 - \frac{2}{\pi} \int_0^\infty \frac{\sin(Rq)}{q\varepsilon(q,0)} \mathrm{d}q \right\}$$

伊藤(Itoh)等人给出了 J 的近似表达式,即:

$$J(r_s, R) = \sum_{i,j=0}^{10} a_{ij} s^i u^j \tag{2.2.14}$$

$$s = 0.5(\lg r_s + 3)$$

$$u = 0.04(R - 25.0)$$

系数矩阵的值参见表 2-4。

$$R = 6.3 \times 10^{-3} Z^{\frac{1}{3}} \rho_6^{\frac{1}{3}}$$

$$r_s = 1.388 \times 10^{-2} (Y_e \rho_6)^{-\frac{1}{3}}$$

表 2-4　i,j 取不同值时 a_{ij} 的取值

项目	$j=0$	$j=1$	$j=2$	$j=3$	$j=4$	$j=5$
$i=0$	$2.800\ 66\times10^{-2}$	$-1.346\ 50\times10^{-2}$	$4.701\ 57\times10^{-3}$	$-1.627\ 73\times10^{-3}$	$3.574\ 95\times10^{-4}$	$2.778\ 94\times10^{-3}$
$i=1$	$2.914\ 25\times10^{-4}$	$-4.770\ 37\times10^{-4}$	$3.244\ 80\times10^{-4}$	$-1.849\ 76\times10^{-4}$	$1.260\ 65\times10^{-4}$	$3.142\ 05\times10^{-4}$
$i=2$	$3.717\ 30\times10^{-4}$	$-1.112\ 05\times10^{-3}$	$1.114\ 14\times10^{-3}$	$-7.497\ 02\times10^{-4}$	$4.088\ 71\times10^{-4}$	$7.011\ 82\times10^{-4}$
$i=3$	$-3.400\ 43\times10^{-4}$	$1.764\ 71\times10^{-3}$	$-7.276\ 85\times10^{-4}$	$-2.029\ 79\times10^{-3}$	$3.217\ 63\times10^{-3}$	$4.642\ 29\times10^{-3}$
$i=4$	$8.388\ 63\times10^{-3}$	$-3.405\ 34\times10^{-3}$	$-1.666\ 83\times10^{-3}$	$-4.208\ 58\times10^{-3}$	$1.003\ 10\times10^{-2}$	$2.031\ 69\times10^{-2}$
$i=5$	$2.986\ 75\times10^{-2}$	$-3.934\ 66\times10^{-2}$	$1.814\ 63\times10^{-2}$	$-6.641\ 80\times10^{-3}$	$9.007\ 60\times10^{-4}$	$2.905\ 09\times10^{-3}$
$i=6$	$1.447\ 75\times10^{-2}$	$-4.060\ 27\times10^{-2}$	$3.233\ 11\times10^{-2}$	$-8.651\ 96\times10^{-3}$	$-2.125\ 60\times10^{-3}$	$1.344\ 92\times10^{-3}$
$i=7$	$-3.969\ 57\times10^{-2}$	$4.228\ 80\times10^{-2}$	$-5.915\ 08\times10^{-3}$	$-8.132\ 96\times10^{-3}$	$-1.310\ 89\times10^{-4}$	$-2.023\ 86\times10^{-2}$
$i=8$	$-3.328\ 15\times10^{-2}$	$5.695\ 71\times10^{-2}$	$-3.058\ 45\times10^{-2}$	$-1.668\ 52\times10^{-3}$	$7.993\ 59\times10^{-3}$	$-1.023\ 61\times10^{-3}$
$i=9$	$1.512\ 05\times10^{-2}$	$-1.184\ 43\times10^{-2}$	$-2.514\ 57\times10^{-3}$	$4.255\ 44\times10^{-3}$	$2.574\ 06\times10^{-3}$	$1.073\ 50\times10^{-3}$
$i=10$	$1.526\ 22\times10^{-2}$	$-2.148\ 39\times10^{-2}$	$8.105\ 78\times10^{-3}$	$2.566\ 49\times10^{-3}$	$-1.540\ 54\times10^{-3}$	$3.107\ 44\times10^{-3}$

项目	$j=6$	$j=7$	$j=8$	$j=9$	$j=10$
$i=0$	$-1.848\ 49\times10^{-3}$	$-5.698\ 73\times10^{-3}$	$4.057\ 87\times10^{-3}$	$4.575\ 84\times10^{-3}$	$-3.627\ 82\times10^{-3}$
$i=1$	$-4.252\ 28\times10^{-4}$	$-5.709\ 27\times10^{-4}$	$6.776\ 12\times10^{-4}$	$3.741\ 32\times10^{-4}$	$-4.070\ 58\times10^{-4}$
$i=2$	$-7.644\ 87\times10^{-4}$	$-1.837\ 28\times10^{-3}$	$1.700\ 05\times10^{-3}$	$1.404\ 76\times10^{-3}$	$-1.301\ 79\times10^{-3}$
$i=3$	$-7.736\ 92\times10^{-3}$	$-1.088\ 40\times10^{-2}$	$1.412\ 42\times10^{-2}$	$6.322\ 05\times10^{-3}$	$-7.848\ 98\times10^{-3}$
$i=4$	$-3.479\ 78\times10^{-2}$	$-3.758\ 41\times10^{-2}$	$5.563\ 69\times10^{-2}$	$1.915\ 93\times10^{-2}$	$-2.750\ 63\times10^{-2}$
$i=5$	$-4.924\ 50\times10^{-2}$	$-4.463\ 16\times10^{-2}$	$7.191\ 23\times10^{-2}$	$2.381\ 35\times10^{-2}$	$-3.557\ 69\times10^{-2}$
$i=6$	$-2.513\ 85\times10^{-3}$	$3.373\ 37\times10^{-3}$	$-1.618\ 33\times10^{-3}$	$3.643\ 15\times10^{-3}$	$-2.906\ 71\times10^{-3}$
$i=7$	$3.688\ 66\times10^{-2}$	$2.531\ 48\times10^{-2}$	$-5.168\ 77\times10^{-2}$	$-8.551\ 52\times10^{-3}$	$2.089\ 71\times10^{-2}$
$i=8$	$5.804\ 92\times10^{-3}$	$-1.044\ 20\times10^{-2}$	$-3.042\ 57\times10^{-5}$	$3.956\ 89\times10^{-3}$	$-2.157\ 31\times10^{-4}$
$i=9$	$-2.027\ 77\times10^{-2}$	$-1.859\ 17\times10^{-2}$	$3.192\ 60\times10^{-2}$	$7.623\ 00\times10^{-3}$	$-1.406\ 61\times10^{-2}$
$i=10$	$-8.441\ 78\times10^{-3}$	$-2.772\ 26\times10^{-3}$	$1.113\ 09\times10^{-2}$	$1.361\ 09\times10^{-3}$	$-5.001\ 55\times10^{-3}$

式 (2.2.14)成立的条件是：$1\times10^{-5}\leqslant r_s\leqslant1\times10^{-1},0\leqslant R\leqslant50.0$。就我们所讨论的超新星的前身星阶段而言,密度范围满足这一要求。表 2-5 列出了核素 ^{56}Mn, ^{56}Fe, ^{56}Co 的电子俘获反应时受到的屏蔽势能随密度的变化情况。当电子丰度为 0.45 时,对核素 ^{56}Co屏蔽势的比较如图 2-3 所示。

从表 2-5 和图 2-3 可以看出,在低密度时,伊藤(Itoh)等人给出的屏蔽势 D 和经典离子球模型给出的结果 $\triangle Q$ 相差不大,但随着密度增大,两者之间的差值也随之增大。在密度较高时,$\triangle Q, D$ 相差接近两倍。在其他电子丰度下的计算表明,随着电子丰度 Y_e 的降低,它们的相差略为减少。

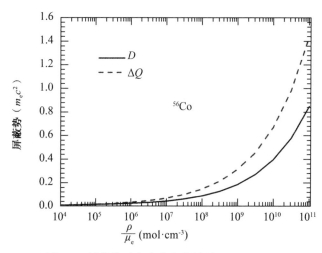

图 2-3　屏蔽势随密度的变化情况($Y_e = 0.45$)

虚线表示萨尔彼得（Salpeter）屏蔽势，实线表示伊藤（Itoh）屏蔽势

表 2-5　几个核素的电子俘获反应的屏蔽势能随密度的变化情况($Y_e = 0.46$)

$\lg\dfrac{\rho}{\mu_e}$	$^{56}Mn(e^-, \nu_e)^{56}Fe$		$^{56}Fe(e^-, \nu_e)^{56}Mn$		$^{56}Co(e^-, \nu_e)^{56}Fe$	
	ΔQ	D	ΔQ	D	ΔQ	D
4.00	0.006 4	0.007 6	0.006 5	0.008 0	0.006 7	0.008 3
4.50	0.009 3	0.009 4	0.009 6	0.009 9	0.009 8	0.010 4
5.00	0.013 7	0.011 8	0.014 1	0.012 4	0.014 4	0.013 0
5.50	0.020 1	0.015 1	0.020 6	0.015 8	0.021 2	0.016 6
6.00	0.029 5	0.019 8	0.030 3	0.020 8	0.031 1	0.021 8
6.50	0.043 3	0.026 8	0.044 5	0.028 2	0.045 6	0.029 6
7.00	0.063 6	0.037 4	0.065 2	0.039 4	0.066 9	0.041 3
7.50	0.093 3	0.053 4	0.095 8	0.056 2	0.098 2	0.059 1
8.00	0.137 0	0.077 3	0.140 6	0.081 4	0.144 2	0.085 6
8.50	0.201 1	0.112 6	0.206 4	0.118 7	0.211 7	0.124 8
9.00	0.295 1	0.164 7	0.303 0	0.173 5	0.310 7	0.182 4
9.50	0.433 2	0.241 1	0.444 7	0.254 0	0.456 0	0.267 1
10.00	0.635 9	0.353 1	0.652 7	0.372 1	0.669 4	0.391 3
10.50	0.933 3	0.517 5	0.958 1	0.545 2	0.982 5	0.573 3
11.00	1.369 9	0.757 8	1.406 2	0.798 4	1.442 1	0.839 6

注：$\lg(\rho/\mu_e)$ 的单位为 mol·cm^{-3}，ΔQ，D 的单位为 $m_e c^2$。

2.2.2.2　电荷屏蔽对电子俘获率的影响

在先前的工作中，针对电荷屏蔽对电子俘获反应的影响有过详细的分析，这里作简要叙述。当忽略屏蔽对电子波函数的影响，仅考虑电荷屏蔽对电子能量的影响时，相空间因子修正为：

$$f'(Q_{if}) = \int_{\varepsilon_s}^{\infty} F(Z, \varepsilon') \varepsilon' (\varepsilon'^2 - 1)^{1/2} (Q_{if} + \varepsilon')^2 f_e \mathrm{d}\varepsilon \qquad (2.2.15)$$

其中，$\varepsilon' = \varepsilon - D$，积分下限 $\varepsilon_s = \varepsilon_0 + \Delta Q$，$\varepsilon_0$ 为原来的反应阈能。通常定义一屏蔽因子 C 来表征电荷屏蔽对电子俘获反应的影响，$C = \dfrac{\lambda^s}{\lambda}$。$\lambda$ 为未考虑屏蔽时裸原子核的电子俘获率，λ^s 为考虑屏蔽时的电子俘获率。λ 和 λ^s 可进一步表示为 $\lambda = \lambda_0 + \lambda_{GT}$，$\lambda^s = \lambda_0^s + \lambda_{GT}^s$。$\lambda_0$ 和 λ_{GT} 分别代表无屏蔽时基态附近的低能跃迁和 GT 共振跃迁的电子俘获率，λ_0^s 和 λ_{GT}^s 分别代表考虑屏蔽时基态附近的低能跃迁和高能区的 GT 共振跃迁的电子俘获率。因此，有：

$$C = \frac{\lambda_0^s + \lambda_{GT}^s}{\lambda_0 + \lambda_{GT}} \qquad (2.2.16)$$

作为例子，分析计算了在温度 $T = 10^9$ K 时，电荷屏蔽对核素 ^{56}Co 的电子俘获反应的影响。表 2-6 分别给出了核素 ^{56}Co 的电子俘获在温度为 5×10^9 K 时，屏蔽因子随密度变化的情况。表中的屏蔽因子 C_1，C_2 分别对应于 FFN 和 LMP 的 GT 共振强度的情形。

表 2-6　^{56}Co 的电子俘获反应中，屏蔽因子随密度变化的情况 ($T = 5 \times 10^9$ K, $Y_e = 0.45$)

$\lg(\rho Y_e)$	λ_1 (s^{-1})	λ_2 (s^{-1})	C_1	C_2
7.00	2.69×10^{-2}	1.11×10^{-2}	0.951 6	0.952 1
7.50	1.06×10^{-1}	3.69×10^{-2}	0.937 4	0.945 3
8.00	5.49×10^{-1}	1.31×10^{-1}	0.921 4	0.939 6
8.50	3.64	5.28×10^{-1}	0.910 2	0.930 3
9.00	2.74×10^{1}	3.28	0.906 2	0.896 5
9.50	2.09×10^{2}	4.11×10^{1}	0.906 1	0.881 2
10.00	1.55×10^{3}	4.91×10^{2}	0.907 2	0.890 5
10.50	1.11×10^{4}	4.71×10^{3}	0.908 3	0.898 1
11.00	7.77×10^{4}	3.94×10^{4}	0.909 5	0.903 2

比较屏蔽因子 C_1 和 C_2 可以看出，当密度小于 1×10^9 g·cm^{-3} 时，屏蔽因子 C_2 普遍较因子 C_1 要大，也就是说采用 LMP 改进的 GT 共振结果给出的屏蔽对电子俘获反应的影响较经典的 FFN 的影响要小。当密度大于等于 1×10^9 g·cm^{-3} 时，情况反转，但二者差值不大。

表 2-7 给出了不同密度时，屏蔽因子随温度的变化情况。可以看出，屏蔽因子的变化情况和表 2-6 给出的结果类似。电荷屏蔽的影响随温度的增加而减小，同时屏蔽因子 C_1 和 C_2 的差异随温度的增加而减小。

表 2-7　^{56}Co 的电子俘获反应中，屏蔽因子随温度变化的情况

T_9 ($\times 10^9$ K)	λ_1 (s^{-1})	λ_2 (s^{-1})	C_1	C_2	λ_1 (s^{-1})	λ_2 (s^{-1})	C_1	C_2
1	2.26×10^{1}	2.30	0.899 0	0.895 6	1.47×10^{3}	4.57×10^{2}	0.905 3	0.887 2
2	2.31×10^{1}	2.39	0.900 1	0.895 7	1.48×10^{3}	4.59×10^{2}	0.905 5	0.887 6
3	2.38×10^{1}	2.57	0.901 9	0.895 8	1.49×10^{3}	4.64×10^{2}	0.905 8	0.888 1

续表

$T_9(\times10^9\,\mathrm{K})$	$\lambda_1(\mathrm{s^{-1}})$	$\lambda_2(\mathrm{s^{-1}})$	C_1	C_2	$\lambda_1(\mathrm{s^{-1}})$	$\lambda_2(\mathrm{s^{-1}})$	C_1	C_2
4	2.49×10^1	2.81	0.904 2	0.896 5	1.50×10^3	4.70×10^2	0.906 2	0.888 9
5	2.64×10^1	3.15	0.907 0	0.898 1	1.52×10^3	4.78×10^2	0.906 8	0.889 9
6	2.83×10^1	3.60	0.910 2	0.900 5	1.53×10^3	4.87×10^2	0.907 4	0.891 0
7	3.06×10^1	4.18	0.913 6	0.903 8	1.56×10^3	4.99×10^2	0.908 2	0.892 4
8	3.33×10^1	4.91	0.917 1	0.907 6	1.58×10^3	5.13×10^2	0.909 1	0.893 8
9	3.66×10^1	5.82	0.920 6	0.911 8	1.62×10^3	5.28×10^2	0.910 0	0.895 5
10	4.05×10^1	6.95	0.924 2	0.916 1	1.65×10^3	5.46×10^2	0.911 1	0.897 2

在表 2-7 中,左侧的计算条件是 $\rho=2.33\times10^9\,\mathrm{g\cdot cm^{-3}}$, $Y_e=0.43$, $D=0.095\,\mathrm{MeV}$, $\Delta Q=0.265\,\mathrm{MeV}$,右侧的计算条件是 $\rho=2.44\times10^{10}\,\mathrm{g\cdot cm^{-3}}$, $Y_e=0.41$, $D=0.208\,\mathrm{MeV}$, $\Delta Q=0.574\,\mathrm{MeV}$。 λ_1 和 λ_2 分别是对应 FFN 和改进的 LMP 的 GT 共振分布下的电子俘获率。改进的电子俘获率明显降低,但我们的结果比 LMP 的结果大。原因是 LMP 对母核基态(J=4)和第一激发态(J=3,5,1)分别计算了详细的跃迁强度,这样的处理更加精确和复杂。但我们的结果接近他们详细计算的结果,所以在这里我们可以用"边缘假设"来估算屏蔽因子。

2.2.2.3　结论

通过分析计算可以看出,由相对论性简并电子流导致的屏蔽势能的值较经典的离子球模型给出的屏蔽势能的值要小。经典的离子球模型给出的屏蔽势能修正俘获的阈能,而相对论性简并电子流导致电子能量减少,两者引起的总结果使电子俘获反应的影响较先前讨论的程度有所减小。尽管如此,电荷屏蔽对电子俘获反应在某些温度密度点的影响仍然比较明显的。从表 2-6 可以看出,屏蔽的影响可以使 ^{56}Co 在某些温度密度点的电子俘获率降低 10% 以上。我们的计算方法已经在詹卡(Janka)等人的模拟中得到应用。电子俘获是引起 SNⅡ(SNⅠb、SNⅠc)型核心塌缩的首要因素,电子俘获率的高低对超新星前身星的演化模式的数值模拟非常敏感,因此,在精确分析前身星阶段的电子丰度变化率时,有必要考虑电荷屏蔽对电子俘获反应的影响。

2.2.3　超新星塌缩过程屏蔽的数值计算

2.2.3.1　平均重核的电子俘获

由于超新星核中大部分的核处于不稳定的激发态,很难对每个核作出准确的描述,尤其是激发态几乎连续的重原子核。这里采用贝特(Bethe)等提出的一种简单考虑(Bethe et al.,1979),认为铁核的物质是由四种粒子组成的:自由质子、自由中子、α 粒子和平均重核,即所谓的"四粒子模型"。这四种类型的粒子能很好地代表前身星的整体属性(Lattimer et al.,1991;Arcones et al.,2007)。

在此,采用"四粒子模型",认为物质是由处于核统计平衡下的自由质子、中子、α 粒子和重核组成的。其中,只有质子和重核可以俘获电子,所以,总的电子俘获率 $\lambda=\lambda_p+\lambda_H$,其中 λ_p 和 λ_H 分别是质子和重核的俘获率。

对于自由质子的电子俘获，大部分参加反应的电子能量 $E_0 \approx E_F$，其中 E_F 是电子费米（Fermi）能。根据萨尔彼得（Salpeter）和范·霍恩（van Horn）的理论（Salpeter et al.，1969），由于前身星中满足 $E_0 \gg E_p$ 和 $k_B T > E_p$（E_p 为质子的 Coulomb 能），则强屏蔽不成立而弱屏蔽是有效的。按照基彭哈恩（Kippenhahn）和巴考尔（Bahcall）等人的方法（Kippenhahn et al.，1990；Bahcall et al.，1998），当 $x_0 = \dfrac{r_c}{r_D} \approx \left(\dfrac{Z_1 Z_2}{200 E_0}\right)(\zeta \rho T_7)^{1/2} \ll 1$ 时（E_0 以 KeV 为单位），弱屏蔽因子为 $\exp(x_0 \pi \eta)$，$\zeta = \sqrt{\sum_i \left(\dfrac{X_i Z_i^2}{A_i} + \dfrac{X_i Z_i}{A_i}\right)}$，其中 r_c 和 r_D 分别为经典电子半径和德拜半径，X_i, Z_i, A_i 分别为组成粒子的质量丰度、核电荷数和质量数，T_7 是以 1×10^7 K 为单位的温度；$\eta = \left(\dfrac{m}{2}\right)^{1/2}\left[\dfrac{Z_1 Z_2 e^2}{\hbar E_0^{1/2}}\right]$，其中 m 是约化质量。粗略估算一下，在超新星核心区，当 $T \sim 1 \times 10^9$ K 时，$\zeta \sim 10$，$\rho = 1 \times 10^9 \sim 1 \times 10^{12}$ g·cm^{-3}，弱屏蔽修正不超过 0.001。另外，质子丰度远远小于重核丰度，所以相对于重核，在这里的自由质子俘获的屏蔽修正并不重要。在此，只考虑电子屏蔽对重核的影响。

在通常情况下，电子俘获的精确计算是依靠核壳层模型来完成的。温度为 T 时，处于热平衡的核 (Z, A) 的俘获速率可以由初态能级到所有末态能级的跃迁概率求和得到（Pruet et al.，2003）。

$$\lambda = \sum_i \frac{(2J_i + 1)\exp\left(\dfrac{-E_i}{k_B T}\right)}{G(Z, A, T)} \sum_f \frac{\ln 2}{(ft)_{if}} f_{if} \tag{2.2.17}$$

其中，J_i 和 E_i 是母核的自旋和激发能量，k 为玻尔兹曼常数，$G(Z, A, T)$ 为核配分函数。ft 值与 GT 和费米（Fermi）跃迁概率有关，f_{if} 是电子相空间积分。然而，许多核素在高温下的能级信息是缺乏的，不同核素之间的电子俘获率差异极大，这会导致总的电子俘获率具有复杂性和不确定性。因此，用费米气体模型来描述平均重核的性质（王贻仁等，2003）。

电子俘获率的一般定义为 $\lambda = -\dfrac{dn_e}{dt}$。当电子数密度减小时，$\lambda > 0$，否则 $\lambda \leqslant 0$。

据贝特（Bethe）等人的方法，平均重核电子俘获公式为：

$$\lambda_H = 1.18 \times 10^{-44} \frac{3n_e}{\mu_e^3} \frac{3n_p}{(p_F^p)^2} \left(\frac{c}{m_e c^2}\right)^2 m_p \iint \varepsilon_e^2 \varepsilon_\nu^2 f_e d\varepsilon_e d\varepsilon_p \tag{2.2.18}$$

其中，$n_e = \rho N_A Y_e$，$n_p = x \chi_H \rho N_A$，$p_F^p = (2 m_p \mu_p)^{1/2}$，$\rho$ 为密度，N_A 是阿伏伽德罗（Avogardro）常数，μ_p 是质子化学势，Y_e 是电子丰度，m_p 是质子质量，$x = \dfrac{Z}{A}$，Z 和 A 分别为平均重核的核电荷数和质量数，χ_H 是重核的丰度，$\varepsilon_e, \varepsilon_p$ 为粒子能量，f_e 为电子的费米—狄拉克（Fermi-Dirac）分布函数。由反应前后的能量守恒 $\varepsilon_e + \varepsilon_p = \varepsilon_n + \varepsilon_\nu$，代替中微子能量后，式（2.2.18）变为：

$$\lambda_H = 1.18 \times 10^{-44} \frac{3n_e}{\mu_e^3} \frac{3n_p}{(p_F^p)^2} \left(\frac{c}{m_e c^2}\right)^2 m_p \int_{\mu_p - \Delta_p}^{\mu_p} \int_Q^\infty \varepsilon_e^2 (\varepsilon_e + \varepsilon_p - \varepsilon_n)^2 f_e d\varepsilon_e d\varepsilon_p \tag{2.2.19}$$

其中，Q 是反应阈值能量。当 $Q_{if} < -0.511$ MeV 时，$Q = |Q_{if}|$，否则 $Q = 0.511$ MeV。

$Q_{if} = (M_p c^2 - M_d c^2 + E_i - E_f)$，$M_p$ 和 M_d 分别是母核和子核的质量，E_i 和 E_f 分别为母核和子核的激发能。注意，这里的母核和子核是原子核中束缚态的质子和中子，所以 $Q_{if} = \mu_n + \Delta_n - \varepsilon_p$，这也保证了出射中微子的能量不小于零。质子能量 $\varepsilon_p = \mu_p - \Delta_p$，因此有：

$$
\begin{aligned}
\Delta_p &= \mu_p - \varepsilon_p \\
&= \mu_p - (\varepsilon_n + \varepsilon_\nu - \varepsilon_e) \\
&\approx \mu_p - (\mu_n + \Delta_n + \varepsilon_\nu - \mu_e) \\
&= \mu_e - \hat{\mu} - \Delta_n - \varepsilon_\nu \\
&= \Delta - \varepsilon_\nu
\end{aligned}
\tag{2.2.20}
$$

其中，$\hat{\mu} = \mu_n - \mu_p$，$\Delta = \mu_e - \hat{\mu} - \Delta_n = 1.15\rho_{10}^{-1/8}\sqrt{\dfrac{\mu_e}{Y_e}}\left(\dfrac{\mathrm{d}\hat{\mu}}{\mathrm{d}\mu_e}\right)^{1/4}$，是发射中微子的最大能量，平均中微子能量 $\bar{\varepsilon}_\nu \approx 0.6\Delta$，因此 $\Delta_p \approx 0.4\Delta$，$\Delta_n = \min\left[3, \max\left(0, \dfrac{\Delta}{2}\right)\right]$，其中，3 MeV 是贝特(Bethe)等人给出的一个参考值(Bethe et al.，1979)。表 2-8 中有初始时刻的一些值。

在高密等离子气体中，重核周围形成屏蔽电子云。屏蔽降低了电子能量，提高了阈值能量，因此，电子俘获率将减小。在此，采用我们在 2007 年提出的方法(Liu et al.，2007)，即忽略屏蔽对矩阵元的影响，只考虑对电子能量和阈值能量的作用。因此，强屏蔽下的俘获率改写为：

$$
\lambda_H = C \int_{\mu_p - \Delta_p}^{\mu_p} \int_{Q+\Delta Q}^{\infty} (\varepsilon_e - v_s)^2 (\varepsilon_e - D + \varepsilon_p - \varepsilon_n)^2 f_e \mathrm{d}\varepsilon_e \mathrm{d}\varepsilon_p
$$

$$
C = 1.18 \times 10^{-44} \frac{3n_e}{\mu_e^3} \frac{3n_p}{(p_F^p)^2} \left(\frac{c}{m_e c^2}\right)^2 m_p
\tag{2.2.21}
$$

$$
\Delta Q = 2.94 \times 10^{-5} Z^{2/3} Y_e^{1/3} \rho^{1/3}
\tag{2.2.22}
$$

$$
D = 7.525 \times 10^{-3} Z (Y_e \rho_6)^{1/3} J
\tag{2.2.23}
$$

D 是对阈能的修改量(Fuller et al.，1982)，v_s 是屏蔽势能(Itoh et al.，2002)，其中 ρ_6 是以 $10^6 \text{ g} \cdot \text{cm}^{-3}$ 为单位的密度。$J = \dfrac{1}{R}\left\{1 - \dfrac{2}{\pi}\int_0^\infty \dfrac{\sin(Rq)}{q\varepsilon(q,0)}\mathrm{d}q\right\} \approx \sum_{i,j=0}^{10} a_{ij}s^i u^j$，其中系数 a_{ij} 的值参见伊藤(Itoh)等人的研究(Itoh et al.，2002)，$s = 0.5(\lg r_s + 3)$，$r_s = 1.388 \times 10^{-2} (Y_e \rho_6)^{-1/3}$，$u = 0.04 (R - 25.0)$，$R = 6.3 \times 10^{-3} Z^{1/3} \rho_6^{1/3}$。

式(2.2.23)成立的范围是：$1 \times 10^{-5} \leqslant r_s \leqslant 1 \times 10^{-1}$，$0 \leqslant R \leqslant 50.0$（即 $\rho \leqslant 1 \times 10^{15} \text{ g} \cdot \text{cm}^{-3}$），通常这一密度范围是完全满足超新星前身星阶段的密度范围的。

2.2.3.2 数值模拟结果

数值模拟采用王贻仁等提供的一维超新星模拟程序(王贻仁等，2003)。在此程序中，采用了广义相对论流体力学方程(May et al.，1966)；流体力学方法为光滑质点流体动力学(SPH。Benz，1991)；物态方程(EOS)类似拉蒂默(Lattimer)和斯威斯蒂(Swesty)、库珀斯坦(Cooperstein)和斯威斯蒂(Swesty)提出的(Lattimer et al.，1991；Cooperstein et al.，1984)；中微子的运输方式类似于苏祖基(Suzuki)提出的(Suzuki，1994)。选择超新星的前身星模型是 WW15$M_\odot$ 模型，其铁核大小为 $1.38M_\odot$(Woosley et al.，1995)。网格质量为 $1.60M_\odot$，划分为 96 个壳层。和其他学者一样，详细的数值模型显示反弹激波是无法冲出铁核的，因为铁核光致裂解造成能量损失。因此，在这里主要探讨塌缩过程中的屏蔽效应对超新星爆炸的影响。

在超新星爆发的数值模拟中，有许出输入输出参量。在表 2-8 中，我们仅仅列出了模拟初始时刻(反弹前 0.27 s)的一些重要参量(仅有 10 层)。从表 2-8 中可以看到超新星前身星模型中平均重核的质量数核电荷数、密度、电子丰度、温度以及不同壳层的屏蔽势，其中 λ' 和 λ 分别代表有屏蔽和无屏蔽的电子俘获率。还可以看出从中心到外层，重核的质量数和电荷数在降低，屏蔽势主要依赖于密度，因此，D 和 ΔQ 随密度单调降低。λ 不仅是 Z，A，Y_e，T 和 ρ 的函数，还是 λ_p，λ_H，χ_p 和 χ_H 的函数，因此，它不是随质量层单调变化的。而且会很容易发现，当考虑屏蔽时，电子俘获率 λ' 总是小于 λ。

表 2-8　在初始时刻(激波反弹前 0.27 s)的一些重要参数

j	A	Z	ρ (g·cm^{-3})	Y_e	T (K)	ΔQ (MeV)	D (MeV)	μ_p (MeV)	μ_n (MeV)	Δ_p (MeV)	Δ_n (MeV)	λ' (s^{-1}·cm^{-3})	λ (s^{-1}·cm^{-3})
1	61.6	26.1	8.3×10^9	0.42	8.1×10^9	0.39	0.14	-12.54	-6.72	0.37	0.92	6.28×10^{30}	5.41×10^{30}
10	60.1	25.8	5.3×10^9	0.43	7.9×10^9	0.33	0.12	-12.04	-7.06	0.32	0.79	1.86×10^{30}	1.65×10^{30}
20	58.6	25.4	3.4×10^9	0.43	7.7×10^9	0.29	0.10	-11.47	-7.46	0.33	0.82	1.13×10^{30}	1.02×10^{30}
30	57.1	25.1	2.2×10^9	0.44	7.5×10^9	0.25	0.08	-10.83	-7.93	0.39	0.98	1.14×10^{30}	1.05×10^{30}
40	55.0	24.6	1.3×10^9	0.45	7.3×10^9	0.21	0.07	-9.95	-8.60	0.54	1.35	1.71×10^{30}	1.59×10^{30}
50	52.9	24.1	7.5×10^8	0.46	6.8×10^9	0.17	0.06	-9.18	-9.18	0.66	1.65	1.50×10^{30}	1.40×10^{30}
60	52.1	23.9	3.4×10^8	0.46	7.1×10^9	0.13	0.04	-9.19	-9.19	0.47	1.17	1.80×10^{29}	1.73×10^{29}
70	49.6	23.2	1.2×10^8	0.47	6.1×10^9	0.09	0.03	-9.13	-9.13	0.31	0.77	7.20×10^{27}	6.90×10^{27}
80	43.8	21.8	2.7×10^7	0.50	4.7×10^9	0.06	0.02	-8.89	-8.89	0.17	0.41	9.08×10^{25}	8.77×10^{25}
90	43.3	21.3	2.0×10^6	0.50	2.9×10^9	0.02	0.01	-8.80	-8.80	0.04	0.11	3.57×10^{22}	3.48×10^{22}

中微子泄漏和扩散过程是决定超新星爆发能量的主要因素。在超新星的整个演化过程中，90% 以上的能量是通过中微子释放的。中微子能量损失率是重要而复杂的量，与弱相互作用率、中微子能量及输运方程等相关。而电子俘获率的变化必然会影响中微子能量损失率。图 2-4 给出了激波反弹前 0.27 s 时有或者无电荷屏蔽时的中微子能量损失率的比较，实线和虚线分别代表无屏蔽和有屏蔽时的中微子能量损失率。我们发现，有屏蔽时中微子能量损失率整体上是减小的，在有些区域修正大于 5%(修正的大小和电子俘获率紧密相关)，但对于铁核外部区域屏蔽的修正不明显。

图 2-5 给出了在超新星坍塌阶段不同时刻有或者无屏蔽时电子俘获率的变化。我们发现：(1)对同一标记，有屏蔽时的电子俘获率(虚线)总是低于无屏蔽的俘获率(实线)，这主要是由电子俘获率的降低和坍塌时标的延迟引起的。在初始阶段(见图上标记 1)，差别主要是由不同的电子俘获率引起的；在超新星坍塌晚期(例如标记 5、6、7)，差异主要来自不同的塌缩历史；在激波反弹时刻，无屏蔽的电子俘获率(标记 8)和 6 ms 后有屏蔽的俘获率类似。(2)在星核内部，电子俘获率以及有无屏蔽时电子俘获率的差异随时间快速增大。这是因为在坍塌过程中密度快速增大，而密度越大，屏蔽势越大。然而，屏蔽的影响不仅取决于屏蔽势能，还和电子的费米(Fermi)能有关。当密度足够大时，费米

(Fermi)能远大于化学势,相应的屏蔽影响就减小。(3)在外核区域,电子俘获率的改变相对慢些,在铁核($1.38M_\odot$)的边缘,由于重核的丰度和密度降低,俘获率有一个明显的下降。在外面的包层的电子俘获率基本是稳定的,因为时标太短,只有仅仅 0.3 s。(4)注意,图 2-5 中的正方形标志从左到右分别代表中微子俘获的临界位置分别为激波反弹前-5.0 ms,-1.5 ms,0.0 ms。我们会发现,高密区域随时间迅速扩大。由于电子俘获的逆过程$[\nu_e+(A,Z)\rightarrow e^-+(A,Z+1)]$随着密度的增大其反应率增加,在中微子达因禁的临界密度($\rho_{\text{trapping}}=3\times10^{12}$ g·cm^{-3})之后,中微子将达到一个平衡,轻子的丰度(包括电子丰度和中微子丰度)为常数。当然,在这种环境下的电荷屏蔽不会使轻子丰度发生变化,但是屏蔽仍然存在,并会影响发生的反应。

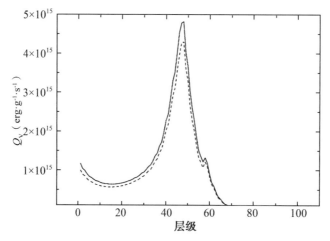

图 2-4　在反弹之前 0.27 s 中微子的能量损失率

实线是无屏蔽的中微子能量损失率,而虚线是有屏蔽的情形

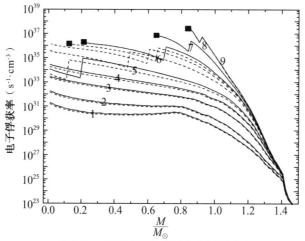

图 2-5　在不同坍塌时刻的电子俘获率

　　虚线和实线分别在不同层中有屏蔽和无屏蔽时的电子俘获率,标记 1,2,3,4,5,6,7,8,9 分别对应时间-250.0 ms,-200.0 ms,-100.0 ms,-50.0 ms,-25.0 ms,-5.0 ms,-1.5 ms,0 ms 和 6 ms 时无屏蔽情况下的电子俘获率。"$-$"表示激波反弹前的时间,正方形代表在相应时间中微子因禁的位置

比较有或无电荷屏蔽时的塌缩时标和初生中子星的半径(见图 2-6 和图 2-7),我们发现:(1)塌缩时标被延长,有屏蔽时的塌缩时间 $t=0.272$ s,无屏蔽时的塌缩时间 $t=0.267$ s。屏蔽会降低电子俘获率,这使电子数密度和简并压强比无屏蔽的情况低一些。在超新星塌缩阶段,总的压强由电子简并压决定(在核子间强作用出现前),因此总压强的减小也会变慢,坍塌速度也会相对降低。(2)激波的最初能量减小,反弹后的 0.8 ms,无屏蔽时激波的初始能量为 1.06 foe;考虑屏蔽时的为 1.01 foe,相差 0.05 foe,占总能量的 5%。这可能由两种原因导致:一方面,屏蔽可能导致在反弹时各种物理量在恒星径向的分布不同,这些不同分布导致了在激波传播过程出现差异。图 2-7 给出了在激波形成时坍塌物质的速度随半径的分布,从图中可以看出,在激波位置以上的坍塌物质的速度随半径的变化差异比较明显。另一方面,总中微子能量损失增加也可能是因为时间延迟。总的中微子能量损失率为 $\dot{Q}_{\nu t}=\sum_i\sum_j\dot{Q}_\nu\Delta M_j\Delta t$,其中 t 是时间,Δt 是时间步长,ΔM_j 是第 j 层的质量。尽管屏蔽效应会降低电子俘获率和中微子能量损失率,但总的能量损失也和塌缩时间有关。(3) 初生中子星的半径几乎不变,但铁核外部的半径有小量增加,这有助于超新星成功爆发。

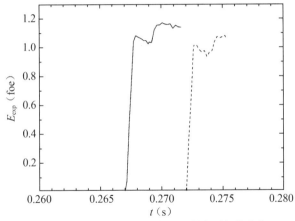

图 2-6 有无屏蔽时爆发能量随爆发时间的变化

实线是无屏蔽的中微子能量损失率,而虚线是有屏蔽的情形

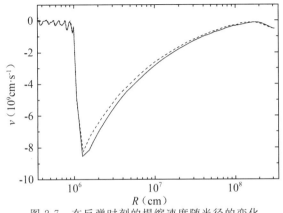

图 2-7 在反弹时刻的塌缩速度随半径的变化

激波在声速位置产生,初生中子星的半径在反弹的最大塌缩速度附近,
实线是无屏蔽的中微子能量损失率,而虚线是有屏蔽的情形

2.2.3.3　结论

我们研究了屏蔽对平均重核电子俘获反应及其对核塌缩型超新星塌缩过程和初始激波能量的影响,结果表明屏蔽对最终的爆发既有有利因素也有不利因素,因此,需要更详细的模拟,如考虑更精确的状态方程和前身星模型(Hix et al.,2003)。为了探究屏蔽的确切作用,选用具体核素和其他方法也是必要的。近年来,如大规模壳层模型和随机相近似等许多方法被广泛研究(Nabi et al.,2008),改进的结果比富勒(Fuller)等人的结果普遍小一个量级(Fuller et al.,1982)。如果考虑改进的电子俘获率,屏蔽效应的影响会相对增大。此外,我们的电子屏蔽方法也适用于二维或三维的核塌缩型超新星的数值模拟。几十年来,人们对核坍缩型超新星的爆炸机制进行了研究并取得了重大进展,但最根本的一些问题仍然没有解决。作为一个实际的物理过程,详细的数值模拟有必要考虑电荷屏蔽效应。但总体来讲,电子屏蔽对超新星爆炸只有小的修正,没有根本性的影响。

2.3　超新星内星核的对流

超新星的爆发是大质量恒星演化晚期极为剧烈的天文现象,但是对于它的解释却一直不能令人满意。瞬时爆发模型被人们首先提出(Colgate et al.,1966),但是至今没有能自洽成功的爆发模型(Lattimer et al.,1991;Bruenn et al.,1995)。既然瞬时爆发的激波能量不足以冲出星核,延迟爆发机制认为必然在外层形成驻激波,由初生中子星产生的大量中微子加热激波物质,复活驻激波并推开星幔物质,形成超新星的爆发,但是中微子的产生机制、输运过程以及中微子和物质的反应截面等问题都还有许多疑问(Buras et al.,2003;Janka et al.,2007;Fischer et al.,2009)。虽然多维模拟更易于实现爆发成功,但至今许多重要物理问题的处理过于简单,如所有先前成功的爆发都简化了对中微子输运过程的处理(Buras et al.,2006)。实际上,并没有完全可以令人信服的模拟成功。大量的观测事实告诉我们:超新星的爆发是客观存在的。为了构造成功的爆发模型,许多学者采用了不同的人为修改,如修改引力常数(Baron et al.,1990)、铁核裂解能量(王贻仁等,2003)、温度或质量(Bruenn,1989)、中微子截面(Wanajo et al.,2009;Fischer et al.,2009)等。本节通过对激波形成阶段压强梯度的人为修改构造了成功的瞬时爆发模型,并在此基础上研究了超新星内星核对流(包括 R-T 对流、负轻子梯度驱动的对流、负熵梯度驱动的对流等)在成功爆发的模型中起到的重要作用,以希望对今后的星核物质压力模型和对流传能过程的研究有促进作用。对压强梯度的修改可参见我们的一些前期工作(Liu et al.,2006)。压强梯度修改对压强本身的修改不大,但是相当于人为增加了推力,可以极大地提高爆炸能量。这种强大的爆炸能量的产生使我们对由它引起的其他物理过程非常感兴趣。我们采用的程序为一维的模拟程序 WLWY89(王贻仁等,2003),前身星为伍斯利(Woosley)等提供的 WW15M$_\odot$ 模型(Woosley et al.,1995)。

2.3.1　瞬时爆发模型的构造

本书中的压强梯度修改就是将压强梯度作为一个可调量,在原来的压强梯度基础上增加人为参数 β,具体过程可查看我们的前期工作(Liu et al.,2006)。为了尽量减少人为调节,只考虑受压强梯度影响最大的形成激波阶段(小于 3 ms 的时间范围)。此时,中心密度达到最大(为核密度的 2~3 倍),激波产生在声速点附近。通过修改压强梯度增加了星核的不稳定性,β 越大,则改变量越大,星核越不稳定,得到的爆炸能量也越大。经过反复调试,取 $\beta=1.45$,即在原来的压强梯度基础上增加 45% 的梯度。而对于塌缩阶段(时间相对很长)和反弹激波传播阶段,仍然按原来的压强计算,获得的爆炸能量显著提高,最大值由 0.019 foe 提高到 4.62 foe,激波到达铁星核边缘(1.38$M_\odot$)的能量为 1.11 foe,此时的速度为 2×10^9 cm·s^{-1},可以说得到了一个强爆炸的结果。那么,如此高的爆炸能量是如何输运的呢? 图 2-8 是我们比较内星核的动能 E_k 和结合能 E_b(总能量,包括引力能、内能等)在激波形成前后几毫秒内的图像。可以看出,没有修改前内星核的动能最大为 9.78 foe,修改后为 10.37 foe,内星核的动能略微增加但是变化不大。按照穆勒(Muller,1991)的观点,激波初始能量近似等于内星核的动能,说明激波的初始能量增大是不多的,因为我们没有对坍塌阶段作修正。而内星核的结合能变化非常明显,修改前最大值为 -5.83 foe,最小值为 -14.5 foe,修改后的结合能最大值变为 6.67 foe,最小值为 -8.77 foe。按照布鲁恩(Bruenn,1989)的观点,内星核转移给反弹激波最大的可能能量近似等于 $E_{sh}=E_{max}-E_{min}-E_\nu$,$E_\nu$ 为反弹激波传输过程中中微子损失的能量。如果考虑中微子损失的能量相同,则激波获得的能量增加了 78%,它足以使爆炸成功。因此,修改压强梯度后激波初始速度略微增加,但供给激波的总能量大幅提高是在形成反弹和传播过程中供给的。我们认为,这个对激波能量供给的过程是对流传能的结果,下面就此展开讨论。

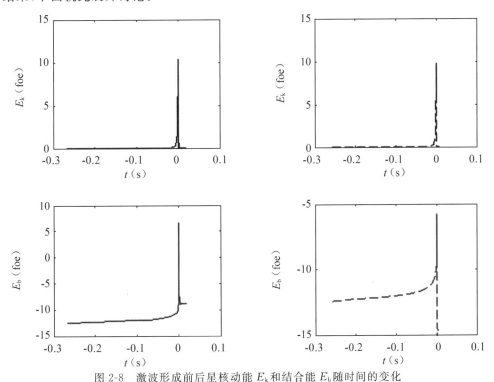

图 2-8　激波形成前后星核动能 E_k 和结合能 E_b 随时间的变化

$t=0$ 为反弹的时刻,实线为修改压强梯度后的分布图,虚线为压强梯度修正前的分布图

2.3.2 内星核区对流的分析

2.3.2.1 瑞利·泰勒(Rayleigh-Taylor)对流

瑞利·泰勒(Rayleigh-Taylor,简称"R-T")对流发生在重力或惯性力作用下两种不同密度的流体界面。在超新星中,重力可以忽略,但加速度方向由密度小的流体指向密度大的流体时就会发生 R-T 对流,其增长率由压强梯度决定(Chandrasekhar,1961),G_{RT} $=\sqrt{Ak_n\left(-\frac{1}{p}\frac{dp}{dr}\right)}$,其中 $A=\frac{\rho_+ - \rho_-}{\rho_+ + \rho_-}$ 是阿特伍德(Atwood)数,ρ_+,ρ_- 分别为界面上下的密度,k_n 是界面的扰动波数,p 为压强。因此,通常可以用 $\left(\frac{p}{dr}\right)\left(\frac{d\rho}{dr}\right)<0$ 作为 R-T 对流发生的判据,进一步可简化为 $\frac{\partial\rho}{\partial p}<0$。图 2-9 为激波形成前后不同时刻的 $\frac{\partial\rho}{\partial p}$ 随质量半径变化的剖面图。可以看出,$\frac{\partial\rho}{\partial p}<0$ 的区域分布在内星核区(激波形成位置在 $0.78M_\odot$),而激波波头以外 $\frac{\partial\rho}{\partial p}$ 都是大于 0 的,即说明在激波区外层无 R-T 对流。同时随着激波的传播,不稳定的区域也随之传播。特别是在初生中子星中部 $0.4M_\odot$ 处,满足 R-T 对流条件的区域最大。另外,内部还有小部分不稳定的区域,这可能与次激波的形成有关。

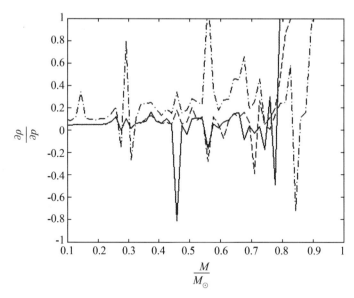

图 2-9 不同时刻 $\frac{\partial\rho}{\partial p}$ 随质量半径变化的剖面图

实线为中心密度达到最大时刻,虚线为激波达到 $0.8M_\odot$ 时刻,点划线为激波达到 $0.9M_\odot$ 时刻

2.3.2.2 轻子梯度驱动的对流

塌缩核中的另一个不稳定性是由负轻子梯度引起的。轻子包括电子和中微子,但电子丰度 Y_e 通常比中微子丰度 Y_v 大得多,因此,实际起主导作用的是电子丰度所驱动的对流。研究 Y_e 梯度为负区域对于研究轻子梯度驱动的对流至关重要。在前身星阶段,Y_e 由

中心到边缘逐渐增加,整体的 Y_e 梯度为正。由于电子俘获等弱相互作用过程导致电子丰度迅速降低,Y_e 梯度也随之变化。爱泼斯坦(Epstein)指出,超新星中的不稳定性是由 Y_e 梯度的减少引起的(Epstein,1979)。威尔逊(Wilson)等认为,"中子指状对流"实质也是由负 Y_e 梯度引起的一种(Wilson et al.,1988)。图 2-10 为不同时刻轻子分布随质量半径变化的剖面图。可以看出,在激波反弹和传播过程中,从中心到激波波头的位置整体是负 Y_e 梯度的。这说明在轻子驱动下,星核在整体上往激波传输能量,但梯度不大。从 Y_ν 的梯度可知,虽然 Y_ν 比 Y_e 小得多,但在波阵面上,Y_ν 的对流也是非常明显的。R-T 对流分布区域比较狭窄,而且随时间变化很快;轻子梯度驱动的对流几乎分布在整个内星核区(激波区外也无明显的轻子梯度驱动的对流),持续时间相对较长且稳定,越靠近波头位置,对流越强。

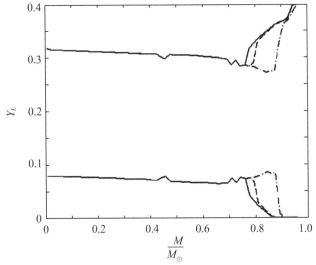

图 2-10　不同时刻轻子分布随质量半径变化的剖面图

上半图为电子丰度分布,下半图为中微子丰度分布,实线为中心密度达到最大时刻,
虚线为激波达到 $0.8M_\odot$ 时刻,点划线为激波达到 $0.9M_\odot$ 时刻

2.3.2.3　负熵梯度驱动的对流

在超新星塌缩过程中,由于中微子损失,低熵是其一个显著的特征(Bethe et al.,1979),愈靠近中心,熵越低。整体的熵梯度随半径为正,但当激波反弹时,由于星核温度急剧增加,熵也随之增加,熵最大的位置出现在激波波头位置。在激波产生和传播区域,负熵梯度的表现非常明显,因此,波头附近的对流以负熵梯度驱动的对流为主。从图2-11可以看出,在激波向前传播以后,在短时间内激波反弹位置依然保持高熵,因此在 $0.78M_\odot$ 附近拥有相对稳定的负熵梯度驱动的对流区。此外,激波后的核心区域($0.25M_\odot \sim 0.7M_\odot$),也有零星的负熵梯度区域。这些都与次激波的产生密切相关。前面我们已经分析了修改压强梯度后能量是逐步供给激波的,而次激波就是具体的输送者。强大的次激波大大增加了激波能量,这在以前的研究中通常被认为是不重要的。

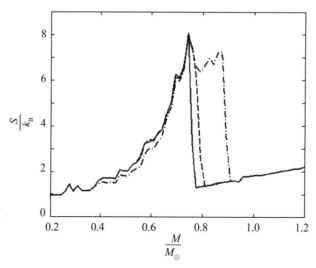

图 2-11 不同时刻熵分布随质量半径变化的剖面图

实线为中心密度达到最大时刻,虚线为激波达到 $0.8M_\odot$ 时刻,点划线为激波达到 $0.9M_\odot$ 时刻

2.3.3 小结

以上几种对流在内星核区是非常明显和确切的。实际上,内星核区还可能包含其他的对流,如 Ledoux 对流(存在于负熵梯度和负 Y_e 梯度同时存在的区域)。因此,真实的情况是非常复杂的,是多种对流的复合。如在波头位置,R-T 对流、轻子梯度驱动的对流、熵梯度驱动的对流同时存在。内星核区的对流形成次激波,把能量传到激波位置,补充激波能量,所以,次激波的重要性也不应该被忽略。

总之,不稳定性对超新星的爆发是决定性的还是附加性的仍然在争论之中,布鲁恩(Bruenn)曾把对流爆炸机制作为新的机制来研究(Bruenn et al.,1995)。考虑详细的对流必须要在二维或三维的模拟中实现,但是一维模拟的定性结论与二维详细描述的情形符合较好[如 R-T 对流(Wanajo et al.,2009;Joggerst et al.,2011)、负熵驱动的对流(Woosley et al.,2005)等],因此,多维的结果与我们的结果应该总体上是一致的。我们认为加强对流,从而实现把星核能量尽可能多地传给激波,对于探讨超新星的爆发机制是一种有益的尝试。

2.4 强大中微子流的可能来源——夸克相变

当前,中微子延迟爆发机制被认为是最有可能导致超新星成功爆发的机制,但是强大的中微子流是如何产生的至今并没有定论。夸克相变是其中一种可能的机制,下面我们就这个问题作一个简要的讨论。

在 20 世纪 70 年代,伊藤(Itoh,1970)和波德默(Bodmer,1971)曾先后提出夸克物质可能是强子物质的基态。此后,威登(Witten)提出 Witten 猜想:由 u,d,s 夸克构成的物质比强子物质更稳定（Witten，1984）。量子色动力学（QCD）预言，强子物质在高温高压条件下将发生退禁闭相变而形成夸克—胶子等离子体，夸克物质（QM）可能在几倍于核密度的环境下由强子物质通过夸克解禁而形成（Xu et al.，2001；Weber，2005），u，d 两味夸克可以产生奇异（s）夸克。因解禁出来的 u，d 两味夸克的费米能（∽500 MeV）大于奇异夸克的静质量（∽300 MeV），所以该过程能降低系统的总能量，形成几乎等量的 u，d，s 夸克体，这种夸克胶子等离子体称为"奇异夸克物质"（SQM）。即夸克物质可能会经过相变，成为更稳定的 SQM 状态。

在超新星爆发时，其核心处于高温高压环境下，因此可能发生从核物质到两味夸克物质的相变，以及从两味夸克物质到奇异夸克物质的相变。该过程能产生大量的中微子，这是解决超新星爆发机制问题的一种可能途径。嵩原（Takahara）和佐藤（Sato）使用理想化的核物质状态方程，研究了相变对超新星爆发的影响（Takahara et al.，1985）。金泰尔（Gentile）等人利用广义相对论的数值模拟程序，考虑了更现实的状态方程，研究了从核物质到夸克物质的相变对超新星爆发的影响（Gentile et al.，1993）。之后，戴子高等人进一步考虑超新星核中从 u，d 夸克物质到 u，d，s 夸克物质的相变过程。结果表明，相变可以明显增加超新星内核的温度和发射的中微子总能量，可能作为超新星延迟爆发机制中强大中微子流的来源（Dai et al.，1995）。考虑更详细的夸克之间的相互作用的计算表明，中微子的能量能进一步提高（Anand et al.，1997）。

因为夸克色禁闭的作用，人们只能从实验上间接获得相关数据，难以准确测量，也就只能依赖于不同的质量模型。有观点认为：s 夸克的质量要比质量接近的 u，d 夸克的质量大得多，如 $m_u = 5.56$ MeV，$m_d = 10$ MeV，$m_s = 200$ MeV（Kapusta，1979），所以在戴子高（Dai）和阿南德（Anand）的文章中，s 夸克的质量都人为地取为 200 MeV，都忽略了 u，d 夸克的质量（$m_u = m_d = 0$，$m_s = 200$ MeV）。对于前述观点，这种假设也是合理的。同时也有学者认为，u，d，s 夸克的质量相差不大，如 $m_u = m_d = 309.15$ MeV，$m_s = 354$ MeV（组分夸克质量）（Cabo et al.，2002）。显然，当所选取的 u，d 夸克质量相比其费米动量不能忽略时，u，d 夸克的质量需同时予以考虑。本节基于戴子高等人的方法，考虑组分夸克质量效应下的夸克相变（Lai et al.，2008）。

2.4.1　夸克相变计算方法

在超新星中，产生奇异夸克的弱作用为：

$$u_1 + d \leftrightarrow u_2 + s \tag{2.4.1}$$

其中，u_1，u_2 分别表示反应前后的 u 夸克。除以上弱作用外，夸克物质要达到平衡态还需以下两个弱相互作用：

$$u + e^- \leftrightarrow d + \nu_e \tag{2.4.2}$$

$$u + e^- \leftrightarrow s + \nu_e \tag{2.4.3}$$

这里没有考虑产生反中微子的反应，也没有考虑夸克之间的强修正。以上三个反应（含逆反应）单位体积每个重子的速率分别记为 Γ_1，Γ_2，Γ_3［其值可以根据 Weiberg-Salam 理论计算，详细过程参考相关文献（戴子高等，1993；Dai et al.，1995；Lai et al.，2008）；作用（2.4.2）和作用（2.4.3）涉及中微子产能率，参见同一文献］。由以上三个作用的反应率可以建立应用于超新星核区相变过程的方程组。

$$\frac{\mathrm{d}Y_\mathrm{d}}{\mathrm{d}t} = \Gamma_2 - \Gamma_1 \tag{2.4.4}$$

$$\frac{\mathrm{d}Y_\mathrm{u}}{\mathrm{d}t} = -\Gamma_2 - \Gamma_3 \tag{2.4.5}$$

其中，Y_x 为丰度，下标代表对应的粒子。另有重子数守恒和电中性要求。

$$Y_s = 3 - Y_u - Y_d \tag{2.4.6}$$

$$2Y_u = Y_d + Y_s + 3Y_e \tag{2.4.7}$$

由于中微子的自由程远小于超新星核的半径，因而中微子囚禁、轻子丰度守恒，即：

$$Y_e + Y_{\nu_e} = Y_L \tag{2.4.8}$$

其中，Y_L 为定量。

中微子囚禁之后，坍缩是绝热过程（而非等温过程）。随着相变的进行，系统的温度增加。由热力学第一定律有：

$$\mathrm{d}q = \mathrm{d}u + p\mathrm{d}\left(\frac{1}{n_\mathrm{b}}\right) = k_\mathrm{B}T\mathrm{d}s + \sum_i \mu_i \mathrm{d}Y_i \tag{2.4.9}$$

其中，q,u 为单位体积的热量和内能，p 为压强，k_B 为波尔兹曼常数。在这里，熵 s 的定义是以 Boltzmann 常数为单位的每个核子的熵，称为"核子比熵"。对于夸克物质，熵的表达式为：

$$s = \pi^2 k_\mathrm{B} T \sum_i \frac{Y_i}{p_i c} \tag{2.4.10}$$

式中，c 为光速。因为相变过程是绝热的，$\mathrm{d}q = 0$，因此由式（2.4.9）和式（2.4.10）可得温度随时间的变化关系（Dai et al.，1995）。

$$\frac{\mathrm{d}T_{11}}{\mathrm{d}t} = -\left(732.9 T_{11} \sum_i \frac{Y_i}{p_i}\right)^{-1} \times \left[(\mu_\mathrm{u} + \mu_\mathrm{e} - \mu_\mathrm{s} - \mu_\nu)\frac{\mathrm{d}Y_\mathrm{u}}{\mathrm{d}t} + (\mu_\mathrm{d} - \mu_\mathrm{s})\frac{\mathrm{d}Y_\mathrm{d}}{\mathrm{d}t}\right]$$

$$\tag{2.4.11}$$

其中，p_i 以 MeV 为单位。粒子的化学势（夸克间无相互作用的结果）为：

$$\mu_i = \sqrt{p_i^2 + m_i^2} \quad (i = \mathrm{u,d,s,e},\nu_\mathrm{e}) \tag{2.4.12}$$

$$p_i = 417.5 \left(\frac{n_\mathrm{b}}{n_0} \times \frac{Y_i}{g_i}\right)^{1/3} \tag{2.4.13}$$

其中，n_0 是核饱和密度对应的重子数密度，g_i 为自由粒子的简并度，分别有 $g_\mathrm{u} = g_\mathrm{d} = g_\mathrm{s} = 6, g_\mathrm{e} = 2, g_{\nu_\mathrm{e}} = 1$。考虑式（2.4.4）至式（2.4.8）和式（2.4.11）构成的微分方程组，再加上初始条件就可以解出 Y_x、温度、中微子能量产生率等随时间的变化。为了比较，除夸克质量外其他初始条件都按戴子高（Dai）等人的研究选取（Dai et al.，1995）:（1）核区重子数密度 n_b 取 $1.5n_0$ 和 $2.5n_0$ 两种情况，对应超新星内核中夸克物质的质量分别为 $0.245M_\odot$ 和 $0.307M_\odot$;（2）初始温度取 10 MeV，20 MeV，30 MeV;（3）轻子丰度 Y_L 取为 0.32，0.36 和 0.40。给定 Y_L，初始中微子丰度便可由 $Y_{\nu_e} = 0.38Y_L^2 + 0.1Y_L - 0.0145$ 确定（Burrows et al.，1981）。另外，相变平衡态由各味夸克和轻子的化学势所遵循的关系式 $\mu_\mathrm{d} + \mu_{\nu_e} = \mu_\mathrm{s} + \mu_{\nu_e} = \mu_\mathrm{u} + \mu_\mathrm{e}$ 确定。

2.4.2　数值结果与讨论

为了便于比较,我们把采用组分夸克质量的情形记为:模型Ⅰ;模型Ⅱ,指忽略 u,d 夸克质量的情形(Dai et al.,1995)。考虑 u,d 夸克质量后,反应率和化学势中关于质量的表达式将会被修改。表 2-9 和表 2-10 列出了两种质量模型下超新星中两味夸克到三味夸克相变过程的数值结果。中微子能量为内外核区(0.7$M_\odot$)总能量,其余参量均指内核区的数值结果。可以看出,考虑 u,d 组分夸克质量后:(1)u,d 夸克和电子的丰度与没有考虑 u,d 夸克质量的模型Ⅱ的终态温度结果基本相同,略微下降。(2)平衡态下的 s 夸克的丰度有明显增加,不同重子数密度的增幅不同,如 $T=10$ MeV,$Y_L=0.32$,两重子数密度 $n_b=1.5n_0$,$n_b=2.5n_0$ 下 s 夸克的丰度增加 22% 和 13%。虽然在 $n_b=2.5n_0$ 情况下,s 夸克的增幅相对较小,但在该重子数情况下产生的 s 夸克的丰度仍然较大。这同物质密度越大,越易于发生从夸克物质到奇异夸克物质的相变,产生的 s 夸克的数量也越多相一致。(3)中微子丰度平衡值和相变产生的中微子总能量是增加的,但幅度不大,数密度为 $1.5n_0$,最大增幅为 6% 和 7%。以上结果都是考虑 u,d 夸克质量使 Γ_1,Γ_2,Γ_3 增加导致的。还发现,重子数密度越大,反应数也就越多。因为 Γ_2 和 Γ_3 都正比于重子数密度 $n_b^{2/3}$。换句话说,重子数密度 n_b 越大,在重子数密度不变的假设条件下,转变成 s 夸克的 u,d 夸克的比例也就越大。

表 2-9　核区为 1.5n_0 相变前后的粒子丰度、温度、熵和总中微子能量

质量模型		$Y_{\nu,i}$	$Y_{\nu,f}$	T_i	T_f	Y_{ui}	Y_{uf}	Y_{di}	Y_{df}	Y_{si}	Y_{sf}	Y_{ei}	Y_{ef}	$E_{\nu,i}$	$E_{\nu,f}$
$Y_L=0.32$	Ⅰ	0.056 4	0.107 2	10	21.955 8	1.263 6	1.212 8	1.736 4	1.201 2	0	0.586 0	0.263 6	0.212 8	1.10	1.785 5
	Ⅱ	0.056 4	0.101 0	10	22.195 5	1.263 6	1.219 0	1.736 4	1.300 5	0	0.480 5	0.263 6	0.219 0	1.10	1.663 1
$Y_L=0.36$	Ⅰ	0.070 7	0.122 6	20	27.674 9	1.289 3	1.237 4	1.710 7	1.187 5	0	0.575 2	0.289 3	0.237 4	1.69	2.461 2
	Ⅱ	0.070 7	0.116 7	20	27.842 4	1.289 3	1.243 4	1.710 7	1.286 4	0	0.470 4	0.289 3	0.243 4	1.69	2.320 8
$Y_L=0.4$	Ⅰ	0.086 3	0.138 3	30	35.358 5	1.313 7	1.261 7	1.686 3	1.173 8	0	0.564 5	0.313 7	0.261 7	2.59	3.466 6
	Ⅱ	0.086 3	0.132 9	30	35.475 1	1.313 7	1.267 1	1.686 3	1.272 5	0	0.460 4	0.313 7	0.267 1	2.59	3.309 5

注:"i"为相变前的量,"f"为相变后的量。温度 T 以 MeV 为单位,能量 E 以 1×10^{52} erg 为单位。

表 2-10　核区为 2.5n_0 相变前后的粒子丰度、温度、熵和总中微子能量

质量模型		$Y_{\nu,i}$	$Y_{\nu,f}$	T_i	T_f	Y_{ui}	Y_{uf}	Y_{di}	Y_{df}	Y_{si}	Y_{sf}	Y_{ei}	Y_{ef}	$E_{\nu,i}$	$E_{\nu,f}$
$Y_L=0.32$	Ⅰ	0.056 4	0.111 7	10	29.394 9	1.263 6	1.208 3	1.736 4	1.115 9	0	0.675 8	0.263 6	0.208 3	1.10	2.306 1
	Ⅱ	0.056 4	0.108 3	10	30.814 1	1.263 6	1.211 7	1.736 4	1.188 8	0	0.599 6	0.263 6	0.211 7	1.10	2.241 3
$Y_L=0.36$	Ⅰ	0.070 7	0.127 7	20	33.694 7	1.289 3	1.232 3	1.710 7	1.102 9	0	0.664 8	0.289 3	0.232 3	1.69	3.042 5
	Ⅱ	0.070 7	0.124 7	20	34.891 1	1.289 3	1.235 3	1.710 7	1.175 6	0	0.589 1	0.289 3	0.235 3	1.69	2.980 1
$Y_L=0.4$	Ⅰ	0.086 3	0.143 5	30	40.094 5	1.313 7	1.256 5	1.686 3	1.090 0	0	0.653 9	0.313 7	0.256 1	2.59	4.062 2
	Ⅱ	0.086 3	0.141 5	30	41.069 0	1.313 7	1.258 5	1.686 3	1.162 7	0	0.578 8	0.313 7	0.258 5	2.59	4.009 2

注:"i"为相变前的量,"f"为相变后的量。温度 T 以 MeV 为单位,能量 E 以 1×10^{52} erg 为单位。

图 2-12、图 2-13 和图 2-14 分别为温度、中微子丰度和中微子产能率随时间变化的情况，与戴子高(Dai)等人相应研究结果的变化趋势是一致的(Dai et al.,1995)。因此根据这些结果可以得出：组分夸克质量模型同样可以成功地用来描述超新星中的夸克相变过程。在 $n_b=1.5n_0$ 或 $2.5n_0$ 情形下，由质量模型 I 得到的相变后的温度和中微子丰度比相变前的值最大增幅分别为 2.9 倍和 2 倍。图 2-12 至图 2-14 也表明，中微子的产生在 1×10^{-8} s 的时间里就基本完成。进一步的分析表明，在前半段时间里，反应 Γ_2 相比反应 Γ_3 在中微子产生的作用中占主导地位，然而在反应 Γ_3 的反应率增加的同时反应 Γ_2 的反应率在减少，造成中微子丰度随时间呈两次阶段性的增加，这对应图 2-13 中在 1×10^{-9} s 左右的中微子丰度的第二次快速增加。

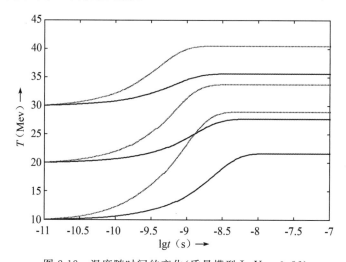

图 2-12　温度随时间的变化(质量模型 I，$Y_L=0.36$)

点线和实线分别对应 $n_b=2.5n_0$ 和 $n_b=1.5n_0$，每一类线从下往上对应的初始温度

分别为 $T=10$ MeV,20 MeV,30 MeV

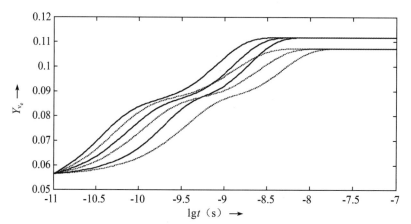

图 2-13　中微子丰度随时间的变化(质量模型 I，$Y_L=0.32$)

点线和实线分别对应 $n_b=2.5n_0$ 和 $n_b=1.5n_0$，每一类线从下往上对应的初始温度

分别为 $T=10$ MeV,20 MeV,30 MeV

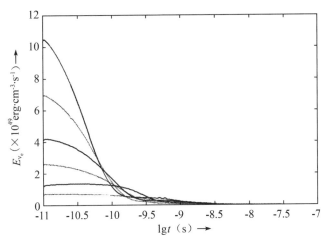

图 2-14　中微子产能率随时间的变化(质量模型 I,$Y_L = 0.32$)

点线和实线分别对应 $n_b = 2.5n_0$ 和 $n_b = 1.5n_0$,每一类线从下往上对应的初始温度

分别为 $T = 10$ MeV,20 MeV,30 MeV

除了本节采用的组分夸克质量模型,还存在有流夸克质量模型等其他模型(赖祥军等,2008),其分析计算方法是类似的,这里不再重述。总体来说,不管是否考虑 u,d 夸克质量,从夸克物质到奇异夸克物质的相变反应后,中微子的总能量和核区的温度会明显增加,这对超新星的成功爆发是有积极意义的。若采用组分夸克的质量时,所得到的超新星核区的 s 夸克丰度,中微子丰度及中微子总能量(除温度)有不同程度的增加,更有利于超新星延迟爆发的成功。

2.5　中微子集体振荡

中微子是构成物质世界的基本粒子之一,在最微观的物质世界和最宏伟的宇宙中起着重要的作用,是联系物理学和天文学的重要纽带。近年来,中微子和中微子振荡也越来越被大家所熟知,人类对其的认识也在从无到有的过程中取得了许多重大突破。研究此领域的物理学家先后获得了四次诺贝尔物理学奖,由此可见中微子在科学发展过程中占据着重要地位。虽然经过几代科学家的不懈努力,人类已经取得了不错的成绩,但是对中微这个"隐形人",还有很多尚不清楚的地方,如中微子质量顺序、轻子 CP 破坏相角δ_{cp}、三代中微子之外是否存在更多的中微子类型等。

在研究中微子的过程中,科学家最初发现在量子世界中,能量的吸收和发射是不连续的,不仅原子光谱是不连续的,而且原子核中放出的 α 和 γ 粒子也是不连续的,符合量子世界的规律。但在 β 衰变过程中,释放出的电子的能量并非是预期的分立谱,而是连续的,并且电子只带走了总能量和动量的一部分。后来到了 1930 年,奥地利物理学家泡利提出了一种假设:在 β 衰变过程中,除释放一个较轻的原子核和一个电子,还会释放一个很轻的、电中性的微小粒子。此粒子带走一部分能量和动量,使得反应末态的电子能谱成为连续谱,由于此粒子与物质的相互作用极弱,所以仪器很难测量(泡利将其称为

"中子",后来被费米改称为"中微子")。1968 年,为了观测来自太阳的中微子,美国科学家戴维斯在一个废旧金矿中采用了 615 吨四氯乙烯作为探测器(中微子$+^{37}Cl \rightarrow ^{37}Ar +$ e)。但戴维斯发现,测得的太阳中微子数与预期不符,只探测到了约理论预计的 1/3。后来经过科学家们的努力,提出了中微子振荡理论,即电子中微子既可以变身为缪子中微子 ν_μ,也可以变身为陶子中微子 ν_τ;总结出中微子不带电荷,具有极小的质量,只参与弱相互作用和引力作用;它作为味道本征态被产生和消灭,但是以质量本征态在空间中进行传播。这些质量本征态在空间中传播,由于其不同的质量而具有不同的频率,因此,在传播的过程中就会有不同的相位,这就会导致中微子味道的变化或味道之间的振荡。因此,一个中微子当它以特定的味道本征态被产生并在空间中传播一段距离之后,就会变成不同味道的本征态的叠加。

2.5.1　计算中微子集体振荡的方法

通常用量子力学方法来计算中微子振荡,但这种方法比较复杂,比较抽象,这里我们介绍由钱永忠团队(Duan et al.,2006;Qian et al.,1995)提出的中微子同位旋矢量在味道空间中 Z 方向的投影表征味态变化的方法。这种方法物理图像清晰,比较容易计算和理解。我们首先以两种中微子味道振荡为例。

首先考虑味道本征态 $|\nu_e\rangle$ 和 $|\nu_\tau\rangle$ 之间的振荡,它们在真空中的质量本征态为 $|\nu_1\rangle$ 和 $|\nu_2\rangle$,所以它们之间的混合态可以写为:

$$\begin{pmatrix} |\nu_e\rangle \\ |\nu_\tau\rangle \end{pmatrix} = \begin{pmatrix} \cos\theta_\nu & \sin\theta_\nu \\ -\sin\theta_\nu & \cos\theta_\nu \end{pmatrix} \begin{pmatrix} |\nu_1\rangle \\ |\nu_2\rangle \end{pmatrix} \tag{2.5.1}$$

其中,θ_ν 为真空混合角。我们采用 $\theta_\nu < \frac{\pi}{4}, \delta m^2 \equiv m_2^2 - m_1^2 > 0, m_3 > m_2 > m_1$,作为正常质量次序;$m_2 > m_1 > m_3$ 并且 $\delta m^2 < 0$ 为反常质量次序。m_1, m_2, m_3 是质量本征态的本征值。当中微子以能量 E_ν 在物质中传播时,其波函数在味道上的演化为:

$$\varphi_\nu \equiv \begin{bmatrix} a_{\nu_e} \\ a_{\nu_\tau} \end{bmatrix} \tag{2.5.2}$$

且受到类薛定谔方程的控制:

$$i \frac{\mathrm{d}}{\mathrm{d}t} \varphi_\nu = (H_V + H_e) \varphi_\nu \tag{2.5.3}$$

其中,a_{ν_e} 和 a_{ν_τ} 分别为中微子在本征态 $|\nu_e\rangle$ 和 $|\nu_\tau\rangle$ 上时间 t 的振幅,H_V 为真空中质量贡献的哈密顿量,在味道基(坐标)上展开为:

$$H_V = \frac{\delta m^2}{4E_\nu} \begin{pmatrix} -\cos 2\theta_\nu & \sin 2\theta_\nu \\ \sin 2\theta_\nu & \cos 2\theta_\nu \end{pmatrix} \tag{2.5.4}$$

在相同基上,电子向前散射对哈密顿量的贡献 H_e 为:

$$H_e = \frac{A}{2} \begin{pmatrix} 1 & 0 \\ 0 & -1 \end{pmatrix} \tag{2.5.5}$$

其中,$A = \sqrt{2}G_F n_e$,n_e 为净电子数密度。式(2.5.3)也适用于反中微子,其波函数变为:

$$\varphi_\nu \equiv \begin{pmatrix} a_{\overline{\nu}_e} \\ a_{\overline{\nu}_\tau} \end{pmatrix} \tag{2.5.6}$$

并且把 H_e 中的 A 替换为 $-A$。为了便于计算,首先考虑 H_V 和 H_e 对传播哈密顿量 H 的贡献:

$$H = H_V + H_e = \frac{\vec{\sigma}}{2} \cdot (\mu_V \vec{H}_\nu + \vec{H}_e) \tag{2.5.7}$$

其中,$\vec{\sigma}$ 为泡利算符,且有:

$$\mu_V = \frac{\delta m^2}{2E_\nu} \tag{2.5.8}$$

$$\vec{H}_V = -\hat{e}_x^f \sin 2\theta_\nu + \hat{e}_z^f \cos 2\theta_\nu \tag{2.5.9}$$

$$\vec{H}_e = -\hat{e}_z^f \sqrt{2} G_F n_e \tag{2.5.10}$$

其中,$\hat{e}_x^f$ 和 $\hat{e}_z^f$ 分别为在味道基上沿 X 和 Z 方向的单位矢量,f 是 flavor 的缩写。式 (2.5.7) 采用了一个自旋为 $\frac{1}{2}$,磁矩为 $\vec{\mu} = \gamma \vec{s}$ 的粒子在外磁场 $\vec{H} = \frac{\vec{H}^{eff}}{\gamma}$ 中发生相互作用的形式,有:

$$\vec{H}^{eff} = \mu_V \vec{H}_\nu + \vec{H}_e \tag{2.5.11}$$

其中,γ 表示回磁率,并且可以被任意的选择。在经典情况下,自旋会受到一个力矩 $\vec{\tau} = \vec{\mu} \times \vec{H} = \vec{s} \times \vec{H}^{eff}$,并且可以通过角动量定理给出它的运动学方程:

$$\frac{d}{dt} \vec{s} = \vec{\tau} = \vec{s} \times \vec{H}^{eff} \tag{2.5.12}$$

根据厄伦菲斯特定理,一个系统的量子力学描述与经典运动方程具有相同的形式。经典运动方程提供的所有的物理观测量都可以被量子力学运算符的期望值所取代。用下式来代替式(2.5.12):

$$\vec{s}_\nu \equiv \psi_\nu^\dagger \frac{\vec{\sigma}}{2} \psi_\nu \tag{2.5.13}$$

那么,通过 $H = H_V + H_e$ 主导的中微子的味道转化也可以通过量子力学描述:

$$\frac{d}{dt} \vec{s}_\nu = \vec{s}_\nu \times \vec{H}^{eff} \tag{2.5.14}$$

可以明显地看出,式(2.5.7)和式(2.5.13)中的算符 $\frac{\vec{\sigma}}{2}$ 代表了中微子味道空间中一个虚拟的自旋,因此可以称其为"中微子味道同位旋" $\vec{s}_\nu$(NFIS)。味道本征态 $|\nu_e\rangle$ 和 $|\nu_\tau\rangle$ 分别对应于 $\frac{\vec{\sigma}}{2}$ 的 Z 分量的向上/下本征态。味道同位旋 $\vec{s}_\nu$ 的 Z 分量具有重要意义,它决定了相应中微子在 $|\nu_e\rangle$ 态的概率。

$$s_{\nu z}^f \equiv \vec{s}_\nu \cdot \hat{e}_z^f = \frac{|a_{\nu_e}|^2 - |a_{\nu_\tau}|^2}{2} = |a_{\nu_e}|^2 - \frac{1}{2} \tag{2.5.15}$$

因此,对于中微子,$s_{\nu z}^f$ 为 $\frac{1}{2}$,$-\frac{1}{2}$,0 分别对应于全部为 $|\nu_e\rangle$,全部为 $|\nu_\tau\rangle$ 和最大混合态

（即各占一半）。

采用这种磁场中自旋的类比,我们很容易解释只考虑了物质驱动的绝热的 Mikhyev-Smirnov-Wolfenstein(MSW)味道转化。为了便于说明,假设 $\delta m^2 > 0$ 和 $\theta_v \ll 1$,因此一个 ν_e 从一个具有较大物质密度的区域(如太阳中心)到一个非常小的普通物质区域,$\vec{H}^{eff}$ 会改变其方向,从 $-\hat{e}_z^f$ 到 $\hat{e}_z^f$。如果电子密度 n_e 在绝热近似下随路程改变得很慢,$\vec{H}^{eff}$ 也会缓慢地改变,且中微子味道同位旋 $\vec{s}_v$ 和 $\vec{H}^{eff}$ 总是处在反向排列,因此,中微子由原来处在电子本征态 $(\vec{s}_v = \frac{\hat{e}_z^f}{2})$,改变为主要在陶子本征态 $(\vec{s}_v \approx -\frac{\hat{e}_z^f}{2})$。

用磁自旋的类比来说明这个过程的绝热条件是很有用的。首先,我们注意到一个中微子在瞬时质量本征态的 ν_L(轻)和 ν_H(重)的概率为:

$$\begin{cases} |a_{\nu_L}|^2 = \dfrac{1}{2} + \vec{s}_v \cdot \hat{e}_z^m = \dfrac{1 + \cos2\theta}{2} \\ |a_{\nu_H}|^2 = \dfrac{1}{2} - \vec{s}_v \cdot \hat{e}_z^m = \dfrac{1 - \cos2\theta}{2} \end{cases} \tag{2.5.16}$$

其中,2θ 是 $\vec{s}_v$ 方向和 $\hat{e}_z^m \equiv \dfrac{\vec{H}^{eff}}{|\vec{H}^{eff}|}$ 之间的夹角,并且 $\hat{e}_i^m$ 为瞬时质量基上的单位矢量。在 MSW 物理图像中,θ 是瞬时物质的混合角。在绝热过程中,$|a_{\nu_L}|^2$ 和 $|a_{\nu_H}|^2$ 是常数,θ 也是常数。使用式(2.5.14)得到:

$$\frac{1}{2} \frac{d}{dt}(\cos2\theta) = \frac{d}{dt}(\vec{s}_v \cdot \hat{e}_z^m) = \vec{s}_v \cdot \frac{d}{dt}\hat{e}_z^m \tag{2.5.17}$$

在时间尺度 $\delta t \geqslant \dfrac{2\pi}{|\vec{H}^{eff}|}$ 上,$\vec{s}_v$ 已经绕 $\vec{H}^{eff}$ 旋转了至少一个周期。如果 $\vec{H}^{eff}$ 在 δt 期间只转过一个小的角 $\delta\varphi \equiv \left|\dfrac{d\hat{e}_z^m}{dt}\right|\delta t \ll 2\pi$ 来改变它的方向,那么在式(2.5.17)中,$\vec{s}_v$ 的平均值为 $(\vec{s}_v \cdot \hat{e}_z^m)\hat{e}_z^m$。需要注意,$\hat{e}_z^m \cdot \left(\dfrac{d\hat{e}_z^m}{dt}\right) = \left(\dfrac{1}{2}\right)\dfrac{d(|\hat{e}_z^m|^2)}{dt} = 0$,即在这个过程中 θ 是不变的。因此,MSW 味道转化的绝热近似条件是 $\left|\dfrac{d\hat{e}_z^m}{dt}\right| \ll |\vec{H}^{eff}|$。

当考虑中微子集体振荡时,我们给出在味道同位旋基上的一个方程:

$$\frac{d}{dt}\vec{s}_i = \vec{s}_i \times \left(\mu_{V,i}\vec{H} + \vec{H}_e + \sum_j \mu_{ij}n_v\vec{s}_j\right) \tag{2.5.18}$$

式(2.5.18)是计算中微子集体振荡的核心公式,求解出 $\vec{s}_i$ 就知道味态分布。和式(2.5.14)相比,其最后一项代表传播中与其他中微子相互作用的哈密顿量。

$$\mu_{V,i} \equiv \begin{cases} \dfrac{\delta m^2}{2E_{v,j}} & \text{(对中微子)} \\ \dfrac{-\delta m^2}{2E_{\bar{v},j}} & \text{(对反中微子)} \end{cases} \tag{2.5.19}$$

我们还定义了一个中微子和一个反中微子系统的总有效能(密度)ξ。它有一个物质背景,粒子之间通过向前散射发生相互作用:

$$\xi \equiv -\sum n_{v,i}\vec{s}_i \cdot \vec{H}_i^{eff} - \frac{1}{2}\sum_{i,j}\mu_{ij}n_{v,i}n_{v,j}\vec{s}_i \cdot \vec{s}_j \tag{2.5.20}$$

其中：

$$\vec{H}_i^{\text{eff}} \equiv \mu_{\text{V},i}\vec{H}_\nu + \vec{H}_e \tag{2.5.21}$$

从式(2.5.18)可以知道,如果 n_e 和所有的 $n_{\nu,i}$ 和 $n_{\nu,j}$ 都是常数,ξ 也是常数。总有效能的概念将有助于我们理解在致密中微子气体中的味道转化。

2.5.2　基于 M15-l1-r1 爆发模型的数值结果与讨论

M15-l1-r1 是一个模拟比较成功的核塌缩型超新星模型(具体参数参见第 3 章表 3-4)。下面以这个模型为例,讨论中微子的集体振荡。我们计算了在超新星激波反弹后 2 s 后的情况。此时相应的电子中微子平均能量为 20.71 MeV,反电子中微子平均能量为 25.64 MeV。设从中微子球发出的初始中微子和反中微子都是电子型,并且中微子和反中微子光度近似相等,以正常质量能级为例计算了电子中微子和缪子中微子以及电子中微子和陶子中微子之间的转化概率。

2.5.2.1　电子数密度对中微子集体振荡的影响

以下是模拟需要使用的参数,$s_{1z}^f = P_{\nu_e\nu_e} - \frac{1}{2}$,$\delta m_{13}^2 = 2.43 \times 10^{-3}$ eV^2,$\theta_{13} = 0.154$(大亚湾中微子实验 2012 年结果),电子共振数密度 $n_{eR} = 4.34 \times 10^{26}$ cm^{-3},$n_{\nu_e} = 1 \times 10^{28}$ cm^{-3},$n_e = 100n_{eR}$。

(1)当 $n_e \gg n_{eR}$(电子共振数密度 n_{eR},$n_{eR} = \dfrac{\delta m^2 \cos 2\theta}{2\sqrt{2}G_F E}$)时,若电子数密度 $n_e \geqslant 100n_{eR}$ 倍,则中微子振荡极弱,所以当电子数密度很高(远大于共振数密度)时,是不需要考虑中微子味道演化的。图 2-15(a)图表示电子中微子存在的概率 $P_{\nu_e\nu_e}$ 随时间的变化。$P_{\nu_e\nu_e} = 1$ 表明全部是电子中微子,小于 1 表示部分转化为 τ 中微子(如 $P_{\nu_e\nu_e} = 0.9$ 表示 10% 的电子中微子转化为 τ 中微子)。(b)图表示同位旋矢量在中微子味道同位旋空间中的轨迹。

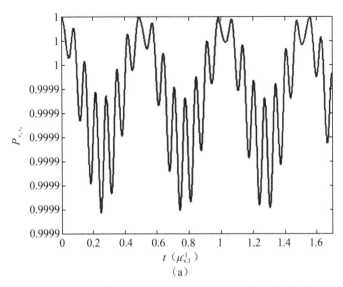

图 2-15　电子中微子存在的概率 $P_{\nu_e\nu_e}$ 和同位旋矢量在中微子味道同位旋空间中的轨迹($n_e \gg n_{eR}$)(1)

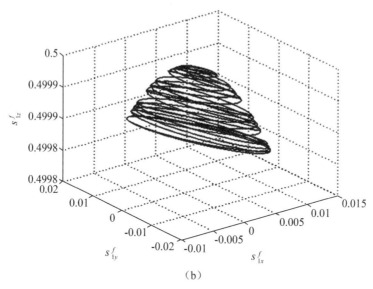

（b）

图 2-15　电子中微子存在的概率 $P_{\nu_e \nu_e}$ 和同位旋矢量在中微子味道同位旋空间中的轨迹$(n_e \gg n_{eR})(2)$

（2）当 $n_e = n_{eR}$ 时，振荡最大。图 2-16(a)图表示电子中微子存在的概率 $P_{\nu_e \nu_e}$ 随时间的变化，(b)图表示同位旋矢量在中微子味道同位旋空间中的轨迹。

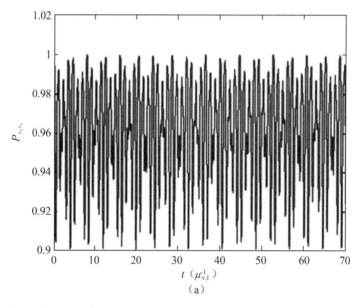

（a）

图 2-16　电子中微子存在的概率 $P_{\nu_e \nu_e}$ 和同位旋矢量在中微子味道同位旋空间中的轨迹$(n_e = n_{eR})(1)$

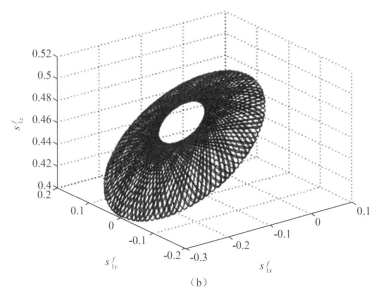

图 2-16 电子中微子存在的概率 $P_{\nu_e\nu_e}$ 和同位旋矢量在中微子味道同位旋空间中的轨迹 $(n_e=n_{eR})$ (2)

（3）当 $n_e<n_{eR}$ 时，中微子振荡波形趋于稳定。由于超新星密度总体随半径增加而降低，振荡半径主要取决于电子数密度。电子中微子和陶子中微子的振荡半径从比共振数密度高两个量级的地方开始。

当 $n_e=0.01n_{eR}$ 时，图 2-17（a）图表示电子中微子存在的概率 $P_{\nu_e\nu_e}$ 随时间的变化，（b）图表示同位旋矢量在中微子味道同位旋空间中的轨迹。

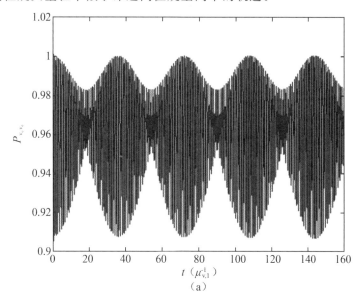

图 2-17 电子中微子存在的概率 $P_{\nu_e\nu_e}$ 和同位旋矢量

在中微子味道同位旋空间中的轨迹 $(n_e=0.01n_{eR})$ (1)

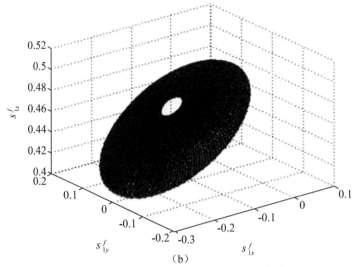

(b)

图 2-17　电子中微子存在的概率 $P_{\nu_e \nu_e}$ 和同位旋矢量

在中微子味道同位旋空间中的轨迹（$n_e = 0.01 n_{eR}$）（2）

2.5.2.2　相干中微子数密度对中微子集体振荡的影响

当相干中微子数密度 n_ν 大于电子数密度 n_e 时，振荡曲线变得复杂和不规则。相干中微子数密度越大，这种变化越明显。同时，相干中微子数密度增大，周期变小。通常情况下，超新星中的相干中微子数密度 n_ν 大于电子数密度 n_e（具体取决于爆发模型），因此，中微子振荡曲线通常是复杂和不规则的，中微子集体振荡必须考虑，绝热近似在实际爆炸过程和数值模拟中不能成立。

当相干中微子数密度 n_ν 大于电子数密度（$n_\nu = 100 n_e$）时，图 2-18（a）图表示电子中微子存在的概率，（b）图表示同位旋矢量在中微子味道同位旋空间中的轨迹。使用的参数：$\delta m_{13}^2 = 2.43 \times 10^{-3}$ eV^2，$\theta = 0.154$（大亚湾中微子实验 2012 年结果），电子共振数密度 $n_e = n_{eR} = 4.34 \times 10^{26}$ cm^{-3}。

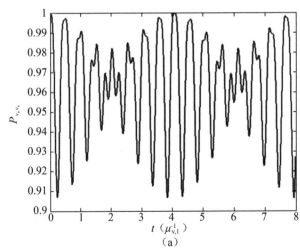

(a)

图 2-18　电子中微子存在的概率和同位旋矢量在中微子味道同位旋空间中的轨迹（$n_\nu = 100 n_e$）（1）

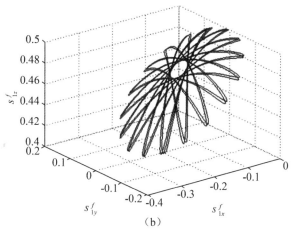

（b）

图 2-18　电子中微子存在的概率和同位旋矢量在中微子味道同位旋空间中的轨迹（$n_\nu = 100 n_e$）（2）

当相干中微子数密度 n_ν 等于电子数密度（$n_\nu = n_e$）时，图 2-19（a）图表示电子中微子存在的概率，（b）图表示同位旋矢量在中微子味道同位旋空间中的轨迹（其他参数同图 2-17）。

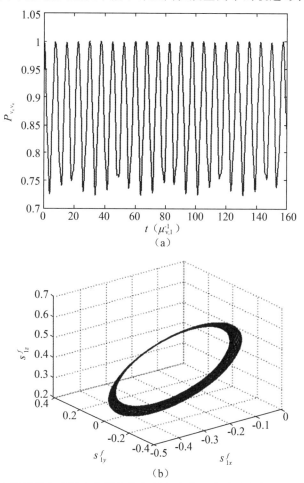

图 2-19　电子中微子存在的概率和同位旋矢量在中微子味道同位旋空间中的轨迹（$n_\nu = n_e$）

当相干中微子数密度 n_ν 小于电子数密度($n_\nu = 0.1 n_e$)时,图 2-20(a)图表示电子中微子存在的概率,(b)图表示同位旋矢量在中微子味道同位旋空间中的轨迹。此时的振荡很规则(其他参数同图 2-18)。

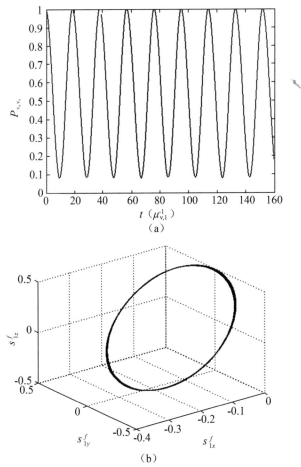

（a）

（b）

图 2-20　电子中微子存在的概率和同位旋矢量在中微子味道同位旋空间中的轨迹($n_\nu = 0.1 n_e$)

2.5.2.3　电子中微子与缪子中微子以及电子中微子和陶子中微子振荡的比较结论

当电子中微子 ν_e 和缪子中微子 ν_μ 振荡的振幅远大于电子中微子 ν_e 和陶子中微子 ν_τ 振荡的振幅时,ν_e 和 ν_μ 振荡的周期远小于 ν_e 和 ν_τ 振荡的周期,因此在模拟中对 ν_e 和 ν_μ 振荡的时间步长控制应该更加严格。

图 2-21(a)图表示电子中微子存在的概率,(b)图表示同位旋矢量在中微子味道同位旋空间中的轨迹。实线代表电子中微子和缪子中微子振荡的结果。虚线代表电子中微子和陶子中微子振荡的结果(使用参数同图 2-18)。

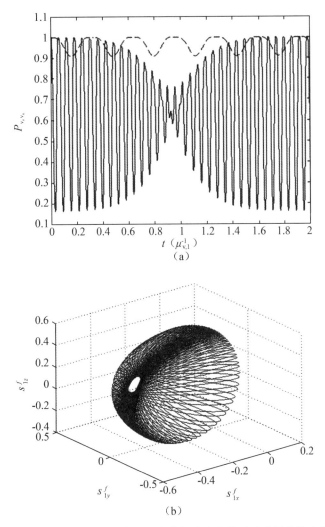

图 2-21   电子中微子存在的概率和同位旋矢量在中微子味道同位旋空间中的轨迹

2.5.3   大亚湾中微子实验结果对超新星环境下中微子集体振荡的影响

2012 年，大亚湾中微子实验室首先测量 θ_{13} 的值。2015 年，他们又修正了 θ_{13} 值。我们特别比较了在超新星环境下新旧 θ_{13} 值对中微子振荡的影响。发现新 θ_{13} 值使振荡振幅（中微子转化概率）减小，周期增大，但总体改变是微小的。

图 2-22 为不同 θ_{13} 值时电子中微子存在的概率。虚线代表 2015 年新测的结果 $\theta_{13}=0.147$，实线代表 2012 年发表的结果 $\theta_{13}=0.154$，$n_e=n_{\nu_e}=n_{eR}$，其他参数同图 2-17。

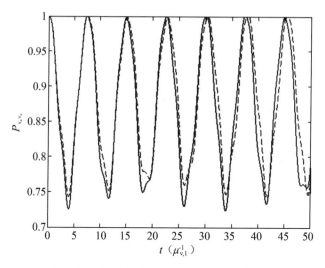

图 2-22   不同 θ_{13} 值时电子中微子存在的概率

第3章 中微子驱动的星风动力学和核合成

3.1 重元素($A>60$)的核合成

重元素一般是指比铁族元素还重的元素。重元素不可能通过带电粒子之间(如原子核与 α 粒子之间)的热核聚变反应来大量形成,而主要通过中子俘获过程来形成,原因如下(彭秋和,1998):

(1)按平均每个粒子的结合能来讲,铁族元素的结合能最大,因而是稳定的,而铁族元素以后的元素,每个核子的结合能平稳地减少。

(2)带电粒子之间的核反应率随它们之间的 Coulomb 势垒增加而迅速地呈指数减小,而位垒随母核的核电荷数 Z 成正比地增加。因此,欲使重元素俘获质子或 α 粒子的反应有效地进行,必须使这些带电粒子具有足够高的热运动能量来克服 Coulomb 势垒的障碍,即反应必须在更高的温度下进行[一般 $T_9>(5\sim8)\times10^8$ K]。但在如此高的温度下,高能光子足以使这些结合能不太高的重原子核发生裂变,从而不能形成更重的原子核,而中子俘获过程不受其 Coulomb 势垒的影响。

(3)从元素的自然丰度来看,重元素的丰度远远高于在核统计平衡(NSE)状态下所能产生的丰度,因此,人们必须寻找另外的途径来合成重元素。

(4)重元素的丰度同其中子吸收截面呈明显的逆相关。这是重元素通过中子俘获过程合成的强有力的证据。最明显、最重要的两个核系统学效应如下:

a.幻数效应(核子幻数$[N,Z]=2,8,[14],20,28,50,82,126$):对重核来说,在中子幻数 $N=50,82$ 和 126 处,原子核的稳定性达极大。此时原子核的中子俘获截面达到极小,而它们的自然丰度明显地远远高于邻近的核素。

b.奇偶效应(对于主要通过慢中子吸收过程形成的重核素而言):偶 A 核(除 Li,B,N 外)的中子俘获截面一般都是小于邻近的奇 A 核(Z 偶,N 奇),而实际上在同位素的自然丰度表中,可以很容易地发现偶 A 核的自然丰度(大多数情形)要高于邻近奇 A 核的同位素丰度。

(5)对远离中子幻数的重核素,即使入射中子能量较低,中子俘获截面也相当大。因此,即使在温度不很高的恒星[如红巨星的核心区,温度$(2\sim4)\times10^8$ K]内部,只要有适当的中子源(如 $n_n \backsim 1 \times 10^8$ cm^{-3}),重元素就可以由某一种已经存在于星体内部而且丰度较大的"种子核素"(如 ^{56}Fe),通过一系列中子俘获过程来生成。

早在 1952 年就有天文学家通过分析 AGB 星的光谱,发现它们含有第 43 号放射性元素锝。而元素锝的一个显著特点就是它只能在很短的时间内稳定存在,然后会很快衰变为其他元素。既然能够在遥远的恒星光谱中发现锝的谱线,这就说明是这些恒星自己制造了这个元素。同时,在同一批恒星中,人们还找到了钡和锆的谱线,这是对中小质量恒星制造重元素理论的直接支持。

基于上述种种原因,1956 年,霍伊尔(Hoyle)、富勒(Fowler)和伯比奇(Burbidge)夫妇在《科学》("Science")发表论文,首此描述了恒星内部通过中子俘获的核合成的重要观念。继而伯比奇(Burbidge)夫妇、富勒(Fowler)、霍伊尔(Hoyle)(简称"B^{2}FH")在 1957 年的奠基性研究论文中(Burbidge et al.,1957),进一步改进并提出了较为系统的重元素合成理论。重元素的核合成存在三种不同的基本过程,相应地可以将重元素划分为三种不同的类型。

(1)慢中子俘获过程(s-过程),对应的核素称为"s 核"。

(2)快中子俘获过程(r-过程),对应的核素称为"r 核"。

(3)某些稳定的富质子核素(它们含有的质子数目超过最稳定的,相对丰度也是最大的同位素)是不可能通过中子俘获反应来合成的,只能通过质子俘获过程来形成,这种过程称为"p-过程",相应的核素称为"p 核"。这种核素在其同位素(Z 相同)中的丰度往往是非常低的。一般的,相也有极少数在 10% 以上。

下面先介绍这两种中子俘获过程,再介绍质子俘获。

3.1.1 s-过程

s-过程的核合成环境通常是恒星内部的 He 燃烧阶段,如红巨星内部或某些处于脉动变星阶段恒星。其中,AGB 星被认为是 s-过程元素最主要的诞生场所。典型的核合成温度为 $(2 \sim 4) \times 10^8$ K,密度为 $(1 \sim 10) \times 10^3$ g·cm^{-3},中子数 n_n 为 $1 \times 10^6 \sim 1 \times 10^8$ cm^{-3}。对于 $1.3 M_\odot < M < 2.2 M_\odot$ 的恒星,主要的中子源来自 ^{13}C$(\alpha, n)^{16}$O;对于 $2.2 M_\odot < M < 8 M_\odot$ 的恒星,除了前面的反应外,还有 ^{22}Ne$(\alpha, n)^{25}$Mg。

s-过程的条件:自由中子的浓度较低,原子核相继两次俘获中子的速率很慢,即相应的时标相当长,而且已经包含了一定数量的中子核。重元素可以由某一种已经存在于星体内部而且丰度较大的"种子核素"(如 ^{56}Fe,但在很低金属丰度时,还要不要铁族元素种子?)通过一系列中子俘获过程来生成。当母核(Z, A)俘获一个中子时,$(Z, A) + n \rightarrow (Z, A+1) + \gamma$。若子核($Z, A+1$)为稳定核,则平均间隔 $\Delta \tau_n$ 年后再俘获下一个中子($\Delta \tau_n$ 为连续两次中子俘获的平均特征时标),$\Delta \tau_n$ 为 $10 \sim 1000$ 年。若子核($Z, A+1$)为放射性核,$(Z, A+1) \rightarrow (Z+1, A+1) + e^- + \bar{\nu}_e$,新元素就产生了。因此对子核来说,面临着相互竞争的两种选择:继续中子俘获或 β^- 衰变,这取决于中子俘获过程的特征时标同 β^- 衰变时标 τ_β 的相对大小。对于大多数的放射性元素来说,β 衰变时标为几秒至几年($\tau_\beta \ll \Delta \tau_n$)。新诞生的子核又成为下一轮俘获中子的母核,一旦某个原子核吸收中子太多而变为不稳定核时,它就会很快地发生 β^- 衰变,并沿 Z 增大方向生成核素,参见图 3-1 中的 s-过程路径曲线(Sneden et al.,2003)。由于存在所谓的"Pb-Bi 循环",$^{208}Pb+n\rightarrow^{209}Pb(\beta^-)^{209}Bi$ $+n\rightarrow^{210}Bi^*\rightarrow^{206}Pb+\alpha$,$^{206}Pb$ 又重新开始 s-过程,所以,s-过程只可以合成直到 ^{208}Pb($Z=$ 82)的稳定核素,它是形成 $60<A<210$ 之间元素的重要过程(彭秋和,1998)。

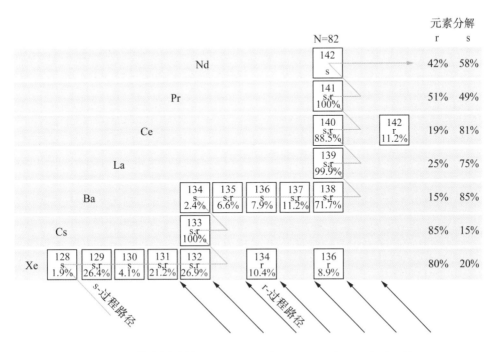

图 3-1 核素图(局部)(Sneden et al.,2003;Sneden et al.,2008)

尽管人们对 s-过程的理解比对 r-过程的较为深入,但仍然还有很多疑难问题(张波等, 2006)。比如:(1)核合成(包括 r-过程)过程中起关键作用的中子俘获截面问题,以及研究各种可能的中子源。(2)AGB 星 He 壳层内的中子辐照量分布函数(对单辐照解的加权函数)对确定 AGB 星 s-过程核合成结果以及解释太阳系唯像的中子辐照量分布的指数衰减形式非常重要,尽管人们已经在此方面取得了很大进展,但其分布函数形式仍值得进一步研究。 (3)20 世纪 90 年代以来,人们对 AGB 星 s-过程核合成的研究表明,重元素产量和丰度分布强烈地依赖于金属丰度。在贫金属星环境下,中子俘获元素丰度分布规律问题仍没有得到解决。最近的研究表明,不同 ^{13}C 数密度对重和轻的 s-过程的核合成产物比例有重要的影响(Sneden et al.,2008)。(4)AGB 星 ^{13}C 源形成过程中的流体动力学不定性方面的问题。(5)星系各演化阶段 s-过程核素丰度的分布规律研究还处于起步阶段。

图 3-1 列出了从 Xe 到 Pr 的稳定 s-过程和 r-过程核素(Nd 的稳定同位素并没有完整列出,少量的 p-过程稳定核素如 $^{130,132}Ba$,^{138}La 等也未列出,更多的可以参考原文)。粗实线为 s-过程路径曲线。s-过程核合成将沿着这条线向质量数和质子数增加的方向进行。斜向左上的箭头是 r-过程核合成路径。方框中的 s 代表纯 s-过程核素;r 代表纯 r-过程核素;s,r 代表该核素既来自 s-过程又来自 r-过程。百分数表示该核素在稳定同位素中的丰度。一般地,可根据 s-过程核素丰度与其中子吸收截面逆相关的性质,先确定 s-过程核素的丰度,再确定 r-过程核素的丰度。右边两列数据对应 s-过程和 r-过程核素的相对比例。

3.1.2 r-过程

一般地,含有中子数量最多的稳定的丰中子核同位素(一两种)是不可能通过 s-过程生成的,它们只能通过快中子俘获过程(r-过程)来生成,如^{122,124}Sn,^{123}Sb,^{128,130}Te,^{134,136}Xe,^{148,150}Nd,^{154}Sm 等。此外,比铅还重的许多元素,特别是一些非常重的放射性核素,如^{232}Th,^{235,238}U,^{244}Pu 等,都只能通过 r-过程来生成。通过 r-过程生成的重元素约占总体重元素的一半。主要由 r-过程生成的元素有 I, Eu, Tb, Ho, Os, Ir, Pt, Au, U, Th (彭秋和,1998)。r-过程环境必定是高温的(产生足够大的中子流量,光致离解反应有效地进行),主要为短时间内的爆炸性核燃烧,可以忽略 β 衰变。它与 s-过程的主要区别是 r-过程的中子浓度大得多,其数密度可以超过 $1 \times 10^{18} \sim 1 \times 10^{20}$ cm^{-3},以至于绝大多数重核素的中子俘获时标远小于 1 s,远快于大多数不稳定核素的 β 衰变的时标。在如此强的自由中子流环境下,各种原子核都会相继接连地吸收中子。刚生成的丰中子同位素通常是不稳定的,但由于 β 衰变的时标相对较长,它还来不及衰变时,强大的中子流再次轰击了它。这样,它继续不断地重复着一次又一次吸收中子的过程。如此继续下去,它不断地转化为含有越来越多中子的同位素。当其核内所含中子数目超过最丰中子稳定的同位素之后,它逐渐远离 β 稳定谷。当合成物抛向太空后,中子俘获反应停止,形成一系列 β$^-$ 衰变,最后产物较迅速地衰变为某种稳定的丰中子核。自然地,r-过程刚停止时形成极富中子母核的性质同随后衰变链所到达的第一个稳定同量异位素(A 相同而 Z 不同的核素)的核性质没有明显的相关,也同这些稳定核的中子俘获截面的大小无关(彭秋和,1998)。另外,r-过程核合成不需要外部提供种子核,它从自由质子、中子开始核合成,前一阶段的生成核作为下一阶段中子俘获的种子核。

关于 r-过程发生的场合,至今仍有争论。通常认为塌缩型超新星爆炸(Ⅱ型、Ⅰb 型、Ⅰc 型)和中子星之间或中子星和黑洞的碰撞是 r-过程合成的天体物理场合。塌缩型超新星中 r-过程发生的基本图像为(Martinez-Pinedo,2008):PNS 诞生初期,大量中微子在 PNS 表面出射,由于激波光致裂解,PNS 表面的主要组份是质子、中子、电子和正电子(npe$^\pm$ 气体);环绕 PNS 区域的主要反应是中微子和反中微子被核子吸收和散射(所谓"中微子加热区");区域往外时,温度降低,电子丰度 Y_e 保持不变,α 粒子形成;再往外 ^{12}C,^{9}B,e 等其他粒子生成直到生成种子核,丰富的中子可以连续不断地被种子核俘获,最终形成 r-元素。质量为 $8M_\odot \sim 10M_\odot$ 的 O-Ne-Mg 核超新星是当前最有可能首先解决问题的候选者(特别是对 $A > 130$ 的核素)。原因有两点(Janka et al.,2008):(1) O-Ne-Mg 核超新星的星风物质 Y_e 较小,自由中子的比例较高。(2)星系化学演化和贫金属星的观测表明,r-过程元素的产生场所和 O 到 Ge 的产生场所是分开的,这符合 O-Ne-Mg 核超新星爆发时抛射物有极少的中等质量核素的特点。但对具体的核合成过程仍然有争议(Janka et al.,2008)。正如伍斯利(Woosley)所指,要解决当前 r-过程核合成的问题,要么考虑新的物理,要么考虑新的场所(Woosley et al.,2005)。

随着大样本巡天工作的开展,我们将会发现更多的贫金属恒星,甚至第一代恒星。对这些恒星表面中子俘获元素进行详细的丰度分析,将有助于进一步了解 s-过程和 r-过程元素的产地及产率。

3.1.3 p-过程

除了中子俘获产生稳定重核外,还有一些质子数最多的同量异位素如^{112}Sn,^{126}Xe,^{130,132}Ba,不可能由一系列中子俘获形成,而主要通过质子俘获(偶尔也可能会吸收中子)过程而形成。这些元素就是 p-核,绝大部分 p-核的相对丰度(相对于同位素)都非常低(只有 6 种 p-核的相对丰度略高于 1%)。到目前为止,人们对 p-核产生的物理环境的了解还很少。质子俘获也分慢质子俘获和快质子俘获(简称"rp-过程")。慢质子俘获是新星(并非超新星)爆发的巨大能量的来源,而 rp-过程一般被认为是富质子组份在足够高的温度下发生的,可能是 I 型 X 射线暴的能量来源。原子核的质量对质子俘获核合成有重要的影响,测量精度要求在 10 keV 及以上才比较可信。另外,反应率的不确定性也在影响核合成的结果中扮演着关键性的角色(Schatz,2006)。近年来,弗罗利希(Frohlich)等人提出了一种新的有中微子参与的质子俘获,简称"νp 过程"(Frohlich et al.,2006)。他们采用精确的中微子运输过程,对核塌缩型超新星的流体动力学进行的模拟表明,在初生中子星诞生的最开始几秒钟里,溢出物是富质子的。当有大量的中微子或反中微子时,反中微子将被质子吸收,连续产生中子,中子数密度达到$(1\sim10)\times10^{14}$ cm^{-3}。这些中子不受库仑排斥能,很轻易便被重核俘获。通过一系列的(n,p)(p,γ)反应,有效地经过生成^{64}Ge 等 β 半衰期很长的核,从而生成更重的核。但有 νp 过程存在的物质流能行进多远,强烈地依靠于环境条件,最明显的就是电子丰度。同时,瓦纳达(Wanajo)等人基于这一研究成果讨论了有强大的中微子流的富质子环境中的 rp-过程。他们可以自洽地得到 A 在 110 以下的轻 p-核,包括^{92,94}Mo 和^{96,98}Ru,这是在其他天体环境下难以解释的(Wanajo,2006),但对于更重的 p-核,还有待进一步研究。

3.1.4 超重元素的核合成

对于什么是超重核,至今没有严格的界限。随着技术的发展和超重核合成的进展,超重核的界限和超重核稳定岛的中心位置也在改变。有人认为,102 号元素及以上都算作超重核,也有些人认为,110 号元素以上才能算作超重核(刘建业,2002)。从核素图上可以发现,超重元素都是不稳定的放射性元素,而且大多数的超重核素都是人工合成的。根据 20 世纪 60 年代末原子核结构理论预言,在质子数 $Z=114$ 和中子数 $N=184$(即核素^{298}114)的核素附近会形成一个离现有元素最近的、寿命较长的超重核,这就是所谓的"超重核稳定岛"。自从超重核稳定岛理论被提出以来,许多科学家就试图在实验或者观测中发现它,但至今还没有成功。在人工合成超重元素方面,近几十年来取得了很大进展。1999 年,俄罗斯、德国和日本的科学家合作,成功合成了 114 号元素的两个同位素($A=287$ 和 $A=289$)。2000 年,德国科学家又合成了 $Z=116$,$A=292$ 的核素。我们国家在 2000 年合成了^{259}105 超重新核素(刘建业,2002)。目前,实验合成更重的核素面临着很多难题。另外,人们迄今未能证实在自然界中是否存在稳定的超重核素。是因为含量太少?还是因为探测方法不当?甚至有人怀疑根本不存在所谓的"超重核稳定岛"。虽然在宇宙中有没有天然的超重元素现在还不得而知,但有一种设想是在中子星的内壳层里可能有超重元素,因为中子星中的电子强简并而不能衰变。当两中子星合并时,有部分壳层被撕裂,抛到太空的超重元素俘获自由中子再衰变到最近的稳定岛,这可能是宇宙中超重稳定元素的来源。当然,不管什么理论,最终还是要靠实验和观测检验的。

3.2 星风中的初始电子丰度

把物质看成是中子、质子、负电子组成的混合物(npe⁻ 系统),是天体物理实际应用中一个经典而简单的近似。当温度非常高($T>1\times10^9$ K)时,大量的光子、正电子,甚至中微子和反中微子将在系统中出现,也就是变成由电子、正电子、核子以及辐射场组成的气体,简称"npe$^\pm$气体"。许多天体物理环境可看成 npe$^\pm$气体,比如:(1)从 γ 暴(GRB)的中心引擎喷出的火球(Pruet et al.,2002);(2)超新星发出激波后光致裂解的物质(Marek et al.,2009);(3)初始中子星(PNS)中微子驱动的星风(温度 $T>1\times10^9$ K)(Martinez-Pinedo,2008);(4)年轻中子星的外核(Yakovlev et al.,2008;Baldo et al.,2009);(5)中微子冷却的 GRB 吸积盘(Liu et al.,2007;Janiuk et al.,2010);(6)中微子退耦前的早期宇宙(Dutta et al.,2004;Harwit,2006)。总之,npe⁻ 和 npe$^\pm$气体广泛应用于当前天体物理研究之中。处于平衡态的 npe⁻ 或 npe$^\pm$气体在许多天体演化过程中非常重要。几十年来,有众多研究者关注这个问题。1983 年,夏皮罗(Shapiro)和特科尔斯基(Teukolsky)提出了 npe⁻ 气体处于稳态平衡的典型方法,给出了 npe⁻ 系统满足稳态平衡的重要方程式 $\mu_n=\mu_p+\mu_e$,μ_n,μ_p 和 μ_e 分别为质子、中子和电子的化学势。这一结论已被许多研究者所接受和采用。但是,夏皮罗(Shapiro)和特科尔斯基(Teukolsky)仅仅考虑了"低温"下的电子俘获及其逆反应,而忽略了当系统温度足够高时有正电子存在的情况(Shapiro et al.,1983)。2005 年,袁业飞提出在高温下大量正电子将出现,并导致正电子俘获率显著增大,正电子俘获会明显影响稳态平衡条件。若中微子能够从 npe$^\pm$系统中自由逃逸,平衡条件将被 $\mu_n=\mu_p+2\mu_e$ 替代(Yuan,2005)。然而,对于温度适中时的更一般的环境下的稳态平衡条件还未曾研究过。2007 年,刘彤等人在研究 GRB 吸积盘时曾提出了一种方法,设从平衡态 $\mu_n=\mu_p+\mu_e$ 到平衡态 $\mu_n=\mu_p+2\mu_e$ 的过程中,化学势 μ_e 的系数呈指数变化,这种方法很简单但不够严格(Liu et al.,2007)。因此,寻找一个能够准确描绘任意温度下 npe$^\pm$气体稳态平衡的可靠的拟合函数或数组是必要的。另外,上面的讨论仅限于忽略外部中微子流的孤立系统。本节将给出在$(1\sim10)\times10^9$ K 的范围内任意温度下 npe$^\pm$气体的稳态平衡条件,并具体应用到 GRB 吸积盘中。此外,还计算了考虑外部强大中微子流情况下初始中子星中微子驱动星风的初始电子丰度。

3.2.1 高温下 npe$^\pm$气体的稳态平衡条件

对于不同物理环境中的 npe$^\pm$ 和辐射场的混合气体,分为中微子透明和不透明两种情况进行讨论。为确保自洽,先对 npe$^\pm$气体不透明的临界密度作一简单估算。中微子的平均自由程为:

$$l_\nu=\frac{1}{n\sigma_\nu^{sac}+n_n\sigma_\nu^{abs}} \tag{3.2.1}$$

其中, n, n_n 分别为重子和中子的数密度, $n = \rho N_A$, $n_n = \rho(1 - Y_e)N_A$, ρ 为质量密度, Y_e 为电子丰度, N_A 是 Avogadro 常数, σ_ν^{sac}, σ_ν^{abs} 分别为重子散射截面和中子吸收截面。基本恩(Kippenhahnn)和魏格特(Weigert)给出的 σ_ν^{sac} 表达式为(Kippenhahn et al., 1990):

$$\sigma_\nu^{sac} \approx \left(\frac{E_\nu}{m_e c^2}\right)^2 10^{-44} \tag{3.2.2}$$

其中, E_ν 为中微子的能量, $m_e c^2$ 是电子的质量能量, c 为光速。

另外, 钱永忠和赖东给出的 σ_ν^{abs} 表达式为(Qian et al., 1996; Lai et al., 1998):

$$\sigma_\nu^{abs} \approx \frac{A}{\pi^2} E_e p_e \approx \frac{A}{\pi^2} E_e^2 \tag{3.2.3}$$

式中, $A = \pi G_F^2 \cos^2\theta_C (C_V^2 + 3C_A^2)$, 费米(Fermi)弱相互作用常数 $G_F = 1.436 \times 10^{-49}$ erg · cm^3, $\cos^2\theta_C = 0.95$, θ_C 为卡比波(Cabbibo)角, $C_V = 1$, $C_A = 1.26$, E_e, p_e 分别为电子的能量和动量。由核反应过程的能量守恒得:

$$E_e = E_\nu + Q$$
$$Q = (m_n - m_p)c^2 = 1.29 \tag{3.2.4}$$

其中, m_n 和 m_p 分别为中子、质子的质量。

高密时, 电子是相对论强简并的, 故有 $E_e \approx [(3\pi^2 \lambdabar_e^3 n_e)^{2/3} + 1]^{1/2}$ (以 $m_e c^2$ 为单位), 其中 $\lambdabar_e = \frac{\hbar}{m_e c}$ 是约化的电子的康普顿(Compton)波长。用 $\rho Y_e N_A$ 替换电子数密度 n_e, 得:

$$E_e \approx (3\pi^2 \lambdabar_e^3 \rho Y_e N_A)^{1/3} \tag{3.2.5}$$

中微子的平均自由程可化为:

$$l_\nu = \frac{1}{\rho N_A [(3\pi^2 \lambdabar_e^3 \rho Y_e N_A - Q)^{2/3} \times 10^{-44}] + \left[\frac{A}{\pi^2}(3\pi^2 \lambdabar_e^3 \rho Y_e N_A)^{2/3}\right]\rho(1 - Y_e)N_A} \tag{3.2.6}$$

如果假设 $l_\nu = 10$ km 是中微子不透明度的标准距离, 对应 $Y_e = 0.1, 0.2, 0.3, 0.4$ 和 0.5 的 $\rho_{cri}^\nu = 5.58 \times 10^{10}$ g · cm^{-3}, 4.50×10^{10} g · cm^{-3}, 4.10×10^{10} g · cm^{-3}, 3.96×10^{10} g · cm^{-3} 和 3.96×10^{10} g · cm^{-3}。严格地说, 由于忽略了一个堵塞因子(Block factor, $1 - f_e$), 吸收截面被高估了, 所以 ρ_{cri}^ν 是最小临界密度。当 $\rho < \rho_{cri}^\nu$ 时, 中微子是透明的, 否则就是不透明的。用类似的方法, 仅需将 ν, $E_e = E_\nu + Q$, n_n 分别用 $\bar\nu$, $E_e = E_{\bar\nu} - Q$, n_p 替换, 就可得到反中微子的平均自由程, 对应 $Y_e = 0.1, 0.2, 0.3, 0.4$ 和 0.5 的反中微子的临界密度分别为 $\rho_{cri}^{\bar\nu} = 1.43 \times 10^{10}$ g · cm^{-3}, 0.86×10^{10} g · cm^{-3}, 0.62×10^{10} g · cm^{-3}, 0.48×10^{10} g · cm^{-3} 和 0.4×10^{10} g · cm^{-3}。

另外, 更加准确地判断中微子透明度的方法需定义中微子光深 τ。光深和星体的组份及结构有密切关系。由相关研究(Arcones et al., 2008)可得, $\tau = \int_r^\infty \langle\kappa_{eff}\rangle dr$, r 为中微子输运距离, $\langle\kappa_{eff}\rangle = \sqrt{\langle\kappa_{abs}\rangle(\langle\kappa_{abs}\rangle + \kappa_{sac})}$, κ_{abs} 和 κ_{sac} 分别为吸收不透明度、散射不透明度, $\kappa_{sac} = n\sigma_{sac}$, $\kappa_{abs} = \sum_i n_i \sigma_{abs(i)}$, $\sigma_{abs(i)}$ 和 n_i 分别是中微子的吸收反应截面和靶粒子数密度。在通常情况下, 研究者定义 $\tau < \frac{2}{3}$ 或 1 作为中微子透明度的标准(Janka, 2001; Cheng et al. ,2009)。下面研究两种不同情况的化学平衡条件。

3.2.1.1 中微子是透明的

当 $npe^{\pm}$ 气体处于平衡态,并且中微子和反中微子是透明的($\mu_\nu = \mu_{\bar\nu} = 0$,其数密度均为 0)时,$\beta$ 平衡反应是最重要的物理过程(Yuan,2005)。通过下面的反应方程可得出稳态平衡:

$$e^- + p \rightarrow n + \nu_e \tag{3.2.7}$$

$$e^+ + n \rightarrow p + \bar{\nu}_e \tag{3.2.8}$$

$$n \rightarrow p + e^- + \bar{\nu}_e \tag{3.2.9}$$

式(3.2.7)至式(3.2.9)分别代表电子俘获(EC)、正电子俘获(PC)、β 衰变(BD)反应。由于系统对中微子和反中微子是透明的,式(3.2.7)至式(3.2.9)产生的中微子立即携带大量能量自由逃逸,所以其逆反应中微子俘获和反中微子俘获反应可以忽略。当系统处于平衡态时,其组份可以确定,电子丰度 Y_e 为常数。EC 反应将减小电子丰度,而PC 反应和 BD 反应将增加电子丰度。处于稳态平衡的一般条件为:

$$\lambda_{e^- p} = \lambda_{e^+ n} + \lambda_n \tag{3.2.10}$$

其中,λ_{xx} 为电子俘获、正电子俘获、β 衰变的反应率(下标表示参加反应的粒子,下同),也有 $\gamma + \gamma \leftrightarrow e^- + e^+ \leftrightarrow \nu + \bar\nu$ 等反应存在,但是它们不会直接影响电子丰度。前人已经研究过上述 β 反应率,这里采用自然单位制列出[$m_e = \hbar = c = 1$,换成普通单位制应乘以 $\dfrac{(m_e c^2)^5 c}{(\hbar c)^7}$。Langanke et al. ,2000;Yuan,2005]。

$$\lambda_{e^- p} \approx \frac{A}{2\pi^4} n_p \int_Q^\infty dE_e E_e p_e (E_e - Q)^2 F(Z, E_e) f_e \tag{3.2.11}$$

$$\lambda_{e^+ n} \approx \frac{A}{2\pi^4} n_n \int_{m_e}^\infty dE_e E_e p_e (E_e + Q)^2 F(-Z, E_e) f_{e^+} \tag{3.2.12}$$

$$\lambda_n \approx \frac{A}{2\pi^4} n_n \int_{m_e}^Q dE_e E_e p_e (Q - E_e)^2 F(Z+1, E_e)(1 - f_e) \tag{3.2.13}$$

由电中性和重子数守恒知 $Y_e = Y_p$,$Y_n + Y_p = 1$。$n_p = \rho Y_e N_A$,$F(\pm Z, E_e)$ 是费米(Fermi)函数,表示当电子或正电子的波函数在核表面附近时库仑扭曲造成的修正。费米(Fermi)函数的表达式为:

$$F(\pm Z, E_e) \approx 2(1+s)(2p_e R)^{2(s-1)} e^{\pi \eta} \left| \frac{\Gamma(s + i\eta)}{\Gamma(2s+1)} \right|^2 \tag{3.2.14}$$

其中,Z 是核电荷数,$s = (1 - \alpha^2 Z^2)^{1/2}$,$\alpha$ 是精细结构常数,R 是核半径,$\eta = \dfrac{\pm \alpha Z E_e}{p_e}$,$\Gamma(x)$ 是伽马(Gamma)函数。在此,我们直接计算费米(Fermi)函数而没有采用任何近似拟合。与袁业飞关于俘获率的推导过程(Yuan,2005)相比较,我们考虑了费米(Fermi)函数的修正。电子和正电子的费米—狄拉克(Fermi-Dirac)分布函数为 f_e,f_{e^+},表达式为:

$$f_e = \left[1 + \exp\left(\frac{E_e - \mu_e}{k_B T} \right) \right]^{-1}, f_{e^+} = \left[1 + \exp\left(\frac{E_e + \mu_e}{k_B T} \right) \right]^{-1}$$

其中,k_B 是玻尔兹曼(Boltzmann)常数。电子化学势为(能量以 $m_e c^2$ 为单位,动量以 $m_e c$ 为单位):

$$\rho N_\mathrm{A} Y_\mathrm{e} = \frac{8\pi}{\lambda_\mathrm{e}^3} \int_0^\infty (f_\mathrm{e} - f_{\mathrm{e}^+}) p^2 \, \mathrm{d}p \tag{3.2.15}$$

其中,$\lambda_\mathrm{e} = \dfrac{\hbar}{m_\mathrm{e}c}$是电子的 Compton 波长。注意,电子化学势(包括质子和中子化学势的计算)的计算方法也不同于以前的研究(Yuan,2005)。对于一个给定温度、密度的系统,其电子丰度可通过对式(3.2.10)的反复迭代求得。

从图 3-2 可知满足平衡条件的温度、电子丰度和密度。电子丰度随密度增加而减小。当 $\rho > 10^{11}$ g·cm^{-3} 时,电子丰度 Y_e 趋于零,尤其对于低温情况这种现象更明显,这和文献(Reddy et al.,1998)中图 5 给出的结果是一致的。高密时,β 衰变几乎是禁戒的,正电子俘获率比电子俘获率也小,而为了保持平衡,电子数密度 n_e 必定很低,由此导致电子丰度明显降低。注意,这完全不同于强简并重子的直接 URCA 过程($\dfrac{n_\mathrm{p}}{n_\mathrm{n}} > \dfrac{1}{8}$)。这里的重子是非简并的,因为它们的化学势很低,甚至是负的(不含静止质量)。

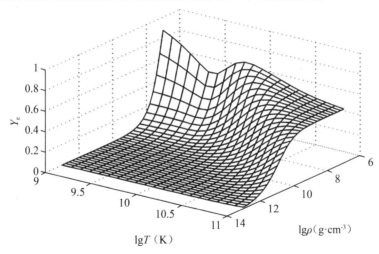

图 3-2　处于稳态的 npe$^\pm$ 气体的 Y_e 随 ρ,T 的变化

当 ρ,T 和 Y_e 确定后,按照下式可得到中子的化学势 μ_n 和质子化学势 μ_p(能量以 $m_\mathrm{e}c^2$ 为单位,动量以 $m_\mathrm{e}c$ 为单位)。

$$\rho N_\mathrm{A} Y_\mathrm{p} = \frac{8\pi}{\lambda_\mathrm{e}^3} \int_0^\infty p^2 \left[1 + \exp\left(\frac{E_\mathrm{p} - \mu_\mathrm{p}}{k_\mathrm{B} T} \right) \right]^{-1} \mathrm{d}p \tag{3.2.16}$$

$$\rho N_\mathrm{A} (1 - Y_\mathrm{e}) = \frac{8\pi}{\lambda_\mathrm{e}^3} \int_0^\infty p^2 \left[1 + \exp\left(\frac{E_\mathrm{p} - \mu_\mathrm{n}}{k_\mathrm{B} T} \right) \right]^{-1} \mathrm{d}p \tag{3.2.17}$$

计算中考虑了重子数密度守恒和电荷守恒。为了描述 μ_e,μ_n 和 μ_p 的数值关系,我们定义一因子 C,即 $\mu_\mathrm{n} = \mu_\mathrm{p} + C\mu_\mathrm{e}$,表 3-1 和表 3-2 分别给出了温度在 1×10^9 K 和 5×10^9 K 的结果(μ'_p,μ'_n 和 μ'_e 的化学势不包含静止质量)。从表 3-1 可以发现,$\lambda_{\mathrm{e}^- \mathrm{p}} = \lambda_\mathrm{n} \gg \lambda_{\mathrm{e}^+ \mathrm{n}}$,也就是此时质子俘获率可以忽略,$C \approx 1$ 表明 $\mu_\mathrm{n} = \mu_\mathrm{p} + \mu_\mathrm{e}$ 成立。从表 3-2 可以发现,$\lambda_{\mathrm{e}^- \mathrm{p}} \approx \lambda_{\mathrm{e}^+ \mathrm{n}} \gg \lambda_\mathrm{n}$,这意味着 β 衰变可以忽略。其原因是在高温下许多正电子加入了平衡反应,相应的平衡条件变为 $\mu_\mathrm{n} = \mu_\mathrm{p} + C\mu_\mathrm{e}$,$C = 2$,完全不同于原来的平衡条件 $\mu_\mathrm{n} = \mu_\mathrm{p} + \mu_\mathrm{e}$。这个结论首先由袁业飞提出的,详细的解释参见相关文献(Yuan,2005),这里仅给出简略解释。

$$\lambda_{e^-p} \propto n_e n_p \propto f_e f_p, \lambda_{e^+n} \propto n_e + n_n \propto f_n f_{e^+} \tag{3.2.18}$$

于是，$\lambda_{e^-p} - \lambda_{e^+n} \propto f_e f_p - f_n f_{e^+} = f_p f_e + \left(\dfrac{f_e}{f_{e^+}} - \dfrac{f_n}{f_p}\right)$。若考虑下式：

$$f_e \approx \exp\left(\frac{E_e - \mu_e}{k_B T}\right)$$

$$f_{e^+} \approx \exp\left(\frac{E_e + \mu_e}{k_B T}\right)$$

$$f_p \approx \exp\left(\frac{E_p - \mu_p}{k_B T}\right) \tag{3.2.19}$$

$$f_n \approx \exp\left(\frac{E_n - \mu_n}{k_B T}\right)$$

从中可以发现，当 $\lambda_{e^-p} = \lambda_{e^+n}$ 时，$\mu_n = \mu_p + 2\mu_e$。对于 λ_{e^-p}，λ_{e^+n} 和 λ_n 都不忽略的更一般情况，系数 C 将随物理条件的变化而改变。

表 3-1   中微子透明、$T = 1 \times 10^9$ K 时稳态化学平衡条件

Y_e	ρ (g·cm^{-3})	λ_{EC} (cm^{-3}·s^{-1})	λ_{PC} (cm^{-3}·s^{-1})	λ_{BD} (cm^{-3}·s^{-1})	μ_e (MeV)	μ_n (MeV)	μ_p (MeV)	C
0.10	1.50×10^8	8.56×10^{26}	3.52×10^{19}	8.56×10^{26}	0.84	-0.43	-0.62	1.09
0.20	6.83×10^7	5.21×10^{26}	2.22×10^{19}	5.21×10^{26}	0.80	-0.51	-0.63	1.07
0.33	4.27×10^7	3.72×10^{26}	1.63×10^{19}	3.72×10^{26}	0.78	-0.56	-0.63	1.06
0.40	3.02×10^7	2.79×10^{26}	1.26×10^{19}	2.79×10^{26}	0.76	-0.60	-0.64	1.05
0.50	2.29×10^7	2.14×10^{26}	9.98×10^{18}	2.14×10^{26}	0.74	-0.64	-0.64	1.03

表 3-2   中微子透明、$T = 5 \times 10^9$ K 时稳态化学平衡条件

Y_e	ρ (g·cm^{-3})	λ_{EC} (cm^{-3}·s^{-1})	λ_{PC} (cm^{-3}·s^{-1})	λ_{BD} (cm^{-3}·s^{-1})	μ_e (MeV)	μ_n (MeV)	μ_p (MeV)	C
0.10	2.32×10^8	2.00×10^{29}	1.57×10^{29}	4.28×10^{28}	0.64	-3.00	-3.94	1.95
0.20	8.38×10^7	9.51×10^{28}	7.73×10^{28}	1.79×10^{28}	0.45	-3.49	-4.08	1.96
0.30	4.43×10^7	5.71×10^{28}	4.75×10^{28}	9.61×10^{27}	0.33	-3.82	-4.18	1.97
0.40	2.71×10^7	3.71×10^{28}	3.14×10^{28}	5.64×10^{27}	0.23	-4.10	-4.27	1.98
0.50	1.78×10^7	2.47×10^{28}	2.13×10^{28}	3.38×10^{27}	0.14	-4.35	-4.35	1.99

图 3-3 给出了在不同温度—密度点的 C 值。可以看出，C 主要依赖于温度。当 $T < 1 \times 10^9$ K 时，$C \approx 1$；当温度从 1×10^9 K 增加到 5×10^9 K 时，C 将从 1 趋近于 2；$T > 5 \times 10^9$ K 时，$C \approx 2$；当 $T > 3 \times 10^{10}$ K 且 $Y_e > 0.4$ 时，C 明显大于 2。其原因是基准分析时考虑的是简化的 F-D 函数，并忽略了费米(Fermi)函数修正(Yuan，2005)。若令费米(Fermi)函数等于 1，确定 $C \approx 2$，为了在实际应用中方便，我们给出 C 的拟合公式。

$$C = 2 - \left[1 + \exp\left(\frac{T_9 - A_i}{B_i}\right)\right]^{-1} \tag{3.2.20}$$

对应于 $Y_e = [0.1, 0.2, 0.3, 0.4, 0.5]$ 各个值的 $A = [2.864\ 3, 2.924\ 9, 2.978\ 5, 2.990\ 23, 3.009\ 4]$ 和 $B = [0.791\ 38, 0.721\ 81, 0.663\ 31, 0.618\ 13, 0.579\ 99]$，$T_9$ 以 1×10^9 K 为单位($T_9 \in [1-6]$)，准确率总体上在 1‰ 以内。

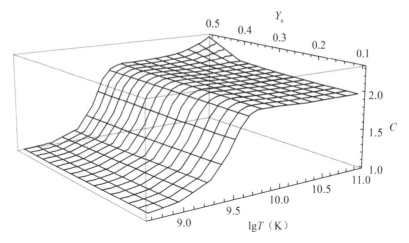

图 3-3   化学势平衡条件 $\mu_n = \mu_p + C\mu_e$ 的系数 C 随 T 和 Y_e 的变化

作为应用实例,下面我们分析 GRB 吸积盘中的电子丰度。GRB 是宇宙中最神秘的天体之一,遗憾的是其爆发机制至今仍是个谜。许多研究者认为 GRB 起源于恒星级质量黑洞的吸积盘,不同的吸积率(从 $0.01M_\odot \cdot s^{-1}$ 到 $10M_\odot \cdot s^{-1}$)导致产生完全不同的盘结构和组份。由于吸积盘的温度一般都高于 1×10^{10} K,所以所有的原子核分离成自由核子,npe$^\pm$ 气体可以很好地表示吸积盘内的组份。对于较低的吸积率($\dot{M} \leqslant 0.1M_\odot \cdot s^{-1}$),吸积盘对中微子和反中微子是透明的。此时,中微子和反中微子的吸收并不重要(Popham et al. ,1999;Surman et al. ,2004)。采用稳态平衡条件,吸积盘模型 PWF99(吸积率 $\dot{M} = 0.1M_\odot \cdot s^{-1}$,黏滞系数 $\alpha = 0.1$,黑洞自旋参数 $a = 0.95$)的电子丰度如图 3-4 所示(Popham et al. ,1999)。虚线和实线分别表示稳态平衡计算的结果和苏尔曼(Surman)等人给出的结果。从中可以看出,在吸积盘的内部(20~120 km)由不同模型得到的电子丰度值原则上是一致的,这表明吸积盘的组份近似处于平衡态。我们的计算结果整体上略小于苏尔曼(Surman)等人给出的结果。在吸积盘外部区域,Y_e 偏离平衡态,随着吸积率半径的增大偏离越明显。

苏尔曼(Surman)等人用 PWF99 模型计算电子丰度随半径变化时,没有考虑吸积盘温度和密度在径向上的分布。我们重写 PWF99 模型中温度和密度的解析表达式。

$$T = 1.3 \times 10^{11} \alpha^{0.2} M_1^{-0.2} R^{-0.3} \tag{3.2.21}$$

$$\rho = 1.2 \times 10^{14} \alpha^{-1.3} M_1^{-1.7} R^{-2.55} \dot{M}_1 \tag{3.2.22}$$

其中,M_1 是以 $M_\odot$ 为单位的吸积黑洞的质量,R 是以引力半径 r_g 为单位的半径($r_g \equiv \dfrac{GM_1}{c^2}$。当 $M_1 = 1M_\odot$ 时,$r_g = 1.4767$ km)。由于平衡条件已给出了明确的公式,我们运用 npe$^\pm$ 气体的平衡条件得到了半径大于吸积盘内边缘(6 倍引力半径)处一些 Y_e 的代表值,如图 3-5 所示。由图 3-5 知,Y_e 随密度的增加而增加,这是因为当密度增加时,温度、密度迅速降低。正如图 3-2 所示,Y_e 敏感地依赖于温度和密度。对于不同的吸积率,吸积率越大则 Y_e 就越大,也就是沿半径方向 Y_e 的分布强烈地依赖于吸积盘的结构方程。

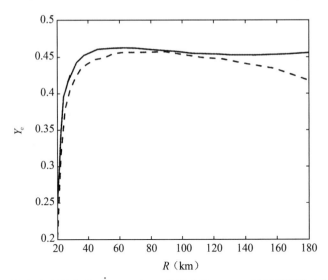

图 3-4　Y_e 随吸积盘半径的变化（$M=0.1M_\odot$，黏滞系数 $\alpha=0.1$ 以及黑洞的自旋参数 $a=0.95$）

虚线展示稳态平衡条件下的 Y_e，实线是苏尔曼（Surman）和麦克劳林（McLaughlin）的计算结果

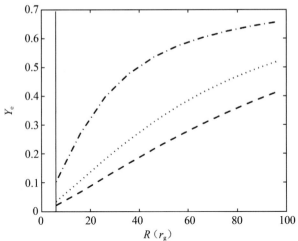

图 3-5　Y_e 随吸积盘半径的变化（薄吸积盘解析模型，$\alpha=0.1$，$a=0$，$M_1=3M_\odot$）

长虚线、虚线和点划线分别给出 Y_e 随吸积 $M=0.01\ M_\odot$，$0.05\ M_\odot$，$0.1\ M_\odot$ 的变化，

垂直实线代表吸积盘的内边界（6 倍引力半径）

3.2.1.2　中微子是不透明的

在中微子和反中微子不透明的物质中，中微子和反中微子将被质子、中子吸收，除了式（3.2.7）至式（3.2.9）的反应外，还有：

$$\nu_e + n \rightarrow e^- + p \tag{3.2.23}$$

$$\overline{\nu}_e + p \rightarrow e^+ + n \tag{3.2.24}$$

运用吸收反应截面的公式为：

$$\sigma_{\nu_e n}^{abs} = \frac{A}{\pi^2}(E_{\nu_e} + Q)\left[(E_{\nu_e} + Q)^2 - 1\right]^{1/2}(1 - f_e)$$

$$\sigma_{\nu_e p}^{abs} = \frac{A}{\pi^2}(E_{\nu_e} - Q)\left[(E_{\nu_e} - Q)^2 - 1\right]^{1/2}(1 - f_{e^+}) \tag{3.2.25}$$

可得吸收率为(用自然单位制):

$$\lambda_{\nu_e n} = \frac{A}{2\pi^4}n_n \int_0^{\infty}(E_{\nu_e} + Q)\left[(E_{\nu_e} + Q)^2 - 1\right]^{1/2}F(Z+1, E_{\nu_e} + Q)(1 - f_e)E_{\nu_e}^2 f_{\nu_e}\, dE_{\nu_e} \tag{3.2.26}$$

$$\lambda_{\nu_e p} = \frac{A}{2\pi^4}n_p \int_0^{\infty}(E_{\nu_e} - Q)\left[(E_{\nu_e} - Q)^2 - 1\right]^{1/2}F(-Z+1, E_{\nu_e} - Q)(1 - f_{e^+})E_{\nu_e}^2 f_{\nu_e}\, dE_{\nu_e} \tag{3.2.27}$$

其中,f_{ν_e} 和 $f_{\bar{\nu}_e}$ 分别是中微子、反中微子的费米—狄拉克(Fermi-Dirac)分布函数。

$$f_{\nu_e} = \left[1 + \exp\left(\frac{E_{\nu_e} - \mu_{\nu_e}}{k_B T}\right)\right]^{-1}$$

$$f_{\bar{\nu}_e} = \left[1 + \exp\left(\frac{E_{\bar{\nu}_e} - \mu_{\nu_e}}{k_B T}\right)\right]^{-1} \tag{3.2.28}$$

中微子和反中微子的数密度为:

$$n_{\nu_e} - n_{\bar{\nu}_e} = \frac{4\pi}{h^3}\int p^2\, dp\, \frac{1}{1 + \exp\left(\dfrac{E_{\nu_e} - \mu_{\nu_e}}{k_B T}\right)} - \frac{4\pi}{h^3}\int p^2\, dp\, \frac{1}{1 + \exp\left(\dfrac{E_{\nu_e} + \mu_{\nu_e}}{k_B T}\right)} \tag{3.2.29}$$

当 $n_{\nu_e} = n_{\bar{\nu}_e}$,也就是中微子和反中微子的数密度相等时,$\mu_{\nu_e} = \mu_{\bar{\nu}_e} = 0$。在这种情况下,式(3.2.10)的平衡条件变为:

$$\lambda_{e^- p} - \lambda_{\nu_e n} = \lambda_{e^+ n} - \lambda_{\bar{\nu}_e p} + \lambda_n \tag{3.2.30}$$

从表 3-3 可以发现,当温度 $T = 5 \times 10^{10}$ K(μ_p', μ_e', μ_n' 的化学势不包含静质量)时,C 仍然约等于 1。换言之,当系统的中微子和反中微子是不透明的,并且它们的化学势为零时,不管温度多高,如预期那样,$\mu_n = \mu_p + \mu_e$ 总是有效的。

表 3-3　中微子不透明、$T = 5 \times 10^{10}$ K 时稳态化学平衡条件

Y_e	ρ (g·cm^{-3})	λ_{EC} (cm^{-3}·s^{-1})	$\lambda_{\nu_e n}$ (cm^{-3}·s^{-1})	λ_{PC} (cm^{-3}·s^{-1})	$\lambda_{\bar{\nu}_e p}$ (cm^{-3}·s^{-1})	λ_{BD} (cm^{-3}·s^{-1})	μ_e' (MeV)	μ_n' (MeV)	μ_p' (MeV)	C
0.10	2.32×10^{11}	7.92×10^{37}	7.89×10^{37}	7.88×10^{36}	7.56×10^{36}	1.23×10^{31}	10.18	-15.14	-24.65	1.01
0.20	6.17×10^{10}	2.03×10^{37}	2.01×10^{37}	4.17×10^{36}	4.01×10^{36}	5.87×10^{30}	6.69	-21.40	-27.38	1.01
0.30	2.46×10^{10}	7.35×10^{36}	7.26×10^{36}	2.48×10^{36}	2.39×10^{36}	3.10×10^{30}	4.37	-25.95	-29.60	1.01
0.40	1.05×10^{10}	2.75×10^{36}	2.71×10^{36}	1.40×10^{36}	1.35×10^{36}	1.52×10^{30}	2.48	-30.29	-32.03	1.01
0.50	3.40×10^{9}	7.56×10^{35}	7.40×10^{35}	5.59×10^{35}	5.43×10^{35}	5.17×10^{29}	0.75	-35.94	-35.93	1.02

3.2.2　采用有外部中微子流时的平衡条件计算星风初始电子丰度

在前面的讨论中,我们把 npe$^{\pm}$ 气体作为孤立系统,但对于许多天体物理环境来说,外部的强中微子和反中微子流是不能忽略的,这些过程包含与中微子输运以及核子相互作用相关的困难而复杂的问题。作为典型例子,我们讨论来自初始中子星(PNS)的中微子驱动星风(NDW)。

近年来,对极贫金属星的观测显示 NDW 是 r-过程核合成的主要环境(Martinez-Pinedo,2008;Qian,2008)。自从 1986 年邓肯(Duncan)提出 NDW 后,许多学者对其进行了详尽的研究,包括牛顿力学、广义相对论流体动力学以及旋转、磁场、反弹激波等其他物理的输入(Qian et al.,1996;Thompson et al.,2001;Thompson,2003;Metzger et al.,2007;Kuroda et al.,2008;Fischer et al.,2009)。通常,中子—种子核比率、电子丰度、熵和膨胀时标四个参数对 r-元素核合成的反应最重要,但要得到与观测一致的自洽条件,至今依然很难满足。电子丰度 Y_e 是最重要的参数之一。瓦纳达(Wanajo)等人的研究表明,如果 Y_e 提高 1‰~2‰,就能够解释质量数 $A=90$ 的 r-元素超丰问题(Wanajo et al.,2009)。Y_e 的变化一般通过求解与状态方程(EOS)、中微子反应率、流体力学条件有关的一组微分方程得到(Thompson et al.,2001)。在星风开始时,Y_e 的初始值是一个重要的边界条件。考虑到中微子是从一个中微子球发出的,在中微子球处的 Y_e 可看作星风的初始电子丰度。对于一个给定的模型,假设中微子球中的物质处于 β 平衡,Y_e 的初始值就可以确定(Arcones et al.,2008)。我们采用 PNS 模型 M15-11-r1(与 Arcones et al.,2007;Arcones et al.,2008),并把所得结果与相关文献(Arcones et al.,2008)的结果进行对比(模型 M15-11-r1 源自球对称的 $15M_\odot$ 的超新星爆发模拟,中子星质量为 $1.4M_\odot$)。详细的研究表明,中微子球中有少量 α 粒子,但其数密度与质子或中子相比要小得多,因此,忽略 α 粒子对电子丰度的影响是合理的,也就是物质可看作是 $npe^\pm$ 气体。同时,尽管许多中微子和反中微子从 PNS 中射出,但它们的数密度是相等的,这就意味着 $\mu_{\nu_e}=\mu_{\bar{\nu}_e}=0$。由于在中微子球物质中的中微子和反中微子是透明的,由式(3.2.7)和式(3.2.8)反应生成的中微子不会与核子发生相互作用,但来自 PNS 核区的中微子和反中微子会有如式(3.2.23)和式(3.2.24)的吸收反应发生。它们的反应率为:

$$\lambda_{\nu_e n} = \frac{L_{n,\nu_e}}{4\pi R_\nu^2}\sigma_{\nu_e n}^{abs}\rho(1-Y_e)N_A \tag{3.2.31}$$

$$\lambda_{\bar{\nu}_e p} = \frac{L_{n,\bar{\nu}_e}}{4\pi R_\nu^2}\sigma_{\bar{\nu}_e n}^{abs}\rho Y_e N_A \tag{3.2.32}$$

其中,$L_{n,\nu}$ 和 $L_{n,\bar{\nu}_e}$ 分别为中微子、反中微子的数光度(单位时间内发射的粒子数目),R_ν 为中微子球半径。考虑到诸多物理因素(如 EOS、输运方程等)会影响数光度和中微子能量,所以简单假设中微子球面上的中微子和反中微子的数光度和能量与星风中的相同。首先,运用广义的平衡条件方程即式(3.2.30)得到电子丰度。换句话说,如果平衡系统的密度和温度是确定的,则其电子丰度就是唯一的,化学势平衡条件中的系数 C 也就可以确定。表 3-4 最右列给出了模型 M15-11-r1 的计算结果。

在表 3-4 中,t 是激波反弹后的时间,R_ν 是中微子球半径,L_n 是中微子和反中微子数光度,$\langle E_{\nu_e}\rangle$ 和 $\langle E_{\bar{\nu}_e}\rangle$ 分别为中微子、反中微子的平均能量,上面所有的参数可参见相关文献(Arcones et al.,2008)。Y_e^a 为 $C=1$ 的极端情况下的电子丰度,阿康内斯(Arcones)等人的研究即采用这种方法(Arcones et al.,2008)。Y_e^b 是假设稳态平衡条件成立并考虑外部中微子流时的电子丰度值。我们发现,Y_e^b 普遍比 Y_e^a 小,说明外部中微子流明显地影响了平衡系统的组份。比较 Y_e^a 和 Y_e^b 后会发现,当反弹后的时间在 5 s 以内时,改进的稳态平衡条件使电子丰度明显减小,5 s 后的电子丰度类似 $C=1$ 的情况。但这个结论只限于模型 M15-11-r1,因为不同模型之间存在很大的差异,其结果可能会差别很大,今后我们会更加详细地研究此问题。初始电子丰度是决定星风中电子丰度的重要边界条件,既然 r-过程核合成强烈地依赖于电子丰度,那么,准确的电子丰度值对最终 r-过程的核合成有重要的意义。

表 3-4　不同稳态化学平衡条件中初始电子丰度的演化

t (s)	R_ν (km)	T (MeV)	L_n ($\times 10^{56}\,\mathrm{s}^{-1}$)	$<E_{\nu_e}>$ (MeV)	$<E_{\bar{\nu}_e}>$ (MeV)	ρ ($\mathrm{g \cdot cm^{-3}}$)	Y_e^a	Y_e^b	C
2	10.55	6.34	6.05	20.71	25.64	5.50×10^{11}	0.113	0.084	1.39
5	9.82	5.14	3.55	17.1	22.6	1.30×10^{12}	0.050	0.039	1.22
7	9.68	4.73	3.03	15.9	21.69	1.40×10^{12}	0.042	0.035	1.15
10	9.59	4.37	3.06	15.05	21.86	2.00×10^{12}	0.029	0.028	1.03

3.2.3　与其他方法的比较和结论

本节推导了有外部中微子流和无外部中微子流两种情况下 $npe^{\pm}$ 气体的化学势平衡条件,$\mu_n = \mu_p + C\mu_e$,尤其对于中微子透明的物质,采用拟合方程即式(3.2.20)研究从低温到高温的跃迁比通常采用的计算弱相互作用率的方法更加方便。特别是高温稳态条件下,密度、温度和电子丰度三个参量,当其中任意两个量给定后,另一个就能用图 3-2 快速确定。尽管存在当外部中微子流不能忽略时,C 的变化很复杂,但可以假设 $C=1$ 或 $C=2$,从而得到其他参数的极限值。另外,我们的计算还可以为非稳态的情形提供参考。考虑到稳态平衡条件的简单性和众多相关的天体物理环境,本节的结果预计将在今后的研究中被广泛应用。

3.3　中微子驱动的星风动力学过程

快中子俘获过程(r-过程)是形成铁族以上重元素的重要途径。当前,r-过程核合成依然是核天体物理中没有解决的重大问题。天文观测表明,尽管极贫金属星的金属含量比太阳的金属含量低几个量级,但太阳和极贫金属星中的快中子俘获元素(r-元素)分布模式却是高度相似的,这就暗示不管是太阳中的 r-元素还是极贫金属星中的 r-元素,都是来自同一类源,就好像是同一种炼丹炉中炼出的产物一样(Thompson et al.,2001;Qian,2008)。对于 r-元素的诞生场所,至今仍然存在争议,主要有两个可能的场所:第一个是中子星和中子星的合并[可参见钱永忠等人在 1996 年发表的文章及其引文]。这种观点认为在中子星合并时有部分物质被抛射到太空中。中子星中原来有大量的强简并的中子,被抛到太空中后,形成大量非简并的自由中子,作为 r-过程的中子源。但是这种机制下的抛射量非常依赖于中子星的物态方程和初始自旋,而且能否保证每次抛射出去的 r-过程核合成产物的组份一致也是一个很大的不确定因素。有学者认为,夸克新星(Jaikumar et al.,2007)或者黑洞和中子星的合并(Surman et al.,2008)是 r-元素的诞生场所。第二个是初生中子星中微子驱动的星风。这个过程的优势在于 r-过程的核合成是从最基本的质子、中子开始进行的,而与原来超新星爆发前的前身星的组份关系不大。因为初生中子星表面的重核在激波经过时已经被全部光裂解为自由核子了,所以它能够保证每次 r-过程核合成产物相对丰度的统一。另外,超新星的爆发概率、核合成元素的分布特点等都支持初生中子星的星风是 r-过程核合成的主要场所这一观点(Qian,2008;Roberts et al.,2010;Wanajo et al.,2011)。除了 r-元素,初生中子星的星风也被认为是质量数为 92~126 的中等质量的质子俘获(p-过程)核素的诞生场地(Pruet et al.,2006)。

现今,初生中子星星风动力学及其爆炸性的核合成已被许多学者研究,然而,初生中子星的星风模型仍然面对不少困难。先前的研究表明,要实现成功的 r-过程核合成需要满足三个条件(Hoffman et al.,1997):高的核子熵、短的膨胀时标、小的电子丰度,从而得到大的中子与种子核的比率。很明显,许多因素都会影响上述的物理参量,如物态方程、中微子加热率、广义相对论效应、逆激波、核反应率等。毫无疑问,物态方程是其中一个基础性的影响因素。不管是在牛顿力学还是在广义相对论的条件下,物态方程都是其求解动力学方程的关键。但是在很多时候,不同学者会根据需要采用不同的物态方程,有的要严格一些,有的要简化一些,更多的学者没有具体注明或提及所采用的物态方程,如许多引用钱永忠等人在 1996 年的工作。严格的和简化的物态方程对各个物理参量的影响相差多大至今未见有详细的研究。我们认为,这种差异对于分析不同作者得到的结果和结论(特别是大量未明确注明物态方程的情况下)的不确定度是有极大帮助的。在本书,我们将基于明确的牛顿星风流体动力学方程组讨论三种常用的物态方程对动力学过程及其核合成重要物理量的影响。

3.3.1　星风动力学方程组的求解

1986 年,在超新星的中微子延迟爆发机制提出后不久,邓肯(Duncan)等人提出在超新星激波冲出铁核后,强大的中微子流加热初生中子星表面的物质可能导致其表面的质量损失。在短时标内,这一过程可以处理为稳态过程。当时他们采用的物态方程为(Duncan et al.,1986):

$$P = \frac{1}{3}aT^4 + \frac{k_B}{m_N}\rho T \tag{3.3.1}$$

其中,P 为压强,a 为辐射常数,T 为温度,k_B 为 Boltzmann 常数,m_N 为核子质量,ρ 为质量密度。式(3.3.1)的第一项代表辐射压强,第二项代表气体压强。注意,邓肯(Duncan)等人在第一项中只考虑了光子的贡献。实际上,初生中子星的温度在 1×10^{10} K 以上,高温会产生大量的正负电子,正负电子的压强不能忽略,因此,这个物态方程是不正确的,现在基本没有再采用的。此后,钱永忠等人求解了基于牛顿力学的稳态流体动力学方程组(Qian et al.,1996)。他们注重物理图像,得到了星风中重要物理参量的估算公式。这是一篇经典的论文,本书采用他们的流体力学方程组,即:

$$4\pi r^2 \rho v = \dot{M} \tag{3.3.2}$$

$$v\frac{\mathrm{d}v}{\mathrm{d}r} = -\frac{1}{\rho}\frac{\mathrm{d}P}{\mathrm{d}r} - \frac{GM}{r^2} \tag{3.3.3}$$

$$v\frac{\mathrm{d}\varepsilon}{\mathrm{d}r} - \frac{v}{\rho^2}P\frac{\mathrm{d}\rho}{\mathrm{d}r} = \dot{q} \tag{3.3.4}$$

$$\nu \frac{\mathrm{d}Y_\mathrm{e}}{\mathrm{d}r} = \lambda_{\nu_\mathrm{e}\mathrm{n}} + \lambda_{\mathrm{e}^+\mathrm{n}} - (\lambda_{\nu_\mathrm{e}\mathrm{n}} + \lambda_{\mathrm{e}^+\mathrm{n}} + \lambda_{\bar{\nu}_\mathrm{e}\mathrm{p}} + \lambda_{\mathrm{e}^-\mathrm{p}})Y_\mathrm{e} \tag{3.3.5}$$

方程组中的式(3.3.2)为质量守恒方程,r 为星风中物质离中心的距离,ν 为速度,$\dot{M}$ 是单位时间的质量溢出率。式(3.3.3)为动力学平衡方程,G 为引力常数,M 为初生中子星的质量。式(3.3.4)为能量守恒方程,ε 为单位质量的内能(即比内能),$\dot{q}$ 为每个核子总的加热率(即比加热率),由加热反应和冷却反应两个部分组成,详细的计算参见相关文献(Qian et al.,1996)。式(3.3.5)表示组份的平衡,即电子数目的增减与电子丰度的变化平衡。Y_e 表示电子丰度,λ 表示各种弱相互作用率,下标代表参加反应的粒子。除了以上四个方程,还需要物态方程和比内能的表达式对其补充,以形成完备的方程组。钱永忠等人给出的物态方程为(记为 EOS-1):

$$P = \frac{11\pi^2}{180} \frac{k_\mathrm{B}^4}{(\hbar c)^3} \left(1 + \frac{30\eta^2}{11\pi^2} + \frac{15\eta^4}{11\pi^4}\right) T^4 + \frac{k_\mathrm{B}}{m_\mathrm{N}} \rho T \tag{3.3.6}$$

其中,$\hbar$ 为约化的普朗克(Plank)常数,c 为光速,$\eta \equiv \frac{\mu_\mathrm{e}}{k_\mathrm{B}T}$ 为简并参数,μ_e 为电子化学势,详细的计算过程参见相关文献(Fuller et al.,1980)。式(3.3.6)右边第一项可以分解为 $\frac{\pi^2}{45} \frac{k_\mathrm{B}^4}{(\hbar c)^3} T^4$ 和 $\frac{7\pi^2}{180} \frac{k_\mathrm{B}^4}{(\hbar c)^3} T^4 + \frac{\eta^2}{6} \frac{k_\mathrm{B}^4}{(\hbar c)^3} T^4 + \frac{\eta^4}{12\pi^2} \frac{k_\mathrm{B}^4}{(\hbar c)^3} T^4$ 两部分之和,第一部分代表光子的压强,第二部分代表正负电子对的压强。比内能 $\varepsilon = \frac{11\pi^2}{60\rho} \frac{k_\mathrm{B}^4}{(\hbar c)^3} \left(1 + \frac{30\eta^2}{11\pi^2} + \frac{15\eta^4}{11\pi^4}\right) T^4 + \frac{3}{2} \frac{k_\mathrm{B}}{m_\mathrm{N}} T$。

要求解以上微分方程组还需要初始模型和边界条件。这里选用的初生中子星模型的质量为 $1.4M_\odot$,半径为 10 km。需要说明的是,实际的初生中子星半径可能要比这个值大(Lattimer et al.,2004)。中子星的半径和物态方程有密切的关系,1.4 倍太阳质量、10 km 半径对应比较软的物态方程,而当中子星物态方程可能比较硬时(Demorest et al.,2010),1.4 倍太阳质量的中子星的半径应该取 12 km,甚至 15 km。但先前许多学者在研究初生中子星星风问题时,所采用的半径是 10 km(Thompson et al.,2001;Roberts et al.,2010;Hoffman et al.,1997;Metzger et al.,2007)等。为了与前人的工作比较,本书仍然采用和他们一致的模型。星风的初始位置密度为 1×10^{13} g·cm^{-3};初始电子丰度由质子、中子和正负电子系统的平衡条件决定(Liu,2011)。初始温度 T_i 由反中微子和中微子的光度和平均能量决定。

$$T_i \approx 1.03 \left[1 + \frac{L_{\nu_\mathrm{e},51}}{L_{\bar{\nu}_\mathrm{e},51}} \left(\frac{\varepsilon_{\nu_\mathrm{e}}}{\varepsilon_{\bar{\nu}_\mathrm{e}}}\right)^2\right]^{1/6} \frac{L_{\nu_\mathrm{e},51}^{1/6}}{R_6^{1/3}} \varepsilon_{\bar{\nu}_\mathrm{e}}^{1/3} \tag{3.3.7}$$

实际运算时,温度变化以 K 为单位。$L_{\nu_\mathrm{e},51}$,$L_{\bar{\nu}_\mathrm{e},51}$ 为以 10^{51} erg·s^{-1} 为单位的中微子和反中微子光度,$\varepsilon_{\nu_\mathrm{e}}$,$\varepsilon_{\bar{\nu}_\mathrm{e}}$ 分别是以 MeV 为单位的中微子和反中微子能量。在此引入 $\varepsilon_\nu \equiv <E_\nu^2>/<E_\nu>$,$<E_\nu>$ 和 $<E_\nu^2>$ 分别为中微子能量的平均值和中微子能量平方的平均值,它们的关系可以参见相关文献中的 α 拟合(Keil et al.,2003)。反中微子光度作为可调参数,我们选取 $L_{\bar{\nu}_\mathrm{e},51} = 1$ 和 $L_{\bar{\nu}_\mathrm{e},51} = 8$ 这两种情况,中微子和反中微子光度满足 $\frac{L_{\bar{\nu}_\mathrm{e},51}}{L_{\nu_\mathrm{e},51}} = 1.3$,中微子和反中微子的平均能量参考相关文献(Thompson et al.,2001)。

根据以上方程组的初始条件和钱永忠等人(1996)的方法,可以得到稳态的星风解。但星风速度的计算是非常复杂的,它与式(3.3.2)中的溢出率 $\dot{M}$ 密切相关。图 3-6 为不同溢出率对应的星风速度分布。可以看出,在初始阶段,速度总是增加的,接着的演化非常依赖于溢出率,溢出率越大,星风的最大速度就越大。对于小的溢出率(如最下面的线),经过最大值后速度不断下降,物质将不断堆积,因此不能形成把物质吹到太空的有效星风,或者说在这样的情况下,速度始终是亚声速的。另一个极端情况是溢出率偏大(如最上面的线),星风会产生没有物理意义的振荡。当然,其他的物理量如密度、温度等都会形成没有物理意义的振荡。因此,对于给定的模型和初始条件,只有一个临界的溢出率才是合理的,才能实现速度从声速增加到超声速(即所谓的"跨声速解"),速度最后变为一个常数。例如对模型 $L_{\nu_e,51}=8$,$\dot{M}=2.35\times10^{-4}\,M_\odot\,\mathrm{s}^{-1}$ 才是溢出率的合理值。还有一个值得注意的问题是步长选取,特别是在中子星表面,由于温度、密度等的变化都非常剧烈,因此需要很小的步长,否则会导致数据溢出或突变。

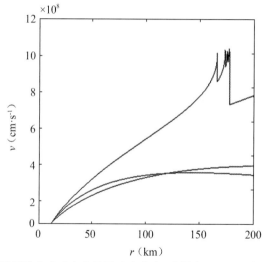

图 3-6　不同溢出率对应的星风速度分布(质量为 $1.4M_\odot$,半径为 10 km,
反中微子光度 $L_{\nu_e,51}=8$,物态方程为 EOS-1)
三条实线从下到上依次为质量溢出率 $\dot{M}=2.33\times10^{-4}\,M_\odot\,\mathrm{s}^{-1}$,$\dot{M}=2.35\times10^{-4}\,M_\odot\,\mathrm{s}^{-1}$,
$$\dot{M}=2.37\times10^{-4}\,M_\odot\,\mathrm{s}^{-1}$$

除了上面提到的 EOS-1,在实际运用中为了简化运算,也有学者采用如下的物态方程(记为 EOS-2)(Kuroda et al.,2008):

$$P=\frac{11\pi^2}{180}\frac{k_B^4}{(\hbar c)^3}T^4+\frac{k_B}{m_N}\rho T \tag{3.3.8}$$

和 EOS-1 相比,它缺少了电子的简并参数,忽略了电子化学势对于压强的影响,相当于假设正负电子的数密度是相等的。相应地,比内能也随之改变。另外,为了进一步简化方程,钱永忠等人提出了如下物态方程(记为 EOS-3)(Qian et al.,1996;Suzuki et al.,2005):

$$P=\frac{11\pi^2}{180}\frac{k_B^4}{(\hbar c)^3}T^4\approx\frac{11}{4}\frac{aT^4}{3} \tag{3.3.9}$$

与 EOS-1 和 EOS-2 相比,它只考虑了光子和正负电子对压强的贡献,而忽略了气体压强和正负电子数密度差异的影响。这是最为简单的物态方程,但有时为了简化需要,也被一些学者所采用(Suzuki et al.,2005)。

按前面所述,我们可以得到温度、密度、电子丰度等物理量随半径的分布,但想要讨论星风中的核合成,其他核子熵、动力学时标、中子与种子核的比率这三个物理量是必不可少的。在严格的物态方程下,每个核子的熵由下式决定:

$$S = \frac{m_N}{\rho}\left(\frac{11\pi^2}{45}T^3 + \frac{1}{3}\eta^2 T^3\right) \approx \left(2.412\,6 + \frac{1}{3}\eta^2\right)\times 2.161\,8\,\frac{T_{MeV}^3}{\rho_8} \quad (3.3.10)$$

其中,T_{MeV} 是以 MeV 为单位的温度,ρ_8 是以 1×10^8 g·cm^{-3} 为单位的密度。熵以 Boltzmann常数为单位。在 $\eta\ll1$ 时,式(3.3.10)简化为:

$$S \approx 5.22\,\frac{T_{MeV}^3}{\rho_8} \quad (3.3.11)$$

这正好是钱永忠等人的研究结果,或者等效于法鲁奇(Farouqi)等人的研究结果 $S = \frac{11}{3}\frac{aT^3}{\rho}$(Farouqi et al.,2010)。但在密度高时,η 并非远小于 1,因此在中子星表面附近应该慎用式(3.3.11)。

至于动力学时标(定义为从中微子球表面出发到形成 α 粒子这段时间),不同的学者给出了不同的定义(Qian et al.,1996;Thompson et al.,2001;Metzger et al.,2007),而且彼此之间的差别较大。我们这里采用梅茨格(Metzger)等人的定义。

$$\tau_{dyn} \equiv \left[\frac{T}{v\left|\frac{dT}{dr}\right|}\right]_{T=0.5MeV} \quad (3.3.12)$$

其中,$T=0.5$ MeV 被认为是自由质子和中子结合生成 α 粒子的特征温度。此后,各种带电粒子反应开始,直到温度降到 $T=0.25$ MeV。

另外一个重要参量是中子与种子核的比率 Δ_n,这里要分富质子($Y_p>0.5$,)和富中子($Y_s<0.5$)两种情况分别讨论。当星风组份为富质子时,中子与种子核的比率为:

$$\Delta_n \approx \left[\tau_{dyn}\lambda_{\bar{\nu}_e}\frac{Y_p}{Y_s}\right]_{T_9=2} \quad (3.3.13)$$

其中,$\lambda_{\bar{\nu}_e}$ 是反中微子的吸收率,T_9 是以 10^9 K 为单位的温度,Y_p,Y_s 分别是自由质子和中子核的丰度。注意,所有的丰度都是指粒子数比上总的重子数。

$$Y_s \approx \frac{1-Y_e}{28}\left\{1-\left[1+1.4\times10^5\tau_{dyn}S_f^{-2}(1-Y_e)^2\right]^{-1/2}\right\} \quad (3.3.14)$$

其中,S_f 表示开始绝热膨胀时的熵,因为在绝热膨胀时熵几乎不变。当星风组份为富中子时,中子与种子核的比率为:

$$\Delta_n \approx \frac{\overline{Z}\left(\frac{1}{2}-Y_e\right)}{\frac{Y_e}{2}-Y_{a,f}} + 2\overline{Z}-\overline{A} \quad (3.3.15)$$

其中,$\overline{Z}$,$\overline{A}$ 分别为种子核的平均质子数和质量数,$\overline{A}\sim(50\sim100)$(Martinez-Pinedo,2008),$Y_{a,f} = Y_{a,i} - \frac{\overline{Z}Y_s}{2}$,$Y_{a,i}$ 和 $Y_{a,f}$ 分别为 r-过程核合成前后的 α 粒子丰度,$Y_s\approx$

$$\frac{1-2Y_e}{10}\left[1-\exp(-8\times10^8\tau_{\mathrm{dyn}}S_f^{-3}Y_e^3\right]。$$

3.3.2 不同物态方程的影响

图 3-7 给出了在高光度中微子和反中微子流($L_{\bar{\nu}_e,51}=8$)时,三种不同的物态方程对典型初生中子星模型的计算结果。可以看出,密度、温度、电子丰度、速度和核子熵总体的变化趋势是一致的,而且差别不是很大,这可能就是为什么这三种方程都有学者使用的原因。下面分别分析这些物理量的变化规律和差异。在图 3-7(a)中,密度随距离的增大而剧烈降低,对于 EOS-1 和 EOS-2,在距离 34.3 km 内,密度下降 6 个量级;而对于EOS-3,密度下降更加剧烈,密度下降 6 个量级,距离只有 23.6 km。EOS-1 和 EOS-2 的结果基本重合,而偏离 EOS-3 的结果,这表明在中子星星风中由于密度很大,气体压强是有重要影响的。相比密度,温度的变化规律与其一致。EOS-1 和 EOS-2 对应的 α 粒子形成的位置为 71.8 km;EOS-3 对应的位置为 55.0 km。在图 3-7(c)中,电子丰度并非是单调上升的,它在中子星附近很快趋于稳定,然后不同物态方程的结果是完全一样的。这是因为电子丰度主要是由中微子和反中微子的吸收速率决定的,而它们是中微子和反中微子光度和平均能量的函数,与温度、密度的关系很小。在中子星附近,由于密度和温度都很大,这时的电子俘获对电子丰度也有较大的影响,因此出现了图中的突起。在图3-7(d)中,EOS-3 的速度明显偏大,在 200 km 处,其对应速度为 1.68×10^9 cm·s^{-1},EOS-1 和 EOS-2 的速度为 1.05×10^9 cm·s^{-1}。物态方程之间最大的差异在于核子比熵。在图 3-7(e)中,EOS-1 的熵介于其他两种之间,比 EOS-2 的熵稍大是因为考虑了简并参数的贡献。EOS-3 有明显的偏离。比如在 $R=200$ km 处,其值为 83.3 k_B,比另外两种的结果大了 38.8%。这样大的偏差必将严重影响核合成的结果,我们将在后面分析。总之,忽略了简并参数的物态方程,在密度、温度和速度等方面是一个极好的近似。

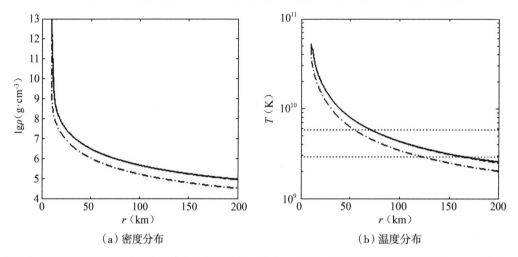

（a）密度分布　　　　　　　　　　（b）温度分布

图 3-7　初生中子星星风中各种物理量分布图($M=1.4M_\odot$,$r=10$ km,反中微子光度为 8×10^{51} erg·s^{-1})(1)
实线表示 EOS-1,长划线表示 EOS-2,点划线表示 EOS-3。图(b)中的两条平行线代表
温度 0.5 MeV 和 0.25 MeV,其对应的横坐标表示了 α 反应的区域

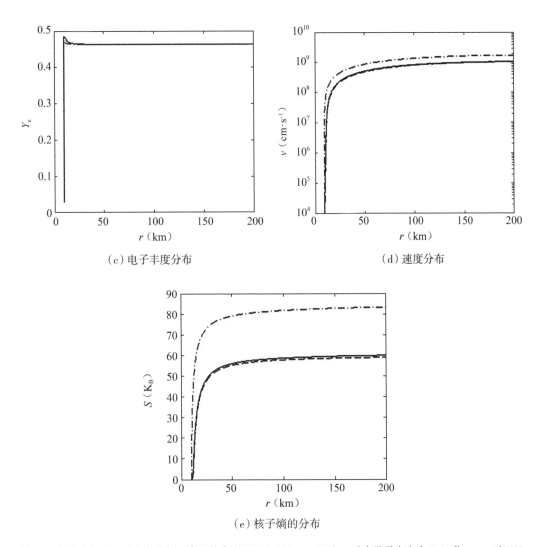

（c）电子丰度分布　　　　　　　　　　　（d）速度分布

（e）核子熵的分布

图 3-7　初生中子星星风中各种物理参量分布图（$M=1.4M_\odot$，$r=10$ km，反中微子光度为 8×10^{51} erg·s^{-1}）（2）
实线表示 EOS-1，长划线表示 EOS-2，点划线表示 EOS-3。图（b）中的两条平行线代表
温度 0.5 MeV 和 0.25 MeV，其对应的横坐标表示了 α 反应的区域

　　图 3-8 与图 3-7 的差别是反中微子光度和平均能量变低，密度、温度下降更快。比如在 $r=200$ km，图 3-8 中的密度已降低到 1×10^{4} g·cm^{-3} 以下。电子丰度的变化明显，一方面终态的值由图 3-7 中的 0.46 增大到 0.52，另一方面电子丰度单调上升，原因与前述相同，都是由模型的改变引起的。熵和速度变化的规律与前面相似，不再重述。

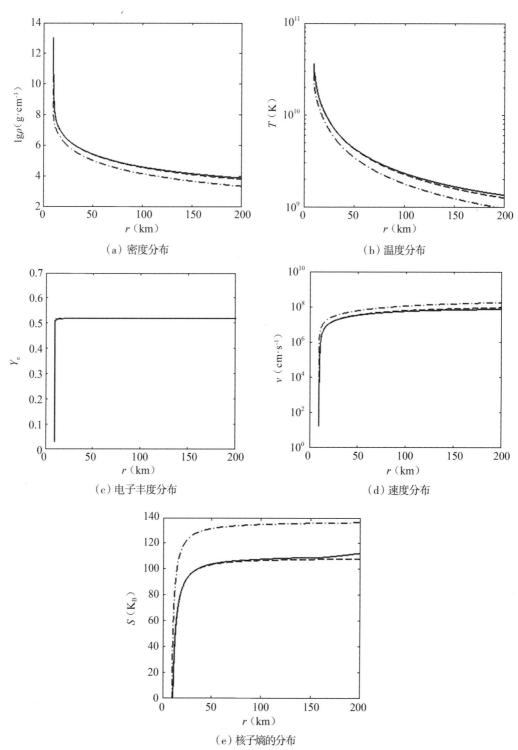

（a）密度分布　　　　　　　　　　　　（b）温度分布

（c）电子丰度分布　　　　　　　　　　（d）速度分布

（e）核子熵的分布

图 3-8　初生中子星星风中各种物理参量分布图（$M=1.4M_\odot$，$r=10$ km，反中微子光度为 1×10^{51} erg·s^{-1}）
实线表示 EOS-1，长划线表示 EOS-2，点划线表示 EOS-3。图（b）中的两条平行线代表温度
0.5 MeV 和 0.25 MeV，其对应的横坐标表示了 α 反应的区域

　　表 3-5 给出了本书结果与其他文献的比较。对于质量溢出率，在两种不同模型下，广义相对论的结果都明显小。EOS-3 的质量溢出率比它大 1.58～1.95 倍，而 EOS-1 和 EOS-2 的要大 2.7 倍左右。罗伯特(Robert)等人指出，广义相对论的溢出率比牛顿力学的结果小，仅约为一半。我们发现，如果采用 EOS-1 和 EOS-2，则会大 2 倍，而采用 EOS-3 则只有一半左右，总体与预料结果一致。与汤普森(Thompson)和梅茨格(Metzger)的牛顿结果比较，本书的结果介于两者之间，说明我们的结果是合理的。对比核子熵后发现，对于不同的光度模型，EOS-3 的结果与广义相对论的基本一致。与其他的牛顿结果比较，本书的熵要小 8～9 k_B，这可能是由比加热率的计算方法差异引起的。至于流体动力学时标，汤普森(Thompson)等人的结果明显比其他的偏小，这是由于他们采用的动力学时标的定义比我们使用的梅茨格(Metzger,2007)的定义的结果大 3 倍，因此我们的结果是合理的。

表 3-5　核合成重要物理参数的比较

模型 I	物态方程	$\dot{M}(M_\odot \cdot s^{-1})$	$S(k_B)$	$\tau_{dyn}(ms)$	Y_e	Y_s	Δ_n
	EOS-1	2.35×10^{-4}	60.8	12.8	0.46	0.007 9	10.120 0
	EOS-2	2.38×10^{-4}	59.3	12.6	0.46	0.007 9	10.084 9
$L_{\bar{\nu}_e}=8$	EOS-3	1.43×10^{-4}	83.3	6.72	0.46	0.004 8	16.790 2
	Ref. 1a	9.05×10^{-5}	83.9	3.68	0.48	0.001 7	23.596 6
	Ref. 1b	2.70×10^{-4}	68.2	3.28			
	Ref. 2	1.4×10^{-4}	69.9	24.0			
	EOS-1	1.47×10^{-6}	112.6	148.7	0.52	0.002 5	0.650 1
$L_{\bar{\nu}_e}=1$	EOS-2	1.50×10^{-6}	107.9	140.6	0.52	0.002 6	0.600 7
	EOS-3	1.06×10^{-6}	135.9	81.7	0.52	0.001 1	1.354 8
	Ref. 1a	5.44×10^{-7}	137.6	49.5	—	—	—

　　注：Ref.1a 表示汤普森(Thompson)等(2001)广义相对论。Ref.1b 表示汤普森(Thompson)等(2001)牛顿力学。Ref.2 表示梅茨格(Metzger)等(2007)牛顿力学。"—"表示原文没有提供数据。

　　下面讨论三种不同的物态方程对核合成的影响。首先讨论模型 $L_{\bar{\nu}_e}=8$ 的情形，此时 $Y_e=0.46$，即星风是富中子的，在带电粒子反应结束后开始 r-过程核合成。质量溢出率和星风持续时间决定核合成的总量。从表 3-5 可以看出，如果星风持续时间相同，采用 EOS-3 将减少约 1/3 的总产量。r-元素的分布取决于熵、动力学时标和电子丰度。熵越大，就意味着光子越多，光裂解的速度就会越快。在带电粒子反应阶段，高熵会有效地降低 ^{12}C 的产生率。由于在生成种子核的过程中生成 ^{12}C 的反应最慢，因此，^{12}C 的数目就基本等同种子核的数目。从表 3-5 可以看出，EOS-3 的熵比其余两种物态方程大约 1/4，因此，EOS-3 对应的种子核数目必然少很多。又因为 ^{12}C 是由三体反应产生的，三体反应的速率正比于密度的平方，膨胀越快(即动力学时标越短)，密度减少就越快，以至于 ^{12}C 冻结(即此后停止产生 ^{12}C)的时间相对越快，这将导致 ^{12}C(即此后的种子核)的产量降低

(Martinez-Pinedo,2008)。我们发现,EOS-3 的动力学时标(6.72 ms)比 EOS-1 和 EOS-2 的明显偏小。综合熵和动力学时标两个因素,在 Y_e 一致的情况下,EOS-3 得到较小的种子核丰度是必然结果。当然,其相应的自由中子的丰度会提高,导致 Δ_n 偏大。如果考虑一种极限情况,中子全部被俘获并且生成核没有光裂解,EOS-3 诞生的快中子俘获元素的平均质量数将比 EOS-1 和 EOS-2 的大 6 倍,然而 EOS-1 和 EOS-2 之间的差异却十分微小。

对于模型 $L_{\bar{\nu}_e}=1$ 的情形,此时 $Y_e>0.5$,即星风是富质子的,此时的核合成过程类似于快质子俘获过程(rp 过程)。但由于有大量的中微子和反中微子流,反中微子将被质子吸收连续产生中子(vp 过程),中子数密度可到达$(1\sim10)\times10^{14}$ cm^{-3}。这些中子不受库仑排斥能,很轻易便被重核俘获,通过一系列的(n,p)(p,g)反应,有效地经过生成 ^{64}Ge 等 β 半衰期很长的核,从而生成更重的核(Frohlich et al. ,2006)。由此可见,此时星风中自由中子的丰度对最终产物依然是至关重要的。粗略考虑,合成核素的相对丰度正比于 $e^{-\Delta_n}$(Pruet,2006),采用 EOS-1、EOS-2 和 EOS-3 产生的相对核素丰度分别为0.492 0、0.548 4和0.258 0,EOS-3 产生的质子俘获核素的相对丰度几乎要少一半。当然,如果采用不同的模型,具体的值应该有差异。详细精确的结果必须要结合大型核反应网络计算得到,但现在国内在这方面还处于起步阶段,我们希望以后进一步开展这个工作。

总体来说,忽略气体压强的物态方程会在富质子的星风中降低生成的重核丰度;在富中子的星风中明显地增大重核的平均质量数;而只忽略电子简并参数的物态方程是个很好的近似。许多时候为了得到解析的结果或进行估算会采用简化的物态方程,但应该考虑以上提到的动力学和核合成中的各种偏差。

3.4　初生中子星星风中的弱相互作用

3.4.1　弱相互作用对核合成的重要性

中子星是大质量恒星超新星爆发后中心的致密遗迹,在它刚刚诞生的 $10\sim100$ s内,被称为"初生中子星"(PNS)。初生中子星的温度高达 1×10^{10} K 以上,其边界可以近似看成激波反弹界面。由于激波的光致裂解,激波后的物质可以由自由质子、自由中子、电子、光子、中微子和反中微子构成,同时伴随着来自中心的极大的中微子光度[$(1\sim10)\times10^{51}$ erg·s^{-1}]。时至今日,有关新生高温中子星在非常短的时标内的如此巨大的中微子流的来源和输运过程等问题仍然没有得到妥善解决。诸多理论上无法解释的观测现象都和这一问题有关。例如脉冲星 Kick 现象,初生中子星有 $180\sim700$ km/s 的速度,如此高的自转速度的能源问题仍未知。目前,有两种机制:一种机制认为核塌缩型超新星核心的流体动力学不稳定性导致了脉冲星 Kick 现象,物质和温度分布的不对称性自然会导致物质喷射或中微子发射的不对称性,数值计算表明这种不稳定性不足以解释每秒几百千米的Kick 速度;另一种机制认为脉冲星的 Kick 速度来自强磁场导致的不对称中微子发射。

在 PNS 表面,由于中微子和反中微子大量被自由核子吸收,压强增大导致表面的质量外流,即所谓的"中微子驱动的星风"。中微子驱动的星风被认为是快中子俘获过程核合成的场所。强大的中微子流可能来自核区夸克相变等过程。本章不讨论中微子流的来源问题,而关注中微子驱动的星风中的弱相互作用率,主要包括中微子和反中微子的吸收、自由质子电子俘获(由于星风持续时间远短于自由中子的半衰期,β 衰变是可以忽略的)。这些弱作用过程直接影响星风中物质的加热率和电子丰度,对星风动力学和核合成问题的研究有重要意义。

3.4.2　中微子和反中微子吸收截面的改进

中微子是研究初生中子星结构的唯一直接探针。中微子反应截面是数值模拟引力坍塌、超新星、初生中子星和致密双星合并等过程的重要物理参量之一,它决定了中微子输运计算中最重要的中微子不透明度的问题。致密物质中中微子的总不透明度受中性流和带电流的影响。中性流包含在中微子—重子的散射中,而带电流包含于中微子—重子的吸收反应中。中微子—重子吸收反应和散射反应过程如图 3-9 所示。

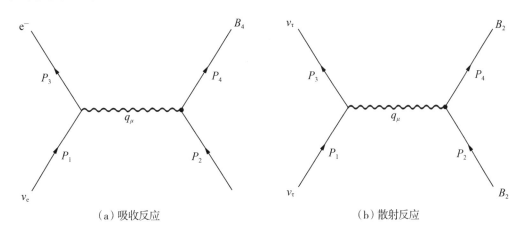

（a）吸收反应　　　　　　　　　（b）散射反应

图 3-9　中微子—重子吸收反应和散射反应

雷迪(Reddy)等人研究了高温致密物质中任意简并条件下的中微子相互作用截面问题,但忽略了磁场、核子热运动和反应前后重子质量的差异。我们将这种方法推广到星风相对低的密度环境中,并同时考虑磁场、核子热运动以及反应前后重子质量差异的影响,得到了更为精确的中微子、反中微子吸收反应截面。这种修正可应用于星风动力学和核合成问题的相关研究中。

中微子被自由中子吸收和反中微子被质子吸收的方程为:

$$\nu_e + n \rightarrow e^- + p \tag{3.4.1}$$

$$\bar{\nu}_e + p \rightarrow e^+ + n \tag{3.4.2}$$

为了方便讨论,把式(3.4.1)和式(3.4.2)统一看为 $v + B_2 \rightarrow l_3 + B_4$ 的形式,其中,v 为中微子或反中微子,1 为轻子,B 为重子,按照从左到右的顺序把粒子标记为 1,2,3,4,下标 2,4 分别对应重子的初态和末态。如果是散射,B_2 和 B_4 为同种重子。当能量为 E_1 的轻子中微子或反中微子打击体积为 V 的重子时,根据费米(Fermi)黄金定律,则其在自然单位制下的单位体积中微子的吸收或散射的反应截面为：

$$\frac{\sigma(E_1)}{V} = 2\int \frac{\mathrm{d}^3 p_2}{(2\pi)^3} \int \frac{\mathrm{d}^3 p_3}{(2\pi)^3} \int \frac{\mathrm{d}^3 p_4}{(2\pi)^3} \times (2\pi)^4 \delta^4(P_1 + P_2 - P_3 - P_4) W_{ft}$$

$$\times f_2(E_2)[1 - f_3(E_3)][1 - f_4(E_4)] \tag{3.4.3}$$

其中，$\delta^4(P_1 + P_2 - P_3 - P_4)$ 为表示能量、动量守恒的 Delta 函数，$P_i = (E_i, \vec{p_i})$ 为粒子的四动量，W_{fi} 是跃迁概率。在中微子吸收反应中，被轰击的重子 B_2 的数密度为：

$$n_{B_2} = \int \frac{\mathrm{d}^3 p_2}{(2\pi)^3} f_2(E_2) \tag{3.4.4}$$

类似地，出射轻子和 B_4 重子单位体积的空穴数密度分别为：

$$n = \int \frac{\mathrm{d}^3 p_3}{(2\pi)^3}[1 - f_3(E_3)] \tag{3.4.5}$$

$$n_{B4} = \int \frac{\mathrm{d}^3 p_4}{(2\pi)^3}[1 - f_4(E_4)] \tag{3.4.6}$$

在非相对论而且不考虑重子之间相互作用的情况下，中微子吸收或散射的跃迁概率 W_{fi} 可简化为：

$$W_{fi} = G_F^2(V^2 + 3A^2) \tag{3.4.7}$$

其中，V,A 为带电流矢量和轴矢量耦合常数。

在此，引入结构函数。

$$S(q_0, q) = 2\int \frac{\mathrm{d}^3 p_2}{(2\pi)^3} \int \frac{\mathrm{d}^3 p_4}{(2\pi)^3}(2\pi)^4 \delta^4(P_1 + P_2 - P_3 - P_4) \times f_2(E_2)[1 - f_4(E_4)]$$

$$\tag{3.4.8}$$

其中，$q_0 = E_1 - E_3$，$\vec{q} = \vec{p_1} - \vec{p_3}$。简单地说，结构函数就是能量、动量转移给重子的总的可用相空间，所以，单位体积的中微子吸收反应截面，即式(3.4.3)可简化为：

$$\frac{\sigma(E_1)}{V} = G_F^2(V^2 + 3A^2)\int \frac{\mathrm{d}^3 p_3}{(2\pi)^3}[1 - f_3(E_3)]S(q_0, q) \tag{3.4.9}$$

由于 $\mathrm{d}^3 p_3 = 2\pi q(E_3/E_1)\mathrm{d}q_0 \mathrm{d}q$，将其代入式(3.4.9)，通过对结构函数的化简，最终可将中微子吸收反应截面化为：

$$\frac{\sigma(E_1)}{V} = \frac{G_F^2 M_2 M_4 T(V^2 + 3A^2)}{4\pi^3}\int_{-\infty}^{E_1}\mathrm{d}q_0 \frac{E_3}{E_1}[1 - f_3(E_3)] \tag{3.4.10}$$

$$\times \int_{|q_0|}^{2E_1 - q_0}\mathrm{d}q \frac{z}{1 - \mathrm{e}^{-z}} + \frac{1}{1 - \mathrm{e}^{-z}}\ln(\frac{1 + \mathrm{e}^{x_0}}{1 + \mathrm{e}^{x_0 + z}})$$

其中，

$$x_0 + z = \frac{e_- - \mu_2}{T} + \frac{q_0 + \mu_2 - \mu_4}{T} = \frac{e_- + q_0 - \mu_4}{T}$$

$$x_0 = \frac{e_- - \mu_2}{T}$$

$$z = \frac{q_0 + \mu_2 - \mu_4}{T}$$

$$e_- = \frac{M_4^2}{2M_2 q^2}(q_0 - \frac{q^2}{2M_4})^2$$

式(3.4.10)就是单位体积内中微子吸收或散射反应截面的一般表达式,也是考虑动量守恒、能量守恒以及质子和中子间的质量差异得到的中微子吸收反应截面,并且适用于任何简并度。

中微子星风的物质密度在星风源的位置约为 3×10^{12} g·cm^{-3},但是会随着物质外流迅速降低到 1×10^{8} g·cm^{-3} 以下。表 3-6 给出了反应 $\nu_e+n\rightarrow p+e^-$ 和 $\bar{\nu}_e+p\rightarrow e^++n$ 在中微子驱动星风的物质密度($\rho=3\times10^{12}$ g·cm^{-3},$T=5$ MeV,$Y_e=0.05$)和密度降到 $\rho=1\times10^{8}$ g·cm^{-3},$T=4$ MeV,$Y_e=0.4$ 时单位体积的反应截面。可以发现,中微子吸收和反中微子吸收的反应截面基本相同,反中微子的吸收截面略小,这主要因为 $Y_e<0.5$,质子的数密度比中子数密度低,所以单位体积内被吸收的概率小。但式(3.4.10)并没有考虑重子(中子或质子)的热运动,也没有考虑磁场的影响。有学者考虑了热运动和磁场对中微子吸收截面的影响,但是他们采用的基本反应截面公式为 $\sigma(E_\nu)=A\sum_e(1-f_e)\delta(E_\nu+Q-E_e)$,即只考虑了能量守恒,没有考虑动量守恒。

表 3-6　中微子和反中微子的吸收截面

E_1(MeV)	$\rho=3\times10^{12}$ g·cm^{-3},$T=5$ MeV,$Y_e=0.05$		$\rho=1\times10^{8}$ g·cm^{-3},$T=4$ MeV,$Y_e=0.4$	
	$\dfrac{\sigma_{\nu_n}}{V}$(cm^{-1})	$\dfrac{\sigma_{\nu_p}}{V}$(cm^{-1})	$\dfrac{\sigma_{\nu_n}}{V}$(cm^{-1})	$\dfrac{\sigma_{\nu_p}}{V}$(cm^{-1})
10	9.36×10^{-7}	7.59×10^{-7}	8.06×10^{-10}	7.23×10^{-10}
12	1.96×10^{-6}	1.09×10^{-6}	1.19×10^{-9}	1.07×10^{-9}
14	3.82×10^{-6}	1.47×10^{-6}	1.63×10^{-9}	1.49×10^{-9}
16	7.00×10^{-6}	1.90×10^{-6}	2.14×10^{-9}	1.96×10^{-9}
18	1.21×10^{-5}	2.40×10^{-6}	2.71×10^{-9}	2.48×10^{-9}
20	1.97×10^{-5}	2.94×10^{-6}	3.35×10^{-9}	3.07×10^{-9}

下面我们将综合前人的研究成果,式(3.4.10)的基础上得到星风中更为合理的中微子吸收截面的计算方法。考虑热运动的中微子吸收截面为:

$$<\sigma_{\nu_p}^{\text{thermal}}(E_\nu)>\approx\frac{A}{(2\pi)^2}<1-f_e>\int\nu_n\mathrm{d}\nu_n f_n\frac{1}{3\pi^2 E_\nu}(E_e^2-m_e^2)^{3/2}\Big|_{E_e=E_\nu(1+\nu_n)+Q}^{E_e=E_\nu(1-\nu_n)+Q}$$

$$(3.4.11)$$

其中,$A\equiv\pi G_F^2\cos^2\theta_C(V^2+3A^2)$,$G_F=(293\text{ GeV})^{-2}$,是费米(Fermi)常数,$\cos^2\theta_C=0.95$,$\theta_C$ 为 Cabbibo 角,中子—质子质量差 $Q=m_n-m_p=1.293$ MeV,E_ν 为电子中微子能量,f_e 为电子的费米—狄拉克(Fermi-Dirac)分布函数。ν_n,f_n 分别为中子的速度和 Boltzmann 分布函数,$f_n=\left(\dfrac{2\pi m_n}{k_B T}\right)^{3/2}\exp\left(\dfrac{-m_n\nu_n^2}{2k_B T}\right)$。在式(3.4.11)的基础上,考虑中子星的强磁场对电子的影响(对中微子和重子的影响可以忽略)。有磁场存在时,朗道(Laudau)能级的单位面积的简并度为 $\dfrac{g_n eB}{hc}=\dfrac{g_n m_e^2 b}{2\pi}$。当 $n=0$ 时,$g_n=1$;当 $n>0$ 时,$g_n=2$。强磁场的存在使电子的相空间分布发生严重变化,电子不再处于费米(Fermi)球内每

一点,而是分布在平行于磁场方向的一组圆柱面上,原来的费米(Fermi)球变为朗道(Laudau)柱,也就是电子的横向运动是量子化的,但在纵向上(沿磁场方向)仍然是连续的。此时电子单位体积的状态数为 $\int_{-\infty}^{\infty}\dfrac{\mathrm{d}p_z}{2\pi}\sum_n g_n\dfrac{m_e^2 b}{2\pi}$,故强磁场中电子中微子的吸收截面,即式(3.4.11)可修改为:

$$< \sigma_{\nu_p}^{\mathrm{thermal}\&\mathrm{B}}(E_\nu) >\approx \frac{A}{(2\pi)^2} <1-f_e>$$

$$\times \int \nu_n \mathrm{d}\nu_n f_n \frac{m_e^2 B^*}{2\pi^2 E_\nu}\sum_n g_n \left[E_e^2-m_e^2(1+2nB^*)\right]^{1/2}\Big|_{E_e=E_\nu(1+\nu_n)+Q}^{E_e=E_\nu(1-\nu_n)+Q} \quad (3.4.12)$$

定义修正系数 $\chi\equiv\dfrac{<\sigma_{\nu_p}^{\mathrm{thermal}\&\mathrm{B}}>}{\sigma_{\nu_p}}$,在式(3.4.10)中乘以系数 χ 就得到了更为合理的吸收率。反中微子的吸收与中微子的类似,需要把式(3.4.11)和式(3.4.12)中的 Q 改为 $-Q$,μ 改为 $-\mu$,即电子的分布函数改为正电子的,式(3.4.12)中的中子速度和分布函数改为质子的量就可以了。

图 3-10 给出了在星风源的位置中微子和反中微子的吸收截面修正系数。整体来看,两者的吸收截面修正系数随能量的变化趋势是差不多的。在入射粒子能量小于 10 MeV 时,系数变化情况很复杂,但在大于 10 MeV 以后,系数变化在 0.9 左右,说明热运动和磁场减小中微子吸收截面可达到 10% 左右。磁场出现会使反应截面产生突变,热平均使得计算结果趋于光滑,因此,考虑参加反应的重子的热平均是必要的,也符合实际情况。从图 3-10 也可以看出,即使磁场达到 10^{15} G,对于能量大于 10 MeV 的中微子和反中微子,其反应截面也没有产生量级上的影响。对于能量低的中微子的影响还是很大的,但不是简单的增大或减少。

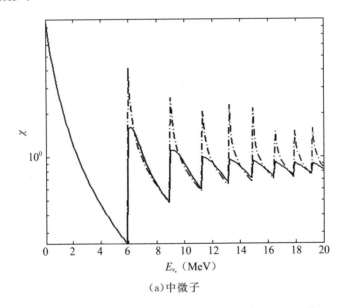

(a)中微子

图 3-10 中微子和反中微子的吸收截面修正系数(密度 $\rho=3\times10^{12}$ g·cm^{-3},温度 $T=5$ MeV,$Y_e=0.05$,$\mu_e=23.9$ MeV,磁场 $B=4.4\times10^{15}$ G)(1)
虚线是只考虑磁场的修正系数,实线是同时考虑磁场和重子热运动的结果

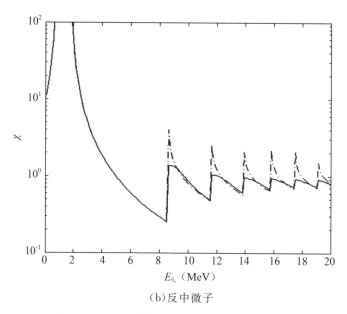

（b）反中微子

图 3-10 中微子和反中微子的吸收截面修正系数（密度 $\rho = 3 \times 10^{12}$ g·cm^{-3}，

温度 $T = 5$ MeV，$Y_e = 0.05$，$\mu_e = 23.9$ MeV，磁场 $B = 4.4 \times 10^{15}$ G）（2）

虚线是只考虑磁场的修正系数，实线是同时考虑磁场和重子热运动的结果

图 3-11 给出了 $B = 4.4 \times 10^{14}$ G 吸收截面的比较，发现磁场的影响更弱。磁场对截面影响由粒子的平均能量和磁场强度共同决定。对于普通的中子星，磁场是可以忽略的，个别具有超强磁场的磁星例外。此外，还有反冲效应没有考虑，但是这个效应比热运动还小，因此可以忽略。

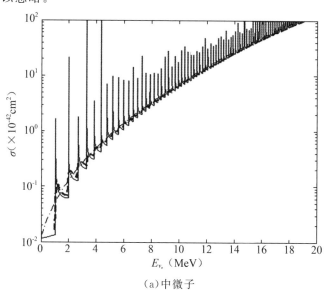

（a）中微子

图 3-11 中微子和反中微子的吸收截面（密度 $\rho = 3 \times 10^{12}$ g·cm^{-3}，

温度 $T = 5$ MeV，$Y_e = 0.05$，磁场 $B = 4.4 \times 10^{14}$ G）（1）

点划线是无磁场的结果，实线是只考虑磁场的结果，虚线是同时考虑磁场和重子热运动的结果

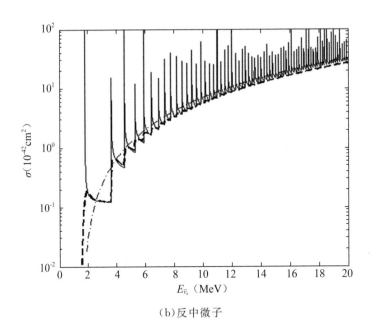

（b）反中微子

图 3-11　中微子和反中微子的吸收截面（密度 $\rho = 3 \times 10^{12}$ g·cm^{-3}，
温度 $T = 5$ MeV，$Y_e = 0.05$，磁场 $B = 4.4 \times 10^{14}$ G）（2）

点划线是无磁场的结果，实线是只考虑磁场的结果，虚线是同时考虑磁场和重子热运动的结果

以上介绍的中微子和反中微子吸收截面的计算是比较精确的，但计算过程比较繁杂，实际中经常采用的是其简化形式，即：

$$\sigma_{\nu_n}(E_\nu) \approx \frac{A}{\pi^2}(E_\nu + Q)\left[(E_\nu + Q)^2 - m_e^2\right]^{1/2}(1 - f_e) \approx \frac{A}{\pi^2}(E_\nu + Q)^2 \quad (3.4.13)$$

$$\sigma_{\nu_p}(E_{\bar{\nu}}) \approx \frac{A}{\pi^2}(E_\nu - Q)\left[(E_\nu - Q)^2 - m_e^2\right]^{1/2}(1 - f_{e^+}) \approx \frac{A}{\pi^2}(E_{\bar{\nu}} - Q)^2 \quad (3.4.14)$$

如果设中微子和反中微子的能量在星风的不同位置是恒定的，则按照上面的简化式，在星风中的截面就是固定的。如果取 $E_\nu = 10$ MeV，吸收截面为 11.6×10^{-42} cm^2。把精确值换成相同的单位后发现：在星风源的位置，反应截面为 10.3×10^{-42} cm^2，两种方法得到的结果符合得较好；在外面的位置，$\rho = 1 \times 10^8$ g·cm^{-3} 时，反应截面为 29.9×10^{-42} cm^2，精确方法得到的吸收截面要大 2.6 倍，与简化计算的结果偏差较大。所以，精确地计算中微子和反中微子的吸收反应截面有助于提高星风中的加热率和核子熵，有利于 r-过程核合成的实现。类似的方法可以应用到中微子被重子散射的反应截面的计算上，这里不再讨论。

3.4.3　弱电荷屏蔽对星风中中微子加热率和电子丰度的影响

r-过程核素的核合成与四个参量紧密相关：中子—种子核的比率 $\frac{n_n}{n_{seed}}$、核子熵 S、膨胀时标、电子丰度 Y_e。不同的学者采用不同方法得到的结果相差很大。严格的模拟和理论计算表明，失败的共同点是幻中子壳层的核素超丰，如中子数 $N = 50$ 核素^{90}Zr。同时高熵(高达 $400k_B$)对合成第三个峰值的 r-过程核素几乎是必要条件,而实际计算得到的熵却要小于 $200k_B$。瓦纳达(Wanajo)等人的研究表明,r-过程核合成结果对 Y_e 特别依赖,因此高熵和 Y_e 是使 r-过程成功进行的关键因素。我们对前人的大量研究进行调研后发现,尽管人们已经和正在进行大量初生中子星中微子驱动的星风动力学及其核合成的研究,但一直忽略了电荷屏蔽对自由质子电子俘获反应的影响。电子俘获反应是减小物质加热率的重要因素,电荷屏蔽一方面将减小自由质子电子俘获,从而增加物质的加热率,进而有助于熵增大;另一方面将影响中子—种子核的比率、电子丰度等重要物理量。作为一个实际物理因素,电荷屏蔽应该引起人们的重视。虽然电荷屏蔽对热核反应的影响已被大量研究,但电荷屏蔽对于弱相互作用过程的影响在很长一段时间内被忽视。我们曾研究了电荷屏蔽对前身星阶段 pf 壳层核素的电子俘获率,指出电荷屏蔽效应提高了电子俘获过程的有效能阈值,由此明显地降低了超新星前身星中的电子俘获率和总的电子丰度。但 r-过程的物理环境和前身星阶段的物理环境如物质组成、温度、密度等都完全不同,因此,研究电荷屏蔽对 r-过程的影响是非常必要的。

在中微子驱动的星风条件下,每个核子总的加热率(即比加热率)由加热反应和冷却反应两部分组成。加热反应主要包括中微子或反中微子被核子吸收,各种中微子(包括 ν_e,ν_μ,ν_τ 及它们的反粒子)与电子和正电子的散射,正反中微子对湮灭为正负电子对。冷却反应主要包括电子和正电子被核子俘获,正负电子对湮灭为中微子。为了便于区分,本书中的下脚标表示参加反应的粒子。核子—核子的韧致辐射等其他的中微子反应,已经有学者指出并不重要,因此不予考虑。每个核子总的比加热率可以表示为:

$$\dot{q} = \dot{q}_{heat} - \dot{q}_{cooling} = \dot{q}_{\nu N} + \dot{q}_{\nu e} + \dot{q}_{\nu\bar{\nu}} - \dot{q}_{eN} - \dot{q}_{e^-e^+} \tag{3.4.15}$$

式中各项都以 $MeV \cdot s^{-1} \cdot g^{-1}$ 为单位,其中 $\dot{q}$ 为总的核子比加热率,$\dot{q}_{heat}$ 和 $\dot{q}_{cooling}$ 分别为加热和冷却反应的能量,$\dot{q}_{\nu N}$、$\dot{q}_{\nu e}$ 和 $\dot{q}_{\nu\bar{\nu}}$ 表示中微子被核子吸收、中微子与电子散射和正反中微子对湮灭的反应能,$\dot{q}_{eN}$ 和 $\dot{q}_{e^-e^+}$ 分别为电子俘获和正负电子对湮灭的反应能。

$$\dot{q}_{\nu N} = \dot{q}_{\nu_e n} + \dot{q}_{\bar{\nu}_e p}$$
$$\approx 9.65 N_A \left[(1 - Y_e) L_{\nu_e,51} < \varepsilon_{\nu_e}^2 > + Y_e L_{\bar{\nu}_e,51} < \varepsilon_{\bar{\nu}_e}^2 > \right] \frac{1-x}{R_{\nu6}^2} \tag{3.4.16}$$

其中,N_A 为 Avogadro 常数,$L_{\nu_e,51}$ 和 $L_{\bar{\nu}_e,51}$ 分别是以 $1 \times 10^{51} erg \cdot s^{-1}$ 为单位的电子中微子和电子反中微子光度,ε_{ν_e} 是以 MeV 为单位的中微子能量,$x = \sqrt{1 - \frac{R_\nu^2}{r^2}}$,$R$ 为中微子球半径,近似等于初生中子星半径,r 为离中子星中心的距离,要求 $r > R$ 时式(3.4.16)才成立,$R_{\nu6}$ 为以 $1 \times 10^6 cm$ 为单位的中微子球半径。

$$\dot{q}_{\nu e} = \dot{q}_{\nu_e e^-} + \dot{q}_{\nu_e e^+} + \dot{q}_{\bar{\nu}_e e} + 2(\dot{q}_{\nu_\mu e^-} + \dot{q}_{\nu_\mu e^+} + \dot{q}_{\bar{\nu}_\mu e^-} + \dot{q}_{\bar{\nu}_\mu e^+})$$
$$\approx 2.17 N_A \times \frac{T^4}{\rho_8} \left(L_{\nu_e,51} < \varepsilon_{\nu_e} > + L_{\bar{\nu}_e,51} < \varepsilon_{\bar{\nu}_e} > + \frac{6}{7} L_{\nu_\mu,51} < \varepsilon_{\nu_\mu} > \right) \frac{1-x}{R_{\nu6}^2}$$
$$\tag{3.4.17}$$

其中,T 是以 MeV 为单位的温度,ρ_8 是以 $1 \times 10^8 g \cdot cm^{-3}$ 为单位的质量密度,ε_{ν_μ} 与 ε_{ν_e} 相同,也是以 MeV 为单位,$L_{\nu_\mu,51}$ 是以 $1 \times 10^{51} erg \cdot s^{-1}$ 为单位的 μ 子中微子光度。

$$\dot{q}_{\nu\nu} \approx 12.0 N_{\mathrm{A}} \left[L_{\nu_e,51} L_{\bar{\nu}_e,51} (<\varepsilon_{\nu_e}>+<\varepsilon_{\bar{\nu}_e}>) + \frac{6}{7} L_{\nu_\mu,51}^2 <\varepsilon_{\nu_\mu}> \right] \frac{\Phi(x)}{\rho_8 R_{\nu 6}^4}$$

$$(3.4.18)$$

$$\Phi(x) = (1-x)^4 (x^2 + 4x + 5)$$

$$\dot{q}_{e^- e^+} \approx 0.144 N_{\mathrm{A}} \frac{T^9}{\rho_8} \qquad (3.4.19)$$

$$\dot{q}_{\mathrm{eN}} = \dot{q}_{e^- p} + \dot{q}_{e^+ n} \approx 2.27 N_{\mathrm{A}} T^6 \qquad (3.4.20)$$

接下来,以初生中子星质量 $M_{\mathrm{NS}}=1.4M_\odot$ 和中微子球半径 $R_\nu=10$ km 的模型为例,来说明以上各种中微子加热或者放热过程能量交换的多少。由于涉及的加热区域很广,这里选取比加热率最大处来进行研究。这是一个重要区域,它不仅加热率最大,而且溢出物质经过此半径区域后的电子丰度基本不变,近似可以把该点的电子丰度作为 r-过程核合成的初始丰度(详细请参见相关文献)。同时由于中微子光度的不确定性,选取中微子光度的两种极限情况,即光度最大(记为 CAS1)和最小(记为 CAS2)时的物理参数来进行计算(见表 3-7),各种参数均来自相关文献。

表 3-7 CAS1 和 CAS2 对应的物理参量

项目	$L_{\bar{\nu}_e,51}$	$L_{\nu_e,51}$	T	Y_e	ρ	$\varepsilon_{\bar{\nu}_e}$	ε_{ν_e}	ε_{ν_μ}
CAS1	8	6.15	2.8	0.47	3.09×10^8	14	11	23
CAS2	1	0.77	1.58	0.47	2.52×10^7	8.32	6.54	13.7

注:表中各种中微子的能量都以 MeV 为单位,密度以 g·cm^{-3} 为单位。

在两种情况下,$L_{\bar{\nu}_e}$ 和 L_{ν_μ} 满足关系 $L_{\nu_\mu} = \dfrac{L_{\bar{\nu}_e}}{1.4}$,把参数带入式(3.4.15)至式(3.4.20),计算结果列于表 3-8 中。

表 3-8 两种极限情况下中微子过程的加热和冷却率

项目	$\dot{q}_{\nu N}$ (MeV·s^{-1}·g^{-1})	$\dot{q}_{\nu e}$ (MeV·s^{-1}·g^{-1})	$\dot{q}_{\nu_e \bar{\nu}_e}$ (MeV·s^{-1}·g^{-1})	$\dot{q}_{e^- e^+}$ (MeV·s^{-1}·g^{-1})	$\dot{q}_{\mathrm{eN}}$ (MeV·s^{-1}·g^{-1})	$\dot{q}$ (MeV·s^{-1}·g^{-1})
CAS1	2.372×10^{27}	2.823×10^{27}	6.101×10^{26}	3.056×10^{26}	6.585×10^{26}	4.842×10^{27}
CAS2	1.071×10^{26}	2.533×10^{26}	6.751×10^{25}	2.111×10^{25}	2.126×10^{25}	3.855×10^{26}

从表 3-8 可以看出,当中微子光度最大时,$\dot{q}$ 为 4.84×10^{27} MeV·s^{-1}·g^{-1},其中加热反应 $\dot{q}_{\nu N}$,$\dot{q}_{\nu e}$ 和 $\dot{q}_{\nu_e \bar{\nu}_e}$ 的速率分别为 2.37×10^{27} MeV·s^{-1}·g^{-1},2.82×10^{27} MeV·s^{-1}·g^{-1} 和 6.10×10^{26} MeV·s^{-1}·g^{-1},冷却反应 $\dot{q}_{e^- e^+}$ 和 $\dot{q}_{\mathrm{eN}}$ 的速率分别为 3.06×10^{26} MeV·s^{-1}·g^{-1} 和 6.59×10^{26} MeV·s^{-1}·g^{-1}。当中微子光度最小时,$\dot{q}$ 为 3.86×10^{26} MeV·s^{-1}·g^{-1},其中加热反应 $\dot{q}_{\nu N}$,$\dot{q}_{\nu e}$ 和 $\dot{q}_{\nu_e \bar{\nu}_e}$ 的速率分别为 1.07×10^{26} MeV·s^{-1}·g^{-1},2.53×10^{26} MeV·s^{-1}·g^{-1} 和 6.75×10^{25} MeV·s^{-1}·g^{-1},冷却反应 $\dot{q}_{e^- e^+}$ 和 $\dot{q}_{\mathrm{eN}}$ 的速率分别为 2.1×10^{25} MeV·s^{-1}·g^{-1} 和 2.13×10^{25} MeV·s^{-1}·g^{-1}。比较两组数据可以看出,不管是高光度还是低光度中微子流,电子和正电子被核子吸收的能量比加热物质的能量小很多,即此时主要是以中微子加热物质为主导的,而且电子

俘获只占 $\dot{q}_{eN}$ 的一部分,因此,电子俘获在这时对熵和加热率的贡献是非常有限的。

下面我们考虑屏蔽对自由质子电子俘获的影响。电子的屏蔽能为:

$$E_c = 1.764 \times 10^{-5} Z^{2/3} (\rho Y_e)^{1/3} \tag{3.4.21}$$

其中,Z 为核电荷数,代入中微子光度最大时的参数可得 $E_c = 0.0093$ MeV。很明显,反应粒子的最大可能量远大于 E_c,且 $k_B T \gg E_c$。所以与讨论超新星前身星演化的情况完全不同,这里的强屏蔽条件不成立,弱屏蔽条件成立。按照巴考尔(Bahcall)等人的方法,弱屏蔽因子可以表示为:

$$f = \exp(0.188 Z_1 Z_2 \zeta \rho^{1/2} T_6^{-1.5}) \tag{3.4.22}$$

其中,Z_1,Z_2 为两反应粒子的电量,$\zeta = \sqrt{\sum_i \left(\dfrac{X_i Z_i^2}{A_i} + \dfrac{X_i Z_i}{A_i} \right)}$,$X_i$,$Z_i$,$A_i$ 分别为组成粒子的质量丰度、电量和质量数,T_6 是以 10^6 K 为单位的温度。代入中微子光度最大时的参数,得到 $f = 0.9995$,即屏蔽修正只有一万分之五;代入中微子光度最小时的参数,得到 $f = 0.9997$,说明此时的屏蔽修正略微减小。这是因为中微子光度最小时的密度要低很多,而屏蔽与密度非常相关。如果更靠近初生中子星的区域,屏蔽影响应该稍大,而远离中子星的区域,屏蔽影响应该减小,但总体来说,屏蔽修正会很小。这可能就是长期以来没有引起国内外众多学者注意的主要原因。在中微子加热过程中,屏蔽理论上能减小电子俘获率,增加比加热率,等效于提高核子熵,但是这种影响从前面的分析可以看出是完全可以忽略的,即对熵基本没有影响。但我们认为,自由质子的电子俘获是影响电子丰度的重要物理过程,屏蔽对物质电子丰度和最终核合成的结果可能有重要影响。

自由质子电子俘获方程为:

$$\rho N_A \dot{Y}_{ep} = -\int dn_e \langle \sigma c \rangle n_p \tag{3.4.23}$$

其中,$\dot{Y}_{ep}$ 为由于质子电子俘获导致的电子丰度变化率,n_e 和 n_p 分别为电子和质子的数密度,$dn_e = \dfrac{8\pi}{(\hbar c)^3} \dfrac{\varepsilon_e \sqrt{\varepsilon_e^2 - 1}}{\exp\left(\dfrac{\varepsilon_e - \mu_e - 1}{k_B T} \right) + 1} d\varepsilon_e$(以 $m_e c^2$ 为单位),ε_e 为电子包含静止质量的能量。$n_p = \chi_p \rho N_A$,χ_p 为质子丰度,由电中性要求 $\chi_p = Y_e$,$\sigma = 1.18 \times 10^{-44} \left(\dfrac{\varepsilon_\nu^2}{m_e c^2} \right)^2$ 为自由质子的电子俘获截面。电子化学势 μ_e 由下式决定:

$$\rho Y_e = \dfrac{1}{\pi^2 N_A} \left(\dfrac{m_e c^2}{\hbar} \right)^3 \int_0^\infty (S_- - S_+) p^2 dp \tag{3.4.24}$$

其中,$S_- = \left[\exp\left(\dfrac{\varepsilon_e - 1 - \mu_e}{k_B T} \right) + 1 \right]^{-1}$,$S_+ = \left[\exp\left(\dfrac{\varepsilon_e + 1 + \mu_e}{k_B T} \right) + 1 \right]^{-1}$,$p$ 为电子动量。

将中微子光度最大时的参数代入式(3.4.23),得到 $\dot{Y}_{ep} = -42.5$ s^{-1}(负号表示电子丰度减小,下同),屏蔽增加的电子丰度为 0.0213 s^{-1}。如果质子在星风中俘获电子的时标为 10 s,则总的电子丰度的增加是 0.21。当中微子光度最小时,$\dot{Y}_{ep} = -2.67$ s^{-1},则总的电子丰度的增加为 0.01。当然,这是考虑只有电子俘获的情况,实际过程肯定有反馈效应,因为反应 $e^- + p \rightarrow e + n$ 实际上是互逆的。但是,屏蔽不会影响中微子俘获,这种反馈效应不会完全抹去。更重要的是初生中子星中微子驱动的星风过程可以看成是一个准稳态的过程,在半径大于最大加热率的地方,电子丰度基本保持恒定。即此半径之外虽然速度、温度、密度等都剧烈变化,但电子丰度却基本不变。这就使得在最大加热率处的物质电子丰度直接影响 r-过程核合成,换句话说,电荷屏蔽将影响 r-过程核合成的初始电子丰度。采用超过 6 300 种核素以及尽可能多的反应道和提高的反应截面的大规模 r-过程核合成模拟表明,核合成的结果极大地依赖于 Y_e。瓦纳达(Wanajo)等人采用调节电子丰度 Y_e 的方法发现,在现行比较公认的模型参数下,只要增加电子丰度 $1\% \sim 2\%$,就可以解释核素 ^{90}Zr 等超丰以及 O-Ne-Mg 超新星在星系中爆发概率的重大问题。显然,人为地调节参数不是一个好的解决方案,本节所得结果有力地支持了以上的核合成结论,可以作为其物理依据。

第 4 章　核塌缩型超新星爆炸后的致密残骸 ——中子星

4.1　中子星的结构及基本特性

在 1932 年查德威克(Chadwick)发现中子后,朗道(Laudau)就预言了中子星的存在,只可惜他没有立即发表自己的猜想(参见《卢瑟福回忆录》)。1934 年,巴德(Baade)和茨威基(Zwicky)正式提出中子星的概念,估计它们密度很大,半径很小,被引力束缚,并大胆猜测:恒星演化晚期发生超新星爆发,而中子星是超新星爆发的产物。1939 年,奥本海默(Oppenheimer)和沃尔科夫(Volkoff)建立了第一个中子星模型研究其性质,认为中子物质是高密的、理想的相对论费米(Fermi)气体,而忽略了核子间的相互作用,估算得到的中子星质量为 $0.7M_\odot$ (与后来的观测值相比显然太小,所以对中子星质量等性质进行研究时要考虑核子间的相互作用),半径约为 10 km。后来 30 年时间里,由于观测条件的限制,中子星一直被天文界所忽视。其实理由十分简单,当时天文学家认为通过光学望远镜很难发现一个只有 10 km 半径的天体,即使放在最近的恒星那里(10 光年),就是用当时最大的望远镜也无法识别它。但是约 30 年后的一次偶然发现,却让中子星重新引起了世人的关注。

1967 年,英国剑桥大学学生贝尔(Bell)在天文学家休伊斯(Hewish)的指导下,利用射电望远镜发现了第一颗脉冲星,并且很快被古德(Gold)证实脉冲星就是高速旋转的中子星。脉冲星的发现在当时确实震动了天文界和物理界,被誉为 20 世纪 60 年代天文学的四大发现之一。中子星存在的观测事实掀起了天文学者对中子星的研究热潮,许多天文台(站)加入这方面的观测。1968 年,几乎同时发现了蟹状星云和 Vela 中的脉冲星。它们都是超新星遗迹,从而为超新星爆发生成中子星提供了证据。在观测上,有多种不同的方法证实了中子星的存在,如射电脉冲星、X 射线脉冲星、反常 X 射线脉冲星、X 射线爆发源等。中子星是从射电到 γ 射线的多波段电磁辐射源,是高能粒子的有效加速器。豪斯—泰勒(Hulse-Taylor)双星系统轨道参数的变化表明双星系统辐射引力波。目前,中子星合并被认为是直接探测引力波的最佳候选环境之一。

4.1.1 中子星的基本特征

4.1.1.1 体积小、密度大

中子星是宇宙中已知的最迷人的星体之一,它们的质量上限约为 $3M_\odot$,半径非常小,约 10 km,因而它们拥有巨大的引力能 $\frac{GM^2}{R}\backsim 1\times 10^{53}$ erg 和表面引力 $\frac{GM}{R^2}\backsim 1\times 10^{14}$ cm • s^{-2}。

中子星是致密星体,平均密度 $\left[\bar\rho\approx\frac{3M}{4\pi R^3}\approx 7\times 10^{14}\text{ g} \cdot \text{cm}^{-3}\right]$ 是标准核密度的几倍。这么高的密度在当前的地球实验室中是无法复制的。

4.1.1.2 自转快

脉冲星生成时的自转周期大约为 10 ms,然后通过磁偶极辐射损失自转能量,减慢到 1 s 左右,可测量基本参数周期 p 和周期的变化率 $\dot p=\left(\frac{\mathrm{d}p}{\mathrm{d}t}\right)$,可推出脉冲星的特征年龄 $\frac{p}{2\dot p}$、特征磁场强度 $B^2=\frac{3Ic^3}{8\pi^2 R^6}p\dot p$ 和自旋能量 $\frac{\mathrm{d}E}{\mathrm{d}t}=\frac{4\pi^2 I \dot p}{p^3}$。注意,特征年龄或磁场强度并不一定是真实的年龄和磁场强度。图 4-1 展示了一些中子星的自转周期和周期变化率。可以看出,中子星的周期主要分布在 2 ms~10 s,大部分中子星的自转周期约为 1 s,磁星的周期比大一个量级。

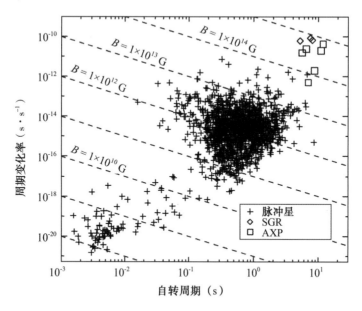

图 4-1 一些中子星的自转周期和周期变化率(Woods et al.,2006)
"＋"表示射电脉冲星,"□"表示反常 X 射线脉冲星,"◇"表示软 γ 重复暴

4.1.1.3 磁场强

中子星(含磁星)壳层中的磁场强度为 $1\times 10^9 \sim 1\times 10^{15}$ G,内部可能存在超过 1×10^{18} G 的强磁场强度,这已被大量天文观测和理论所证实。表 4-1 给出了由观测得到的磁星的表面磁场强度。中子星的磁场是建立中子星各种辐射模型的基础,也是研究中子

星内部结构的探针。现在普遍认为,孤立中子星以磁偶极辐射的形式发出,但是不同于真空中的磁偶极子模型。中子星磁场强度的数值可由 $B=3.2\times10^{19}(p\dot{p})^{1/2}$ G 估算,其中 $p,\dot{p}$ 分别为中子星的自转周期和周期变化率,单位分别为 s 和 s/s。一般中子星的磁场强度为 $(1\sim10)\times10^{11}$ G,毫秒脉冲星的磁场强度约为 1×10^8 G,如此高的磁场强度在宇宙中是十分罕见的。有关中子星磁场的起源和演化问题还有很多不确定性因素,因而有很多值得研究的问题,如化石场(Fossil Field)模型、发电机(Dynamo)模型、热磁效应(Thermo Magnetic Effect)、壳层底部磁场扩散(Submerged Field)模型。各种不同的磁场起源模型与两种不同的初始磁场的位形[即磁场被束缚在核内(如前两种模型)和磁场被束缚在壳层中(如后两种模型)]相关。由于核内和壳层中的电导率相差很大,这两种不同位形的磁场会有不同的演化。对于中子星磁场的演化,目前也没有一致的看法。总体来说,中子星磁场的演化有磁场保持不变、磁场衰减、磁场先增加后衰减三种说法。对于磁场衰减又有很多不同的模型,可以分为壳层中的欧姆耗散和核内磁场向外扩散两类。中子星的磁场演化与中子星的表征量如年龄、制动指数等有很密切的关系。中子星表面磁场为磁偶极场也是一个假定,米特拉(Mitra)等人曾考虑其表面为多极场,发现除多极指数非常大的情况外,其演化行为与磁偶极场相同。

表 4-1 中子星表面的磁场强度

来源	周期 (s)	周期变化率 ($\times10^{-11}$ s·s^{-1})	磁场[a] ($\times10^{14}$ G)	降速期[b] ($\times10^3$ a)	脉冲流[c] (% rms)
SGR 0526-66	8.0	6.6	7.4	1.9	4.8
SGR 1627-41	6.4?	—	—	—	<10
SGR 1806-20	7.5	8.3~47	7.8	1.4	7.7
SGR 1900+14	5.2	6.1~20	5.7	1.3	10.9
CXOU 010043.1-721134	8.0	—	—	—	10
4U 0142+61	8.7	0.20	1.3	70	3.9
1E 1048.1-5937	6.4	1.3~10	3.9	4.3	62.4
1RXS J170849-400910	11.0	1.9	4.7	9.0	20.5
XTE J1810-197	5.5	1.5	2.9	5.7	42.8
1E 1841-045	11.8	4.2	7.1	4.5	13
AX J1844-0258	7.0	—	—	—	48
1E 2259+586	7.0	0.048	0.60	220	23.4

注:"a"为 $B_d=3.2\times10^{19}\sqrt{p\dot{p}}$ G(平均表面偶极磁场)。

"b"为磁制动脉冲星自旋下降的特征年龄($p/2\dot{p}$)。

"c"为 $f_{rms}=\sqrt{\dfrac{1}{N}\sum\limits_{i=1}^{N}(r_i-r_{avg})^2-e_i^2 r_{avg}^{-1}}$。

4.1.1.4 温度"低"

初生中子星的温度极高,可以达到$1×10^{12}$ K以上,但是它会迅速地冷却。一天以后,温度就降到约$1×10^9$ K,此后温度的下降速度变慢,但是会持续冷却。1000 年以后,温度仍然是$(1\sim10)×10^6$ K(具体数值依赖于冷却模型)。由此可见,中子星的绝对温度是非常高的,但我们通常都把中子星做零温近似处理,因为中子星的密度非常高,导致内部粒子的费米能极高。由费米—狄拉克(Fermi-Dirac)分布函数 e 指数项可知,当能量稍大于费米能(强简并下的化学势)时,指数就非常得大,比如温度是$1×10^7$ K,热运动能量 $k_\mathrm{B}T$ 约为1 keV,而费米能通常是几十个 MeV,所以,一旦粒子的能量比费米能大,指数$\dfrac{\varepsilon-E_\mathrm{F}}{k_\mathrm{B}T}$就非常大,出现的概率几乎为零。这个性质非常的重要,"零温"导致中子星的内部物质是超流、超导的,进而影响了它的很多性质,比如 Glitch。对中子星核区物质做零温近似处理,是完全合理的。

4.1.2 中子星的结构

中子星是恒星演化晚期超新星爆炸后,由致密的、嵌满中子的残核所形成的天体。中子星可看成一个特大号的原子核,不同的是中子星由引力来束缚而原子核则依靠核力来束缚。目前,人们仍不清楚中子星的内部结构,公认的模型认为中子星可分为一个薄的等离子体包层和四个内部区域:外壳、内壳、外核和内核(见图 4-2)。

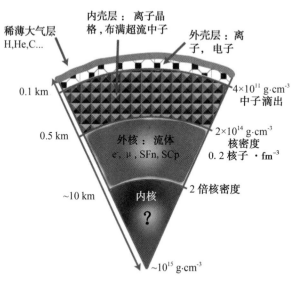

图 4-2 中子星结构示意图

中子星包层的等离子体决定了它的电磁辐射谱。原则上讲,电磁辐射谱包含星体的温度、引力加速度、表面的化学组份以及磁场强度等有价值的信息,借助它能够了解星体的内部结构。中子星由热变冷时,包层的几何厚度从几十厘米降到几毫米。已有许多学者对中子星的包层进行过理论研究,遗憾的是由于物态方程和大气等离子体的光谱透明度等困难,还没有得到完善的包层结构模型,尤其是有效表面温度小于$1×10^6$ K 和表面

磁场强度在 $1\times10^{11}\sim1\times10^{14}$ G 范围的星体。

中子星的外壳是从包层的底部到密度约为 4×10^{11} g·cm^{-3}（称为"中子滴出密度 ρ_d"）的区域，其厚度约 100 m。外壳表层中的电子是非简并气体，更深层的是简并气体。当密度 $\rho\leqslant1\times10^{4}$ g·cm^{-3} 时，电子等离子体是非理想、不完全电离态。当密度增大时，电子气体几乎变为强简并理想气体，外壳中的原子几乎被完全电离。外壳基本上由原子核和强简并电子组成，密度小于中子滴出密度。由于电子费米（Fermi）能随密度增加而增大，外壳中的原子核将俘获电子变为富中子核。简并电子态由费米（Fermi）动量 p_{Fe} 或者以 $m_e c$ 为单位的动量参数 x_r 描述为：

$$p_{Fe} = \hbar\,(3\pi^2 n_e)^{1/3}, x_r = \frac{p_{Fe}}{m_e c} \approx 100.9\,(\rho_{12}Y_e)^{1/3} \qquad (4.1.1)$$

其中，电子丰度 $Y_e = \dfrac{n_e}{n_b}$，n_e 是电子数密度，n_b 是重子数密度，ρ_{12} 表示以 1×10^{12} g·cm^{-3} 为单位的密度，电子简并温度为：

$$T_F = (\sqrt{1+x_r^2}-1)T_0, T_0 \equiv \frac{m_e c^2}{k_B} \approx 5.93\times10^9 \qquad (4.1.2)$$

其中，k_B 为 Boltzmann 常数，强简并电子气体的化学势 $\mu_e = m_e\,(1+x_r^2)^{1/2}$。当 $x_r\gg1$，即密度 $\rho\gg1\times10^{6}$ g·cm^{-3} 时，电子具有相对论效应。在单一成分的等离子体中，离子（原子核）的状态由离子耦合参数决定。离子耦合参数 Γ 为：

$$\Gamma = \frac{Z^2 e^2}{a k_B T} \approx 0.225 x_r \frac{Z^{5/3}}{T_8} \qquad (4.1.3)$$

其中，Ze 是离子的核电荷，$a = \left(\dfrac{3}{4\pi n_i}\right)^{1/3}$ 是离子球（Wigner-Seitz 球）半径，n_i 是离子数密度，T_8 表示温度以 1×10^8 K 为单位。对应于相关中微子发生反应的温度和密度，离子组成或者耦合的 Coulomb 流体（$1<\Gamma<\Gamma_m$）或者 Coulomb 晶格（$\Gamma>\Gamma_m$）。Γ_m 为经典的单一组份的 Coulomb 流体凝固为体心立方（bcc）晶格时的临界值，$\Gamma_m\approx172$。相应的融化温度为：

$$T_m = \frac{Z^2 e^2}{a k_B \Gamma_m} \approx 1.32\times10^7 Z^{5/3}\,(\rho_{12}Y_e)^{1/3} \qquad (4.1.4)$$

对于强耦合的等离子体系统，等离子体的温度是一个重要参数，其定义为：

$$T_p = \frac{\hbar\omega_p}{k_B} \approx 7.83\times10^9 \left(\frac{ZY_e\rho_{12}}{A_i}\right)^{1/2} \qquad (4.1.5)$$

其中，ω_p 为等离子体频率（描述等离子体中电荷在静电作用下的典型振荡频率或时标），$\omega_p = \left(\dfrac{4\pi Z^2 e^2 n_i}{m_i}\right)^{1/2} \approx 5.6\times10^4 n_i^{1/2}\,\text{s}^{-1}$，$m_i\approx A_i m_u$，是离子质量，$m_u = 1.66055\times10^{-24}$ g，是原子单位质量。等离子体温度描述离子的热振动。当 $T\geqslant\dfrac{T_p}{8}$ 时，离子热振动可以看作经典的，而当 $T\ll T_p$ 时，离子热振动在本质上是量子化的。

中子星内壳密度从中子滴出密度到 0.5 倍的标准核密度（$\rho_0 = 2.8\times10^{14}$ g·cm^{-3}），厚度约为几百米，由富中子的原子核、电子和自由中子组成。自由中子的丰度随密度增加而增大，在密度为 $(1\sim1.5)\times10^{14}$ g·cm^{-3} 的壳层底部，原子核不再是球对称的，而变成簇状原子核团,在壳和核的交界处原子核完全消失。内壳中的自由中子可能处于超流态,内壳的超流现象被认为是由单态中子—中子形成的库珀(Cooper)对导致的,并只有当温度低于中子超流临界温度 T_{cn} 时才会发生。关于超流临界温度,已被许多学者研究过,其结果敏感地依赖于中子—中子相互作用模型和采用的多体理论。最普遍的特征是在密度大于中子滴出密度(4×10^{11} g·cm^{-3})时,临界温度将随着密度的增加而增大。但当密度达到标准核密度时,超流临界温度为零,具体依赖与模型(见图4-9)。最初,随密度增加的变化情况和中子—中子有效相互作用强度有关。当中子—中子对中的引力变为斥力时,临界温度开始降低。研究临界温度时,考虑极化效应的模型所得到的临界温度值要比没有考虑极化效应的低几倍。临界温度敏感地依赖于决定中子费米(Fermi)面附近中子态密度的中子有效质量:有效质量越低,临界温度越小。注意,原子核内被束缚的核子也存在超流态。

中子星外核的密度处于 $0.5\sim2$ 倍标准核密度之间,厚度约几千米,主要由中子、质子、电子以及部分介子组成,且所有的这些粒子都是强简并的。当密度低于介子阈能时,外核物质组成被认为是标准核物质组成,即质子—中子—电子系统(npe系统)。在npe物质中,各种粒子的比例要满足电中性和 β 平衡。β 平衡反应为:

$$n\rightarrow p+e+\bar{\nu}_e, p+e\rightarrow n+\nu_e \tag{4.1.6}$$

其中,ν_e,$\bar{\nu}_e$ 分别为电子中微子和电子反中微子。电中性要求电子和质子的数密度要相等,$n_e=n_p$;β 平衡要求粒子的化学势要满足 $\mu_n=\mu_p+\mu_e$,μ_n,μ_p,μ_e 分别为中子、质子、电子的化学势。由于中微子化学势在这里可以忽略,当外核中有介子存在时,电中性条件变为 $n_e+n_\mu=n_p$,n_μ 为介子的数密度,β 平衡条件不变。几乎所有的微观理论都预言中子星核区存在质子、中子超流现象。当温度低于超流临界温度时,质子、中子库珀(Cooper)对会导致超流,质子超流伴随有超导现象,并且会影响星体内部的磁场演化。由于外核内质子丰度太低,只能形成单态质子—质子库珀(Cooper)对,尽管单态中子—中子库珀(Cooper)对在中子星内被排斥,但三重态中子—中子相互作用也可以导致中子—中子库珀(Cooper)对出现。前面提到的中子超流有临界温度,其最大值的范围为 $1\times10^8\sim1\times10^{10}$ K,质子超流临界温度 T_{cp} 的最大值也在相同范围内。

中子星内核密度高达 $10\sim20$ 倍标准核密度,其组成成分很不确定,或许与外核的组份相同,也可能完全不同,特别是在内核中除了核子外还可能有超子出现。另一种可能就是由奇异物质(π凝聚、K凝聚、奇异夸克物质,或者它们的混合相)组成的,核子、超子和夸克很可能是处于超流态的。中子星的内核半径约为 1 km,包含了 99% 的星体质量。

4.1.3 中子星的观测

自从脉冲星被发现后,全世界的诸多天文台(站)就开始对这类星体进行空间探索。这么多年来,各类空间望远镜和大型地面望远镜进行了光学、红外、紫外、X射线多波段观测,在中子星观测方面取得了重要研究成果。1967年脉冲星的发现荣获了1974年的诺贝尔物理学奖;1974年中子星双星的发现及引力辐射荣获了1993年的诺贝尔物理学奖;1979年,首次记录软 γ 重复暴(Soft Gamma-ray Repeater,SGRs),波动周期为8 s;1982年,发现毫秒脉冲星;1992年,发现脉冲星行星系统;1995年,发现反常X射线脉冲

(Anomalous X-ray Pulsar, AXPs);1998 年,发现中子星 X 射线双星 SAXJ1808.4-3658,其轨道周期请问 2 h,自转周期为 2.5 ms;2002 年,加夫里尔(Gavriil)等人首先在 AXP1E1048.4-5937 中发现了类似 SGRs 的爆发现象,确认了对强磁中子星的认证;2006 年,王仲翔等发现了超新星爆炸后孤立 X 射线脉冲星周围形成回落盘。

SGRs 和 AXPs 的总特性是它们都有 X 射线发射,周期 P 为 5~12 s,光度为 1×10^{34} ~1×10^{36} erg·s^{-1},而 $\dfrac{\mathrm{d}E}{\mathrm{d}t}$ 仅为 1×10^{33} erg·s^{-1},推出的年龄为几千年到几十万年,并且部分源和超新星遗迹相关,支持从 p 和 $\dot{p}$ 所估算的年龄。已发现的 9 颗 SGRs 和 10 颗 AXPs 的自转周期为 2~11.8 s,表面磁场强度为 0.5×10^{14}~2.1×10^{15} G。关于磁星的能量来源,邓肯(Duncan)和 汤普森(Thompson)认为:超强磁场的相联或不稳定性产生了很强的能量释放,导致 SGR 暴;超强磁场的衰减提供 X 射线能量,从而有反常 X 射线脉冲星;超强磁场使磁星自转减慢较快,在较短时间内演化成为自转周期较长的脉冲星。

当前,对强磁星的多波段观测是一个热点。天文学家从观测上对强磁星进行光学和红外波段的认证。2002 年,克恩(Kern)和马丁(Martin)发现中子星的光学辐射具有脉冲性,脉冲率为 27%。由于消光效应,只有 2 颗 AXPs 的光学对应体被观测到,在近红外有 6 颗的被观测到,这些对应体会跟随 X 射线暴而变得明亮。光学或红外辐射和 X 射线相关,但具体起源还未知。2000 年后,对磁星的 X 射线进行观测研究,主要观测仪器为 RXTE(Rossi X-ray Timing Explorer)。仪器的优点是大视场,高时间分辨率,工作能量范围为 2~60 keV,缺点是灵敏度低,只能观测到 1×10^{11} erg·s^{-1}·cm^{-2} 的亮源。

随着天文观测仪器和设备的不断更新,HST(Hubble Space Telescope)、RXTE (Rossi X-ray Timing Explorer)、CXS(Chandra X-ray satellite)和 XMM(X-ray Multi Mirror Mission)等现代化天文观测设备使我们打开了崭新的视野,为天体物理学家研究银河系和河外星系天体提供了可靠的依据。借助于射电望远镜和光学设备,再加上观测技术上的革新,天文工作者已经取得了一些超乎预料的研究成果。引力波探测计划 LIGO、LISA、VIRGO 以及 Geo-600 将为我们打开一扇探测来自中子星和黑洞引力波的新窗口。天文观测未来充满光明,经过天文工作者的不懈努力,相信会连续不断地带来令人震撼的研究成果。

4.2　中子星核区的 MURCA 过程

根据现有理论,中子星形成初期的内部温度非常高($T>1\times10^{11}$ K),最主要的冷却是通过热中微子能量损失实现的。中子星诞生后约一天,内部温度迅速降到 $(1~10)\times10^{9}$ K,此时的中微子光度仍然远大于光子光度。只有在内部温度降到约 1×10^{8} K,表面温度约 1×10^{6} K 时,光子的光度才会大于中微子的光度。因此,至少在中子星最初形成的 1 000 年里[汉塞尔(Haensel)认为在最初 $(1~10)\times10^{5}$ 年里],中微子发射对中子星的冷却有决定性的影响。中子星的热演化过程敏感地依赖于诸多物理因素,如核物态方程、磁场强度、可能存在的内部超流、π 凝聚、夸克物质等。在其演化阶段比较长的时期里,主要的中微子损失来自 URCA 过程,包括 MURCA 过程和 DURCA 过程。ROSAT 等天文望远镜的观测表明,中子星表面的热辐射温度介于 DURCA 过程和 MURCA 过程冷却理论预言的温度。

前人关于致密物质的中微子能量损失的研究表明,URCA 反应中产生的中微子能量损失对年轻中子星的热演化有决定性的作用。同时,URCA 过程也影响中子星核区的整体黏滞性和年轻中子星的动力学。URCA 反应率的发生依赖于中子星核心的组成。DURCA 过程发生的必要条件是质子占核子的总量大于 11%,DURCA 过程的中微子发射率要比 MURCA 过程的高 $(1\sim10)\times10^4$ 倍,所以当 DURCA 过程存在时,MURCA 的产能率是可以忽略的。然而在大质量中子星的外核心区和质量小于 $1.3M_\odot\sim1.4M_\odot$ 的中子星核心区,DURCA 反应是禁戒的。此时,MURCA 过程产生的能量损失对中子星的演化起着重要作用。在本节中,我们研究强磁场和超流对中子星核区 MURCA 过程的影响,详细计算并比较 MURCA 过程中子分支和质子分支中微子产能率受强磁场影响的程度。另外,超流和强磁场可能在核区同时存在,通常人们都是分别研究它们对物理过程的影响,我们采用改进的物理参数来考虑超流和强磁场共同作用下的中微子发射率,相信这些对进一步研究中子星的冷却是有意义的。

4.2.1 DURCA 过程和 MURCA 过程

URCA 过程是伽莫夫(Gamow)和施恩伯格(Schönberg)在 1941 年引入的,以试图解释超新星的爆发机制,后来人们发现,在大多数情形下它不是恒星内部中微子能量损失的几种最主要过程之一。很多人被 URCA 这个神秘而幽默的名字所迷惑,其实这是伽莫夫(Gamow)的一个玩笑,一方面,纪念伽莫夫(Gamow)和施恩伯格(Schönberg)初次见面;另一方面,URCA 过程是主要发生在铁族元素中的一系列核反应,反应过程中伴随着中微子的很高的生成率,而由于中微子很快地携走能量,就像巴西里约热内卢曾经的 URCA 赌场很快地携走钱财一样,所以称为"URCA 过程"。

一个原子核 (Z,A) 通过下列 β 衰变反应产生中微子 ν_e。

$$(Z,A)\rightarrow(Z+1,A)+e^-+\bar{\nu}_e \qquad (4.2.1)$$

或者由下列电子俘获反应产生中微子 ν_e。

$$(Z+1,A)+e^-\rightarrow(Z,A)+\nu_e \qquad (4.2.2)$$

在正常的 URCA 过程中,一个原子核俘获电子 e^- 以及 β^- 衰变这两个过程交替发生。在这种过程中,该原子核将按下列反应发射一个中微子 ν_e 及一个反中微子 $\bar{\nu}_e$。

$$e^-+(Z,A)\rightarrow e^-+(Z,A)+\nu_e+\bar{\nu}_e \qquad (4.2.3)$$

在电子简并的物质中,只有当 β^- 衰变的出射电子能量超过电子的费米(Fermi)能量时,这种 URCA 过程才可能有效地进行。同质异位素 (Z,A) 和 $(Z+1,A)$ 被称为"URCA 对"(URCA-pair),一般只有稳定的奇 A 核才会发生 URCA 过程。对于完全稳定的偶 A 原子核,除了少数轻核 $(^2H,^6Li,^{10}B,^{14}N)$ 外,都是偶—偶核。当星体核心(中子星以及白矮星)的电子处于简并状态,并且电子的费米(Fermi)能超过该种原子核的电子俘获能阈值时,它们就会发生电子俘获而转化为新的奇—奇核(但 A 不变),这些新的奇—奇核一律是 β^- 放射性的。但是从原子核的质量剩余数值表可以发现,这些不稳定的奇—奇核的电子俘获能阈值一般都低于原来的偶—偶核,因而物质中处于费米(Fermi)表面的电子必然很容易地打入这些原子核中,使它们的电子俘获概率远高于 β^- 衰变的概率。因此,偶—偶核是不会参与上述 URCA 过程的。某些奇—奇核具有相当长的寿命(如半衰期大于一年),在恒星内部它们进行电子俘获后都转化为稳定的偶—偶核,它们不会发生 β^- 衰变,这些奇—奇核也不会参与 URCA 过程。当电子处于简并状态的物质中时,偶 A 核不参与 URCA 过程,只有稳定的奇 A 核才可能参与 URCA 过程。

当星体内部有大量的自由质子和自由中子时,相应的 URCA 反应过程为:

$$p + e^- \rightarrow n + \nu_e \tag{4.2.4}$$

$$n \rightarrow p + e^- + \bar{\nu}_e \tag{4.2.5}$$

在中子星内部,自由中子、自由质子分别处于非相对论强简并状态,自由电子处于相对论完全简并状态,物质处于 β 平衡状态,即自由中子的 β^- 衰变和质子的电子俘获之间达到了平衡。由反应平衡的化学势条件(注意,中微子的化学势 $\mu_\nu = 0$) $\mu_n = \mu_p + \mu_e$,考虑电中性条件 $n_e = n_p$,可以发现,只有处于费米(Fermi)表面附近的中子才可能发生 β^- 衰变,但它这时不可能同时满足能量守恒和动量守恒定律,因此,中子星核区通常的 β^- 衰变和 URCA 过程是禁戒的。

1964 年,邱宏义和萨尔皮特(Salpeter)提出,如果有第三个粒子参与碰撞相互作用,吸收衰变中子的多余动量,这种衰变仍是有效的,即:

$$\begin{cases} n + n \rightarrow n + p + e^- + \bar{\nu}_e \\ n + p + e^- \rightarrow n + n + \nu_e \end{cases} \tag{4.2.6}$$

以及,

$$\begin{cases} n + n \rightarrow n + p + \mu^- + \bar{\nu}_\mu & \text{当 } \mu_e > m_\mu c^2 \\ n + p + \mu^- \rightarrow n + n + \nu_\mu & \text{或 } \rho \geqslant 8 \times 10^{14} \, \text{g} \cdot \text{cm}^{-3} \end{cases} \tag{4.2.7}$$

这些过程称为"修正的 URCA 过程"(MURCA 过程)。

若中子物质中还存在准自由 π 介子,就会出现附加的 URCA 反应:

$$\begin{cases} \pi^{-1} + n \rightarrow n + e^- + \bar{\nu}_e \\ n + e^- \rightarrow n + \pi^- + \nu_e \end{cases}, \quad \begin{cases} \pi^{-1} + n \rightarrow n + \mu^- + \bar{\nu}_\mu \\ n + \mu^- \rightarrow n + \pi^- + \nu_\mu \end{cases} \tag{4.2.8}$$

注意,$m_\tau c^2 = 1\,184$ MeV $\gg \mu_e \circ E_F^{(e)}$ 的反应,所以中子星内部不涉及 ν_τ 的反应。

如果中子星内存在 π 凝聚,这些准粒子就可以发生类似的 β^- 衰变和 URCA 过程。

$$\begin{cases} N \rightarrow N' + e^- + \bar{\nu}_e \\ N' + e^- \rightarrow N + \nu_e \end{cases} \tag{4.2.9}$$

其中,N, N' 为在 π 介子海中的 (n, p) 的某种混合组态所形成的准粒子。

对于质子、中子和电子构成的系统(n-p-e 平衡系统),MURCA 过程有质子和中子两个分支。

$$\begin{cases} n + N \rightarrow p + e + N + \bar{\nu}_e \\ p + e + N \rightarrow n + N + \nu_e \end{cases} \tag{4.2.10}$$

在这里,N 代表质子或中子,是为保证动量守恒而引入的,不参与反应。当 N 是质子时,式(4.2.10)描述的是 MURCA 过程的质子分支;当 N 是中子时,就是 MURCA 过程的中子分支。

1972 年，帕琴斯基（Paczynski）曾提出在恒星内部可能出现对流的 URCA 过程。星体核心区的物质处于电子高度简并状态，而核心区外面的物质处于弱简并或非简并状态，核心区的内外物质处于一种对流状态。当物质从外围区域流向核心区域后，核心区的主要原子核成分将发生电子俘获反应，产生新的 β^- 不稳定的原子核，在后来流向核心外围区域时，它将比较容易地发生 β^- 衰变。引入这种"对流的 URCA 过程"的目的是试图通过中微子对的产生而带走核心区累积的过多的能量，避免星体核心整体向外爆发（在太空中抛射过多的 ^{56}Fe）。

所有这些 URCA 过程在中子星内部的冷却过程中都起着重要作用。人们感兴趣的是其中微子发射引起的能量损耗率，中微子能量损失决定年轻中子星的热演化，ROSAT 等天文望远镜对中子星表面热辐射的观测更激发了人们对中子星冷却理论的研究。在此，先介绍强磁场对中子星核心区的 MURCA 过程中子分支导致的中微子能量损失的影响。

4.2.2　强磁场对 MURCA 过程中子分支的影响

中子星核内的物质组成很复杂，目前还不能完全确定。根据 BPS 模型，假设它是磁化的 n-p-e 平衡系统。1997 年，查克拉巴蒂（Chakrabarty）等人发现当磁场强度达到 1×10^{20} G 时，处于 β 平衡的核物质将转变成稳定的丰质子物质，会进行 DURCA 过程。由于在此考虑的磁场强度低于 1×10^{20} G，故 DURCA 的影响可以忽略，只有 MURCA 过程进行。

中子星核心区域的磁场强度远大于临界磁场强度 B_c [由等式 $\hbar \dfrac{eB}{m_e c} = m_e c^2$ 可得到 $B_c = \dfrac{m_e^2 c^3}{\hbar e} = 4.414 \times 10^{13}$ G]。如此强的磁场使得电子仅仅占据比较低的朗道（Laudau）能级，超强磁场对 MURCA 过程的中微子产能率有非常明显的影响。而中微子逃逸是中子星损失能量的主要途径，因此在研究中子星的冷却时，应该考虑强磁场对 MURCA 过程中微子产能率的影响。

通过求解相对论的电子狄拉克（Dirac）方程可得电子的能谱为：

$$E_n = \left[c^2 p_z^2 + m_e^2 c^4 (1 + 2nB^*) \right]^{1/2} \tag{4.2.11}$$

其中，$B^* = \dfrac{B}{B_c}$，朗道（Laudau）能级 $n_L = 0, 1, 2\cdots$，电子自旋 $\sigma = \pm \dfrac{1}{2}$，故式（4.2.11）中的量子数为：

$$n = n_L + \frac{1}{2} + \sigma \tag{4.2.12}$$

由于磁场的存在，无磁场时电子气体的数密度为：

$$\sum_e \rightarrow \frac{2}{\hbar^3} \int d^3 p = \frac{1}{\pi^2 \lambda_e^3} \int \left(\frac{p}{m_e c} \right)^2 d\left(\frac{p}{m_e c} \right) \tag{4.2.13}$$

将被替换为：

$$\sum_e \rightarrow \sum_n \frac{eB}{\hbar^2 c} g_n \int dp_z = \frac{B/B_c}{(2\pi)^2 \lambda_e^3} \sum_n g_n \int d\left(\frac{p_z}{m_e c} \right) \tag{4.2.14}$$

其中，$\lambda_e = \dfrac{\hbar}{m_e c}$ 是电子的 Compton 波长，g_n 是简并参数。由相关研究可知，无磁场时

MURCA 过程中子分支的中微子能量产生率为：

$$Q = \frac{1}{2 (2\pi)^{14}} T^8 A I S \sum_{\text{spins}} |M|^2 \tag{4.2.15}$$

其中，

$$A = 4\pi \left[\prod_{j=1}^{5} \int d\Omega_j \right] \delta \left(\sum_{j=1}^{5} p_j \right) \tag{4.2.16}$$

$$I = \int_0^\infty dx_\nu x_\nu^3 \left[\prod_{j=1}^{5} \int_{-\infty}^{+\infty} dx_j f_j \right] \delta \left(\sum_{j=1}^{5} x_j - x_\nu \right) \tag{4.2.17}$$

$$S = \prod_{j=1}^{5} p_{F_j} m_j^* \tag{4.2.18}$$

A 为角积分，I 为相空间分布函数，S 为态密度。式(4.2.16)至式(4.2.18)中的 p_j ($j = 1 \sim 4$) 是核子的动量，p_5 是电子的动量，p_{F_j} 是相应粒子的费米(Fermi)动量，$|M|^2$ 是 URCA 反应跃迁矩阵元的平方，$s = 2$ 是对称因子，T 是 n-p-e 平衡系统的温度，$x_\nu = \dfrac{p_\nu}{T}$ 是中微子的无量纲动量，$x_j = \dfrac{\nu_{F_j} (p - p_{F_j})}{T}$ 是其他粒子的无量纲动量，ν_{F_j} 是费米(Fermi)速度，m_j^* 是有效质量，$f_j = [\exp(x_j) + 1]^{-1}$ 是费米—狄拉克(Fermi-Dirac)函数。根据相关研究，当 $p_{F_n} > p_{F_e} + p_{F_p}$ 时，A，I 的积分结果满足以下关系式：

$$A_{n0} = \frac{2\pi (4\pi)^4}{p_{F_n}^3} , \quad I_{n0} = \frac{11\,513}{120\,960} \pi^8 \tag{4.2.19}$$

下脚标 $n0$ 表示 A 和 I 在中子分支的 MURCA 过程中的数值。当 $p_{F_n} \leqslant p_{F_e} + p_{F_p}$ 时，有：

$$A_{n0} = \frac{2\pi (4\pi)^4}{4 p_{F_n}^2 p_{F_e}^2} (4 p_{F_e} - p_{F_n}) \tag{4.2.20}$$

此时的 DURCA 过程占据主导地位，故式(4.2.20)的这个修正是可以忽略的。

1979 年，弗里曼(Friman)和麦克斯韦(Maxwell)考虑到核子间的相互作用，得到的 MURCA 过程中子分支的产能率为：

$$Q_{n0} = \frac{11\,513}{30\,240} \frac{G^2 g_A^2 m_n^{*3} m_p^*}{2\pi} \left(\frac{f^\pi}{m_\pi} \right)^4 \frac{p_{F_e} (k_B T)^8}{\hbar^{10} c^8} \alpha_n \beta_n$$

$$\approx 8.55 \times 10^{21} \left(\frac{m_n^*}{m_n} \right)^3 \left(\frac{m_p^*}{m_p} \right) \left(\frac{n_e}{n_0} \right)^{1/3} T_9^8 \alpha_n \beta_n \tag{4.2.21}$$

其中，$G = 1.436 \times 10^{-49}$ erg·cm^3，是弱耦合常数，$g_A = 1.26$，是轴矢量归一化常数，$f^\pi \approx 1$，是 NN 相互作用 ——介子交换理论中的 P 波 πN 耦合常数，m_n^*，m_p^* 分别是质子和中子的有效质量，m_π 是介子的质量，T_9 是以 1×10^9 K 为单位的温度，n_e 是电子的数密度，$n_0 = 0.16$ fm^{-3} 是核物质中核子的标准数密度，$\alpha_n = 1.76 - 0.63 \left(\dfrac{n_0}{n_n} \right)^{2/3}$，$\beta_n = 0.68$。

袁业飞等人曾研究强磁场($B > 1 \times 10^{19}$ G)对中子星核心区域 MURCA 过程的影响，得出强磁场中 MURCA 过程的中子分支的产能率为：

$$Q_{n0}^B = Q_{n0} \frac{J_N}{A_{n0} I_{n0}} \tag{4.2.22}$$

其中，

$$J_N = 4\pi \sum_e f(x_e) \sum_p f(x_p) \int \prod_{j=1}^3 d\Omega_j \int_0^\infty dx_\nu \cdot x_\nu^3 \left[\prod_{j=1}^3 \int dx_j f(z_j) \right] \delta\left(x_\nu - \sum_{j=1}^5 z_j\right) \delta\left(\sum_{j=1}^5 p_j\right)$$

(4.2.23)

对 $x_j (j=1,2,3)$ 积分，得：

$$J_N = \frac{1}{2} B_e^* \left(\frac{m_e c}{p_{F_e}}\right)^2 \sum_n g_n \int_{-\infty}^{+\infty} d\left(\frac{p_z^e c}{k_B T}\right) f(x_e)$$

$$\frac{1}{2} B_p^* \left(\frac{m_p c}{p_{F_p}}\right)^2 \sum_m g_m \int_{-\infty}^{+\infty} d\left(\frac{p_z^p c}{k_B T}\right) f(x_p) \cdot H(x_e + x_p)$$

(4.3.24)

其中，B_e^* 和 B_p^* 分别为电子、质子的临界磁场强度，$H(x_e + x_p)$ 的表达式为：

$$H(x_e + x_p) = \frac{1}{2} \int_0^\infty dx_\nu \cdot x_\nu^3 \frac{\pi^2 + (x_\nu - x_e - x_p)^2}{\exp(x_\nu - x_e - x_p) + 1}$$

(4.2.25)

详细推证过程参见相关研究。数值模拟结果如图 4-3 和图 4-4 所示。

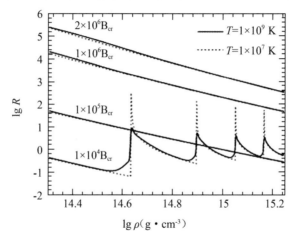

图 4-3　不同磁场强度下增长因子随密度的变化

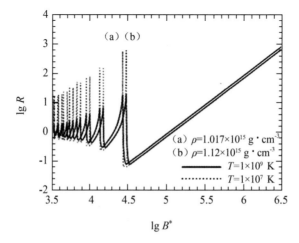

图 4-4　不同密度下增长因子随磁场强度的变化

可以看出,MURCA 过程的产能率与磁场强度和中子星核心区域的密度有关,这个结果对研究中子星的冷却和演化有重要意义。但是上述研究过程没有考虑 MURCA 过程的质子分支,正如相关研究所指,质子分支的中微子产生率是中子分支的 0.75 倍,故在研究中子星的冷却时,MURCA 过程的质子分支是不容忽视的。

4.2.3　强磁场对 MURCA 过程质子分支的影响

MURCA 过程的中子分支是最早被研究的,质子分支的存在是在 1972 年才由伊藤 (Itoh) 和津内托 (Tsuneto) 提出的。1987 年,麦克斯韦 (Maxwell) 研究中微子的能量损失率时,发现质子分支的能量损失率与中子分支相比是可以忽略的。后来,雅科夫列夫 (Yakovlev) 等人发现 MURCA 过程质子分支的能量损失同中子分子产生的能量损失同样重要。我们考虑质子分支来研究强磁场对 MURCA 过程的影响,所得结论对进一步研究中子星的冷却是有意义的。MURCA 过程质子分支与中子分支最主要的区别是产生条件不同。前面已提到,中子分支发生时核子的动量需满足的关系是 $p_{F_n} > p_{F_e} + p_{F_p}$,而 MURCA 过程质子分支需满足的关系是 $p_{F_n} < 3p_{F_p} + p_{F_e}$,即要求密度大于核密度时质子分支成立。质子分支的产能率的计算公式与中子分支的是类似的,跃迁矩阵元 $|M|^2$ 和相空间积分 I 是完全相同的,其区别是由态密度 S 和角积分 A 引起的。MURCA 过程质子分支 A 的表达式为:

$$A_{p0} = \frac{2\pi (4\pi)^4}{p_{F_p}^2 p_{F_n}} \left(1 - \frac{p_{F_e}}{4 p_{F_p}}\right)\theta \tag{4.2.26}$$

其中,当核子的动量关系允许质子分支进行时 $\theta = 1$,否则 $\theta = 0$。MURCA 过程质子分支的中微子产能率为:

$$Q_{p0} = \frac{11\,513}{30\,240} \frac{G^2 g_A^2 m_n m_p^{*3}}{2\pi} \left(\frac{f^\pi}{m_\pi}\right)^4 \frac{p_{F_e}}{\hbar^{10}c^8} (k_B T)^8 \alpha_p \beta_p \left(1 - \frac{p_{F_e}}{4 p_{F_p}}\right)\theta$$

$$\approx 8.55 \times 10^{21} \left(\frac{m_n^*}{m_n}\right) \left(\frac{m_p^*}{m_p}\right)^3 \left(\frac{n_e}{n_0}\right)^{1/3} T_9^8 \alpha_p \beta_p \left(1 - \frac{p_{F_e}}{4 p_{F_p}}\right)\theta \tag{4.2.27}$$

鉴于跃迁矩阵元来源的不确定性,令 $\alpha_p = \alpha_n, \beta_p = \beta_n$,式 (4.2.27) 可进一步表示为:

$$Q_{p0} = (5.6 \times 10^{20}) \left(\frac{\rho}{\rho_0}\right)^{2/3} T_9^8 \tag{4.2.28}$$

中子星内部的强磁场将改变电子的相空间分布,MURCA 过程中微子产能率的变化主要是由电子相空间分布的变化引起的。故在强磁场作用下,MURCA 过程质子分支中微子的产能率变为:

$$Q_{p0}^B = Q_{p0} \frac{J_p}{A_{P0} I_{P0}} \tag{4.2.29}$$

$$J_p = 4\pi \sum_e f(x_e) \int \prod_{j=1}^4 d\Omega_j \int_0^\infty dx_\nu \cdot x_\nu^3 \left[\prod_{j=1}^4 \int dx_j f(x_j)\right] \delta\left(x_\nu - \prod_{j=1}^5 x_j\right) \delta\left(\sum_{j=1}^5 p_j\right) \tag{4.2.30}$$

对除了电子以外的其余粒子相空间做积分,可得:

$$J_p = \frac{1}{2} B_e^* \left(\frac{m_e c}{p_{F_e}}\right)^2 \sum_n g_n \int_{-\infty}^{+\infty} d\left(\frac{p_z^e c}{k_B T}\right) f(x_e) H(x_e) \tag{4.2.31}$$

其中，

$$H(x_e) = \frac{1}{6}\int_0^\infty dx_\nu \cdot x_\nu^3 \frac{x_\nu - x_e}{\exp(x_\nu - x_e) + 1}\big[(x_\nu - x_e)^2 + 4\pi^2\big] \qquad (4.2.32)$$

以上推导过程中用到 Delta 函数的性质和留数定理，将式(4.2.31)代入式(4.2.29)即可得到强磁场下 MURCA 过程质子分支的中微子产能率的计算公式。

图 4-5 和图 4-6 中的实线为强磁场下 MURCA 过程的中微子产能率，虚线为无磁场时中微子的产能率。可以看出，无磁场时随密度的增大，MURCA 过程的产能率是缓慢单调增加的。在强磁场的作用下，产能率因磁场的不同有时增加、有时减少。如在图 4-5 中的条件下，当密度小于 4×10^{14} g·cm^{-3} 时，产能率是增加的，而随着密度的进一步增大，产能率明显降低，密度越大，产能率降低越多。在相同条件下，当磁场强度进一步增大($B=1\times10^6 B_c$)时，虽然随密度的增加强磁场下的产能率在降低，但要比无磁场时的产能率增加 2 个量级以上。这主要是由于 MURCA 过程本身就是电子俘获和 β 衰变交替进行的过程。有学者得出的结论是强磁场急剧地降低了电子俘获率，而强磁场下的 β 衰变可以增加几个量级。这两个过程的竞争导致中微子的产能率随磁场强度的变化非常复杂。

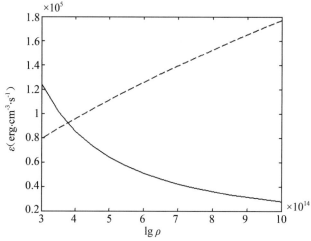

图 4-5　MURCA 过程中微子产能率随密度的变化($B=1\times10^5 B_c$，$T=1\times10^7$ K)

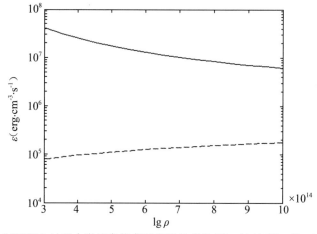

图 4-6　MURCA 过程中微子产能率随密度的变化($B=1\times10^6 B_c$，$T=1\times10^7$ K)

图 4-7 中的实线是磁场中 MURCA 质子分支的产能率,虚线是磁场中 MURCA 过程中子分支的产能率,点画线是无磁场时质子分支的产能率。可以看出,随着磁场强度的增加,MURCA 过程质子分支和中子分支产能率的变化都是呈锯齿形变化,原因和前述相同,即电子俘获和 β 衰变这两个过程的竞争导致中微子的产能率随磁场强度的变化时大时小,呈锯齿形变化,并且磁场越强,波动幅度越大。但是,质子分支受磁场强度的影响相对于中子分子来说要小一些,在某些条件下,如图中的 $\lg B^* = 4.8$,质子分支的产能率为 2.662×10^{21} erg·cm^{-3}·s^{-1},中子分支的产能率为 1.779×10^{22} erg·cm^{-3}·s^{-1},它们相差 6.68 倍。在质子分支的 MURCA 过程中,参与碰撞相互作用并吸收衰变中子的粒子为质子,与中子不同的是质子本身要受磁场的影响,而强磁场下质子更倾向于集中到朗道(Laudau)柱面上,因此,有磁场时降低了与质子碰撞的概率,即相对于中子分支的反应而言,整体的中微子产能率降低。另外,我们也注意到强磁场下质子分支的产能率受磁场的影响相对偏低,这可能也是其长期没引起重视的一个原因,但是在研究中子星的演化和冷却时,有必要考虑强磁场对 MURCA 过程质子分支的影响。

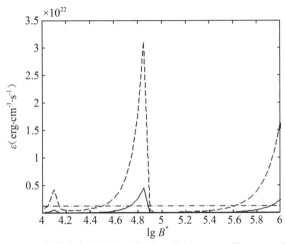

图 4-7　MURCA 过程的产能率随磁场的变化($\rho = 1 \times 10^{15}$ g·cm^{-3},$T = 10^9$ K)

4.2.4　中子星内部超流和强磁场对 MURCA 过程的影响

中子星外核区的密度为 0.5～2 倍标准核密度,粒子间相互作用在密度很高时主要表现为核力,在核力短、稳、强相互作用下,中子间产生很强的吸引力,这种吸引的能量约 1 MeV。金兹伯格(Ginzburg)首先预言中子星内的中子流体处于超流状态,但未深入讨论,也未讨论观测效应。1969 年,贝曼(Baym)等人为了解释船帆座(Vala)和蟹状星云脉冲星(Crab)的 Glitch 现象,提出了中子星内部超流涡旋状态,这才正式引起人们的重视。自由的两个中子不可能结合成稳定的束缚态,两个核子的系统只有氘核才存在很浅的束缚态,但在集体效应下,在动量空间中可能组成稳定的库珀(Cooper)对。自旋为 $\frac{1}{2}$ 的两个中子组成的库珀(Cooper)对有两种可能性:$^1S_0$ 态库珀(Cooper)对,总自旋为零,无磁矩,具有更稳定的结合能,约为 2 MeV,$^1S_0$ 态中子超流体为各向同性,类似于液态 ^{4}He;$^3P_2$ 态库珀(Cooper)对,总自旋为 1,磁矩为中子反常磁矩的两倍,结合能约为 0.05 MeV,只有在核密度下才会出现,$^3P_2$ 态中子超流体为各向异性,类似于液态 ^{3}He。在中子星外核区,$^1S_0$

态中子库珀(Cooper)对被排斥,只存在 $^3P_2$ 态中子库珀(Cooper)对导致的超流效应。

质子库珀(Cooper)对形成时,两质子之间在远距离上虽然是库仑排斥力,但是当它们之间的距离短到 1 fm(1×10^{-13} cm) 量级时,两个质子之间就会出现强大的核力吸引作用,其强度超过库仑排斥力。虽然单独的两质子系统是不稳定的,但在原子核密度下,质子的系统也会因近距核力吸引相互作用而形成质子 $^1S_0$ 态库珀(Cooper)对。当然,由于质子间的库仑排斥力的抵消,质子间的吸引力弱于中子间的吸引力。因而质子 $^1S_0$ 态库珀(Cooper)对的结合能远低于中子 $^1S_0$ 态库珀(Cooper)对的结合能,近年来的核物理理论计算结果也完全证明了这一定性分析结论。

4.2.5 超流和强磁场下 MURCA 过程反应率的计算

DURCA 过程和 MURCA 过程对于初生中子星的冷却和年轻中子星的热演化都有着重要影响,详细的影响敏感地依赖于物态方程和中子星的组成。由于内部的强磁场和带电粒子的相互作用,URCA 过程的反应截面会大大不同于没有磁场的情况(如上节的结果)。大量的理论研究表明,在中子星外核区有超流存在,超流对中子星的演化是至关重要的,超流下的 MURCA 过程中微子发射率比无超流时低 $30 \sim 100$ 倍。迄今为止,不同物理条件下的 MURCA 过程被许多学者研究过,如雅科夫列夫(Yakovlev)讨论了超流的影响,但忽略了磁场效应;袁业飞等人考虑了磁场效应,但没有讨论超流效应;波捷欣(Potekhin)等人仅考虑了中子星包层的磁场效应;卡米克尔(Kamiker)等人扩展了雅科夫列夫(Yakovlev)的工作,包括了中子星的吸积包层。在本节中,我们通过三方面的改进来研究 MURCA 过程:第一,同时考虑磁场和超流的影响。第二,考虑化学势随强磁场的变化。这个问题通常是被忽略的,因为在中子星核区,密度非常高,电子的费米(Fermi)能很大,强磁场对费米(Fermi)能的影响很小。我们发现在某些极端情形,当磁场强度高于临界磁场强度(4.414×10^{13} G)四个量级以上时,这个效应是很显著的。第三,超流临界温度对 MURCA 的影响非常明显,这里应用理论研究得到的最新超流临界温度。也许是当时条件所限,雅科夫列夫(Yakovlev)等人曾经把超流临界温度当成可调参数。由于中子星核区成分的不确定性,假设核区是 n-p-e 平衡系统。前面的研究表明,β衰变和电子俘获等的跃迁矩阵元在强磁场下可以被认为是一致的,超流也不会影响矩阵元,所以仅需考虑粒子相空间分布受磁场和超流影响的情况。接下来,以 MURCA 过程质子分支为例,研究强磁场和超流同时存在时对中微子发射率的影响。

超流造成粒子的能量空间产生一个能隙,在费米(Fermi)面附近 $|p - p_F| \ll p_F$,这个关系导致当 $p < p_F$ 时,$\varepsilon = \mu - \sqrt{\delta^2 + \eta^2}$,当 $p \geqslant p_F$ 时,$\varepsilon = \mu + \sqrt{\delta^2 + \eta^2}$,其中 ε 和 μ 分别为粒子的能量和化学势,δ 为能隙宽度(δ 为 0,超流不存在)。单态质子超流和三重态中子超流的能隙宽度分别为:

$$\delta_p = \sqrt{1 - \frac{T}{T_{cp}}} \left[1.456 - 0.157 \left(\frac{T}{T_{cp}} \right)^{-1/2} + 1.764 \left(\frac{T}{T_{cp}} \right)^{-1} \right] \cdot k_B T$$

$$\delta_n = \sqrt{1 - \frac{T}{T_{cn}}} \left[0.789\,3 + 1.188 \left(\frac{T}{T_{cn}} \right)^{-1} \right] \sqrt{1 + 3\cos^2\theta} \cdot k_B T$$

其中,T_{cp} 和 T_{cn} 分别表示质子、中子的超流临界温度。$\eta = \nu_F (p - p_F)$,$\delta^2 = \lambda^2 \Delta^2(T) Z(\theta)$,$\Delta(T)$ 是描述能隙随温度变化的幅度,$Z(\theta)$ 是角度 θ 的函数,而 θ 是粒子的动量与量

子化轴间的夹角，$\Delta(T)$可从 BCS 理论的标准方程中推出，$\Delta(0)$决定临界温度。对于单态质子超流，$\lambda_p=1$，$Z_p=1$；对于三重态中子超流，$\lambda_n=\dfrac{1}{2}$，$Z_p(\theta)=\dfrac{1+3\cos^2\theta}{8\pi}$。由于能隙的存在，超流效应减小反应粒子的动量空间，整体上会抑制 MURCA 过程的中微子生成率（见图 4-8）。我们采用雅科夫列夫（Yakevlev）等人的方法。由于外核内质子丰度太低，质子超流是由处于 $^1S_0$ 态（1 为轨道角动量在 z 轴方向的投影数，S 代表库珀（Cooper）对的轨道角动量为零，0 是库珀（Cooper）对的总角动量）的质子—质子库珀（Cooper）对引起的，而单态中子—中子库珀（Cooper）对在中子星内被排斥；中子超流是由处于 $^3P_2$ 态并且在量子化轴 z 方向上动量为零的中子—中子库珀（Cooper）对引起的。类似于前面的方法，这里也定义一因子来描述质子超流对 MURCA 反应的影响。由于超流抑制 MURCA 反应，故将这一因子称为"减小因子"。减小因子等于有无超流时中微子产能率的比值，根据式（4.2.15）至式（4.2.18），减小因子可表示为：

$$R_N = \frac{J_N}{I \cdot A} \tag{4.2.33}$$

当 N 为质子或中子时，分别代表质子超流减小因子或中子超流减小因子。

$$J_N = 4\pi \int \prod_{j=1}^{5} d\Omega_j \int_0^\infty dx_\nu x_\nu^3 \left[\prod_{j=1}^{5} \int_{-\infty}^{+\infty} dx_j f(z_j) \right] \times \delta\left(x_\nu - \sum_{j=1}^{5} z_j\right) \delta\left(\sum_{j=1}^{5} p_j\right) \tag{4.2.34}$$

其中，z_j 为存在超流效应时粒子的无量纲动量，$z_j = \dfrac{\varepsilon_j - \mu_j}{k_B T} = \dfrac{\text{sign}(x)\sqrt{\delta^2 + \eta^2}}{k_B T}$，$\text{sign}(x)$ 为符号函数，$f(z_j)=(e^{z_j}+1)^{-1}$。角积分 A 和无超流的情况是相同的。对于单态质子超流的 MURCA 质子分支的情况，令式（4.2.33）中的 $j=1,2,3$ 代表超流质子，对 x_4 和 x_5 积分并化简，可得质子超流的减小因子。

$$R_{pp} = \frac{120\,960}{11\,513\pi^8} \left[\prod_{j=1}^{3} \int_{-\infty}^{+\infty} dx_j f(z_j) \right] \times H_{pp}(z_1+z_2+z_3) \tag{4.2.35}$$

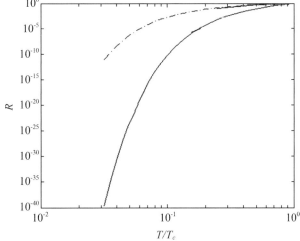

图 4-8　超流对 MURCA 质子分支的影响

横坐标为 T/T_c，纵坐标为减小因子，T_c 是超流临界温度，实线和点划线分别为质子超流和中子超流

其中，

$$H_{pp}(x) = \int_0^\infty x_\nu^3 \frac{x_\nu - x}{\exp(x_\nu - x) + 1} dx_\nu \tag{4.2.36}$$

详细推导过程可参见相关研究。$x = \frac{\eta}{k_B T}$，处于正能态的前两个质子动量空间为 $0 < x \leqslant \sqrt{\nu}$，第三个质子处于负能态，动量空间为 $-\nu < x \leqslant 0$，其中 $\nu = b\frac{\Delta(T)}{k_B T}$。对于质子超流，常数值 b 为 1，中子超流时为 $\frac{1}{4\sqrt{\pi}}$。用类似的方法可得到中子超流减小因子 R_{nn}。MURCA 过程质子分支反应中仅有一个中子，如前所述中子星核区单态中子库珀(Cooper)对是被排斥的，所以仅有三重态中子库珀(Cooper)对导致的超流效应存在。中子超流的减小因子 R_{nn} 可表示为：

$$R_{nn} = \frac{120\,960}{11\,513\pi^8} \int_{-\infty}^{+\infty} dx_1 f(z_1) H_{nn}(z_1) \tag{4.2.37}$$

$$H_{nn}(x) = \frac{1}{6} \int_0^\infty x_\nu^3 \frac{x_\nu - x}{\exp(x_\nu - x) + 1} [(x_\nu - x)^2 + 4\pi^2] dx_\nu \tag{4.2.38}$$

其中，下标 1 代表中子，式(4.2.34)中的 $j = 2, 3, 4$ 代表质子，对质子立体角的积分和无超流的情况是相同的。

如果磁场强度 $B > 1 \times 10^{18}$ G，$^1S_0$ 质子库珀(Cooper)对将会被打破，这将大大地改变超流减小因子，所以只考虑超流存在时磁场强度不超过 1×10^{18} G 这个范围。当同时考虑超流和强磁场对中微子能量损失率的作用时，MURCA 过程中微子产能率可写为：

$$Q_{p0}^{Bp} = Q_{p0} \left(\frac{m_{pB}^*}{m_p^*}\right)^3 \frac{m_{nB}^*}{m_n^*} \frac{J_p}{A_{P0} I_{P0}} R_{pp} (T < T_{cp})$$

$$Q_{p0}^{Bn} = Q_{p0} \left(\frac{m_{pB}^*}{m_p^*}\right)^3 \frac{m_{nB}^*}{m_n^*} \frac{J_p}{A_{P0} I_{P0}} R_{nn} (T < T_{cn}) \tag{4.2.39}$$

其中，Q_{p0}^{Bp} 和 Q_{p0}^{Bn} 分别是质子、中子超流的中微子发射率。如前述基于不同的模型得到的质子或中子的超流临界温度是不同的，本书中的单态质子超流临界温度采用 p3 模型，三重态中子超流临界温度采用 nt1 模型(见图 4-9)。可以看出，当密度 $\rho < 1 \times 10^{15}$ g·cm^{-3} 时，T_{cp} 远大于 T_{cn}，这里研究的中子星的外核范围内 T_{cp} 的最大值是 8.0×10^8 K。假如温度 $T < T_{cn}$ 和 $T < T_{cp}$ 同时满足，中子超流和质子超流的两种效应都是有效的。

4.2.6 中子星核区强磁场对电子化学势的影响

罗志全等人曾经分析中子星壳层中的强磁场对电子气体的化学势影响，我们将这个研究扩展到高密度的外核区域。强磁场下的电子化学势为：

$$n_e = \rho N_A Y_e = \frac{B^*}{(2\pi)^2 \lambda_e^3} \sum_{n=0}^\infty g_{n0} \int_0^\infty (f_{-e} - f_{+e}) dp_z \tag{4.2.40}$$

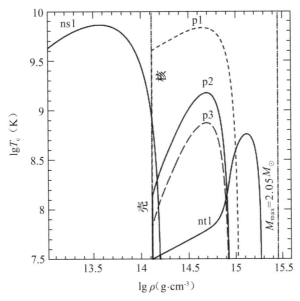

图 4-9 不同模型得到的质子和中子超流临界温度随密度的变化

其中，N_A 是阿伏伽德罗常数，λ_e 是电子的 Compton 波长，Y_e 是电子丰度。既然不同的状态方程（EOS）对应不同的电子丰度值，取 $Y_e=0.08$。B^* 被定义为 $\dfrac{B}{B_{cr}}$（$B_{cr}=4.414\times 10^{13}$ G，是电子临界磁场强度）。当 $n=0$ 时，自旋简并参数 $g_{n0}=1$；当 $n\geqslant 1$ 时，$g_{n0}=2$。

$f_{-e}=\left\{1+\exp\left[\dfrac{\varepsilon_n-\mu_e-1}{k_BT}\right]\right\}^{-1}$ 和 $f_{+e}=\left\{\exp\left[\dfrac{\varepsilon_n+\mu_e+1)}{k_BT}\right]\right\}^{-1}$ 分别是电子和正电子的费米—狄拉克（Fermi-Dirac）分布函数。注意，在强磁场中，电子的能量用 $\varepsilon_n=(p_z^2+1+2nB^*)^{1/2}$ 替代。

图 4-10 和图 4-11 描绘了在强磁场和高温条件下电子化学势的变化趋势。从图 4-10 可明显地看出，即使是 $\lg B^*=4.5$，电子化学势也基本不变，可是当 $\lg B^*>4.5$ 时，化学势 μ_e 明显地降低。由于化学势密切依赖于密度，密度越高，电子化学势越大。另外，在更高的密度下，化学势降低相对要缓慢些。中子星内部组成满足 β 平衡条件。一般的 β 平衡条件是 $\mu_n=\mu_p+\mu_e+\mu_\nu$，其中 μ_x 分别是中子、质子、电子和中微子的化学势。μ_n,μ_p 和 μ_ν 受磁场影响不大，但是当磁场强度 $B>1\times 10^{18}$ G 时，电子化学势 μ_e 会受到明显的影响（见图 4-10）。在这种情况下，质子丰度会增大，并且导致 DURCA 过程是可以进行的。如前所述，DURCA 过程的中微子发射率比 MURCA 过程的大得多，此时 DURCA 过程的影响不能忽略。本书运用雅科夫列夫（Yakovlev）等人的方法估算了 DURCA 过程中微子的发射率。从图 4-11 中能够发现，当 $T<1\times 10^{10}$ K 时，温度对化学势的影响很小，但是在 $T>1\times 10^{10}$ K 的中子星核内区域，温度对化学势的影响却相当显著。当 $\rho=5\times 10^{14}$ g·cm^{-3}，温度从 1×10^8 K 增加到 1×10^{11} K 时，化学势 μ_e 从 153.62 MeV 减小到 98.87 MeV。考虑到温度从 1×10^{11} K 降到 1×10^{10} K 仅仅需要爆炸后的一天时间，所以对于整个中子星的冷却过程而言，温度对化学势的影响可以忽略。

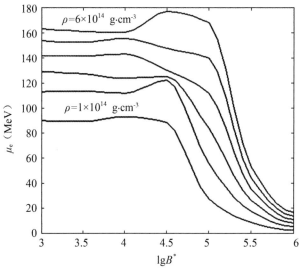

图 4-10　当密度为 6×10^{14} g·cm^{-3}，5×10^{14} g·cm^{-3}，4×10^{14} g·cm^{-3}，3×10^{14} g·cm^{-3}，2×10^{14} g·cm^{-3}，1×10^{14} g·cm^{-3}时化学势随磁场的变化（$Y_e=0.08$）

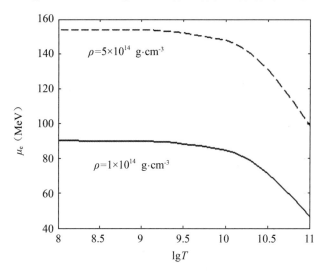

图 4-11　化学势随温度的变化（$Y_e=0.08$）

4.2.7　超流和强磁场下 MURCA 过程的结论

MURCA 过程是由电子俘获和 β 衰变交互进行的，在强磁场下的电子俘获率会显著下降，但会使 β 衰变率增加几个数量级。由于两个反应的竞争引起了中微子发射率会随磁场强度的变化而变化（这个变化体现在图 4-12 中）。为了形象地描述强磁场和超流对中微子生成率的影响，定义一个影响因子 C，$C=\dfrac{J_p}{A_{P0}I_{P0}}$。在图 3-10 中，可以很容易发现当 $B^*<1\times10^4$ G 时，增强因子约为 1，且它缓慢、非单调地增长（即中微子发射率随磁场强度振荡）；对于 $B^*>1\times10^4$ G 的磁场，将快速地提高中微子发射率。密度越高，电子的费米（Fermi）能越大，磁场对高密度的影响相对减弱，因此，增强因子在 $\rho=1\times10^{14}$ g·cm^{-3} 时

比 $\rho = 6 \times 10^{14}$ g·cm^{-3} 时要大一个数量级。

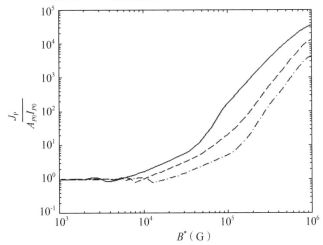

图 4-12 增强因子 C 在不同的密度下随磁场的变化

实线、虚线、点划线分别描述密度为 1×10^{14} g·cm^{-3},3×10^{14} g·cm^{-3} 和 6×10^{14} g·cm^{-3} 时的情况,$T = 1 \times 10^{10}$ K

图 4-13 为密度对中子星外核区的中微子发射率的影响[$\rho = \rho_0/2 \sim (2 \sim 3) \rho_0$,$\rho_0$ 是标准核密度]。图 4-12 和 4-13 清楚地表明,从外核到中子星的包层,来自 MURCA 过程质子分支的中微子发射率是缓慢减少的。当磁场强度高于 1×10^{18} G时,质子库珀(Cooper)对将被打破,导致质子丰度增加,因为质子丰度大于 11% 时 DURCA 过程就会大量进行。从图4-13 中可以发现,DURCA 过程的中微子发射率是较高的,通常比 MURCA 大几个量级。注意,图 4-12 和 4-13 的温度都高于质子和中子超流的临界温度,而此时没有超流现象存在。从图 4-13 还可以看出,中微子的发射率与密度大致上成比例关系($Q \sim \rho^{2/3}$)。将其与无磁场的情形比较,中微子的发射率可增长数倍(当 $B^* = 1 \times 10^5$ G 时),甚至四五个数量级(当 $B^* = 1 \times 10^6$ G 时)。因此在初生中子星冷却的初始阶段,强磁场对提高中微子的发射率有着显著的作用,研究中子星的演化过程时有必要考虑强磁场这一因素的影响。

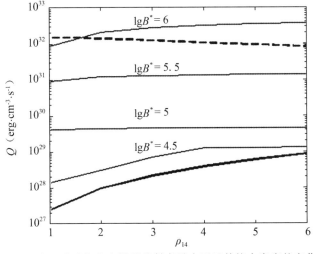

图 4-13 MURCA 过程质子分支中微子发射率随中子星外核内密度的变化($T = 1 \times 10^{10}$ K)

粗实线表示没有强磁场和超流中微子的发射率,细实线表示有磁场时中微子发射率,

虚线表示磁场强度 $B = 1 \times 10^{18}$ G 时 DURCA 过程中微子的发射率

强磁场对其他的反应,如电子同步辐射,也有一定程度的影响。电子同步辐射的中微子发射率粗略估计为 $Q_{syn} \approx 9.04 \times 10^{14} B_{13}^2 T_9^5 S_{AB}(\rho, Y_e, T, B) S_{BC}(\rho, Y_e, T, B)$,$B_{13}$ 表示以 1×10^{13} G 为单位的磁场强度。关于 S_{AB} 和 S_{BC} 的具体表达式参见贝坦戈夫(Bezchastnov)等人的研究。在图 4-14 中可以发现,当磁场强度 $\lg B^* < 2$ 时,电子同步辐射的中微子发射率会增强,但是随着磁场的进一步增大,S_{AB} 和 S_{BC} 下降得很快,中微子发射又会迅速地降低。也就是说,当磁场强度超过 1×10^{16} G 时,电子同步辐射对中微子发射率几乎没有影响。图 4-14 还描绘了在不同密度下的 MURCA 过程的中微子发射率。从中可以看出,从中子星的外核到包层,总的中微子发射率明显增加,这主要是由于密度不同,超流临界温度相差很大。当温度低于临界温度时,超流效应起主导作用,它可以使中微子发射率降低四个量级,此时磁场的影响就变得相当弱了。在中子星整个冷却过程中,由于磁场和超流这两种效应使得中微子发射率变化相当复杂。图 4-14 中的细实线和点划线描绘了 $B = 4 \times 10^{17}$ G 时和 $B = 1 \times 10^{18}$ G 时超流和强磁场同时存在的 MURCA 过程质子分支的中微子发射率的变化趋势,清楚地表明当温度低于超流临界温度时($T < T_c$),磁场的影响很小,几乎可以忽略,也就是中子星演化中晚期时,超流效应对中微子生成率的影响起主导作用。但正如前文所述,不同模型可能得到不同的超流临界温度 T_c,这一问题有待于学者们进一步研究。

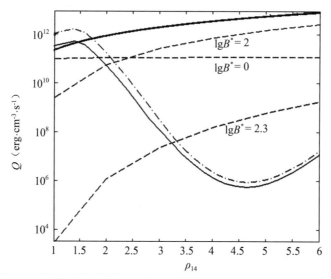

图 4-14   在磁场和超流作用下中子星外核中微子发射率($T = 1 \times 10^8$ K)

粗实线表示没有磁场和超流的中微子发射率,细实线和点划线分别表示 $B = 4 \times 10^{17}$ G 时和 $B = 1 \times 10^{18}$ G 时 MURCA 过程质子分支的中微子发射率,虚线表示电子同步辐射在不同磁场强度下的中微子发射率

MURCA 过程的中微子发射是中子星能量损失的主要途径,因此在研究中子星的演化与冷却过程中,有必要仔细研究 MURCA 过程。由于 MURCA 过程对周围的物理环境相当敏感,仅仅探讨纯粹核物理的规律是不够的。在本节中,我们研究了强磁场和超流对 MURCA 过程质子分支的影响,并得出在中子星演化前期,磁场对 MURCA 过程中微子生成率的影响相对于超流效应而言起主导性作用;但是在中子星演化晚期,当其内部温度低于超流临界温度时,超流效应的影响是明显的。实际上,当磁场和超流同时存

在时,对 MURCA 过程中子分支的修正与此相似。本节得到的结论不仅对研究中子星的演化和冷却过程有重要意义,而且对 GRB 和超新星的研究也有积极意义。

4.3　中子星壳层中的电子俘获和 β 衰变

4.3.1　中子星壳层中的电子俘获和 β 衰变

在中子星强磁场作用下,电子(正电子)沿 z 轴方向的运动不会受磁场影响,但 xy 平面上的运动处于量子化的 Landau 能级上,能谱可以通过直接求解磁场中的狄拉克(Dirac)方程获得,电子的行为可用磁场中的电子波函数表征。当能量以 $m_e c^2$ 为单位,m_e 为电子静止质量,动量以 $m_e c$ 为单位时,式(4.2.11)变为:

$$\varepsilon_n = (p_z^2 + 1 - 2nB^*)^{\frac{1}{2}} \tag{4.3.1}$$

当磁场强度远大于临界磁场强度时,电子仅占据有限的几个,甚至只有一个($n=0$)Landau 能级;当磁场强度远小于临界磁场强度时,Landau 能级数非常多,而且近似连续。Landau 能级数目的估算可以参见相关文献。单位体积内每个朗道(Laudau)能级上位于 $p_z \to p_z + \mathrm{d}p_z$ 内的状态数为 $g_{n0}(eB/\hbar^2 c)\mathrm{d}p_z$,磁场强度按下式改变电子相空间积分:

$$2\int \frac{\mathrm{d}^3 p_e}{(2\pi)^3} \to \frac{eB}{4\pi^2} \sum_{n=0}^{\infty} g_{n0} \int_{-\infty}^{\infty} \mathrm{d}p_z \tag{4.3.2}$$

因而,电子气体的数密度为:

$$n_e = \frac{B^*}{2\pi^2 \lambda_e^3} \sum_{n=0}^{\infty} g_{n0} \int (f_{-e} - f_{+e}) \mathrm{d}p_z \tag{4.3.3}$$

其中,$\lambda_e = \dfrac{\hbar}{m_e c}$,为电子的 Compton 波长,$g_{n0} = 2 - \delta_{n0}$,是电子自旋的简并度。电子和正电子的费米—狄拉克(Fermi-Dirac)函数分别为:

$$f_{-e} = \left[1 + \exp\left(\frac{\varepsilon_n - \mu_e - 1}{k_B T} \right) \right]^{-1} \tag{4.3.4}$$

$$f_{+e} = \left[1 + \exp\left(\frac{\varepsilon_n + \mu_e + 1}{k_B T} \right) \right]^{-1} \tag{4.3.5}$$

其中,k_B 为 Boltzmann 常数,T 为温度,μ_e 为不含电子静止质量的化学势。$n_e = N_A \rho Y_e$,ρ 为质量密度,Y_e 为电子丰度。在给定磁场强度、温度、密度、电子丰度的情况下,化学势由下式决定:

$$N_A \rho Y_e = \frac{B^*}{2\pi^2 \lambda_e^3} \sum_{n=0}^{\infty} g_{n0} \int (f_{-e} - f_{+e}) \mathrm{d}p_z N_A \tag{4.3.6}$$

表 4-2 给出了在典型温度 $T = 1 \times 10^9$ K、密度从 1×10^4 g $\cdot$ cm^{-3} 到 1×10^8 g $\cdot$ cm^{-3} 时,化学势随磁场的变化情况。可以看出,随磁场增大,化学势明显减小,这是由于磁场越强,量子效应越明显,电子分布就越不均匀,处于较高朗道(Laudau)能级上的电子数目就越少,因而化学势就越小。或者理解为磁场增加了自由度,从而让高能态的电子减少。由于这里的化学势不含静止能量,故它可以为负,直到趋近于 -0.511 MeV,而总化学势仍然

是正的。磁场越弱,朗道(Laudau)能级越密集,越接近于无磁场时的情形。在磁场强度小于 1×10^{13} G 时,结果和无磁场时基本一致。也就是说,它可以自然地从磁场过渡到无磁场,不会出现无物理意义的间断。磁场强度 $B>1\times10^{14}$ G 时,化学势减少明显,但还与密度有关。密度越低,化学势降低越快。只有在较低密度和强磁场的情况下,电子化学势的改变才比较明显。

表 4-2　不同磁场下的电子化学势($T_9=1\times10^9$ K,$Y_e=0.5$,单位:MeV)

ρ(g·cm^{-3})	$B=0$ G	$B=1\times10^{13}$ G	$B=1\times10^{14}$ G	$B=1\times10^{15}$ G	$B=1\times10^{16}$ G
1×10^4	$-0.360\ 3$	$-0.368\ 5$	$-0.467\ 8$	$-0.506\ 5$	$-0.510\ 6$
1×10^5	$-0.161\ 2$	$-0.169\ 2$	$-0.306\ 7$	$-0.467\ 8$	$-0.506\ 6$
1×10^6	$0.069\ 5$	$0.065\ 6$	$-0.093\ 4$	$-0.306\ 7$	$-0.467\ 9$
1×10^7	$0.479\ 7$	$0.479\ 2$	$0.399\ 6$	$-0.092\ 9$	$-0.305\ 9$
1×10^8	$1.442\ 9$	$1.442\ 9$	$1.439\ 4$	$0.422\ 0$	$-0.093\ 0$

4.3.2　强磁场对中子星壳层重核电子俘获率的影响

中子星外壳层由电子气体和嵌在其中的原子核组成,在中子星的标准模型中,这些核被认为与电子气体处于 β 平衡。然而在吸积过程中,不断吸积的物质压缩中子星的壳层,壳层中的电子数密度会越来越大,电子气体的费米(Fermi)能也不断增加。当费米(Fermi)能超过某些核发生电子俘获反应的阈能时,这些核不再处于 β 平衡,它们将进行电子俘获反应,即$(Z,A)+e^-\rightarrow(Z-1,A)+\nu_e$。如果核子处于激发态,在这些反应的过程中将产生中微子和光子。在中子星的强磁场作用下,自由电子轨道的经典描述不再有效,必须考虑量子效应。这时,电子不是处于费米(Fermi)球内的每一点,而是分布在平行于磁场的一组圆柱上[每一个圆柱面对应一个朗道(Laudau)能级]。对于年轻的中子星,表面温度约为 1×10^{10} K,但很快会迅速下降到 1×10^9 K 这个量级。对于年老的中子星,其表面温度约为1×10^6 K,其内部温度在 5×10^8 K 左右。当考虑 I 型 X 射线暴时,被吸积物质大量的引力能释放,中子星表面温度会达到 1×10^9 K 以上。在某些解释 γ 暴的中子星起源模型中,其温度可达 5×10^9 K。因此,讨论中子星磁场效应时还必须考虑它相应的温度环境。

4.3.2.1　无磁场时重核电子俘获率的计算方法

对于处于温度 T 下的某一核素的电子俘获的详细计算,当计及所有初态 i 和末态 f 的过程时,其电子俘获率的表达式为:

$$\lambda^{EC}=\frac{\ln2}{K}\sum_i\frac{(2J_i+1)\exp\left(\frac{-E}{k_BT}\right)}{G(Z,A,T)}\sum_f B_{if}f_{if}\qquad(4.3.7)$$

K 被定义为:

$$K=\frac{2\pi^3\ln2\hbar^7}{G_F^2V_{ud}^2g_V^2m_e^5c^4}\qquad(4.3.8)$$

其中,G_F 是费米(Fermi)耦合常数,V_{ud} 为 Cabibbo-Kobayashi-Maskawa (CKM)矩阵元,g_V 为弱矢量耦合常数,$K=(6\ 146\pm6)$s,B_{if} 对应费米(Fermi)跃迁和 GT 跃迁的跃迁

概率之和。

$$B_{if} = B_{if}(F) + B_{if}(GT) \tag{4.3.9}$$

$B_{if}(F), B_{if}(GT)$ 分别为费米（Fermi）跃迁和 GT 跃迁的矩阵元。

$$B_{if}(GT) = \left(\frac{g_A}{g_V}\right)_{\text{eff}}^2 \frac{\langle f \mid \sum_k \sigma^k \tau_\pm^k \mid i \rangle^2}{2J_i + 1} \tag{4.3.10}$$

其中，σ 为泡利（Pauli）自旋算符，k 表示对所有核子求和。$\tau_\pm$ 为同位旋上升或下降算符（比 $\tau_+ p = n$，表示把一个质子转化为中子）。$+$ 对应电子俘获和 β^+ 衰变，$-$ 对应正电子俘获和 β^- 衰变。系数 $\left(\frac{g_A}{g_V}\right)_{\text{eff}}$ 是考虑淬火效应后由实验测到的 GT 跃迁强度的轴矢量和矢量耦合常数的比值。

$$\left(\frac{g_A}{g_V}\right)_{\text{eff}} = 0.74 \left(\frac{g_A}{g_V}\right)_{\text{bare}} \tag{4.3.11}$$

其中，$\left(\frac{g_A}{g_V}\right)_{\text{bare}} = -1.2599$。假如母核（同位旋为 T）为富中子核，那么 GT$_-$ 算符对应子态 $T+1, T, T-1$ 三个同位旋，而 GT$_+$ 算符只对应子态 $T+1$ 一个同位旋。这种同位旋的选择定则是 GT$_+$ 强度分布更集中的原因之一（通常在 GT 共振中心在几个兆电子伏特区域，而子核的 GT 分布超过 $10 \sim 15$ MeV，结构更复杂）。费米（Fermi）跃迁矩阵元为：

$$B_{if}(F) = \frac{\langle f \mid \sum_k \tau_\pm^k \mid i \rangle^2}{2J_i + 1} \tag{4.3.12}$$

矩阵元理论计算比较复杂。跃迁矩阵元是弱相作用中的关键物理量，其大小直接影响了弱相互作用的大小。根据核物理理论和量子力学，跃迁矩阵元可以采用波函数方法求解，但它主要适用于镜像核。对于我们关心的重核，采用 FFN 的方法。FFN 认为原则上对一个相应子核的本征态的 GT 态，从母核基态跃迁的总的 GT 强度为所有的不连续的末态的和，即：

$$B_{if}(GT) = \sum_{if} \frac{n_p^i n_h^f}{2j_f + 1} \left| M_{GT}^{sp} \right|_{if}^2 \tag{4.3.13}$$

其中，n_p^i 是初态轨道的粒子数，n_h^f 是末态轨道的空穴数，j_f 是终态轨道的总角动量，$\left| M_{GT}^{sp} \right|_{if}^2$ 是单粒子 GT 跃迁矩阵元的平方（见表 4-3）。

表 4-3　单粒子 GT 跃迁矩阵元 $\left| M_{GT}^{sp} \right|_{if}^2$

j_i	j_f	
	$1 + \frac{1}{2}$	$1 - \frac{1}{2}$
$1 + \frac{1}{2} \cdots$	$\dfrac{j_i + 1}{j_i}$	$\dfrac{2j_i - 1}{j_i}$
$1 - \frac{1}{2} \cdots$	$\dfrac{2j_i + 3}{j_i + 1}$	$\dfrac{j_i}{j_i + 1}$

为了计算俘获率，还需要确定共振态的位置 E_{GT}。壳层模型下的 E_{GT} 为：

$$E_{GT} = \Delta E_1 + \Delta E_2 + \Delta E_3 \tag{4.3.14}$$

其中，ΔE_1 为核 GT 态与基态之间的单粒子轨道能量差，ΔE_2 为子核中的粒子空穴排斥能，ΔE_3 为当子核内中子数和质子数都为偶数时的对能。下面以 ^{58}Co 电子俘获为例说明 GT 跃迁矩阵元和跃迁能量的计算。

按上述方法并考虑淬火效应求得 ^{58}Co 的 GT 跃迁矩阵元为：

$$| M_{GT} |^2 = \frac{n_p^i n_h^f}{2j_f + 1} | M_{GT}^{sp} |_{if}^2 = \frac{7 \times 6}{6} \times \frac{12}{7} \times \frac{1}{2} = 6 \tag{4.3.15}$$

其中，$\frac{1}{2}$ 为淬火因子。^{58}Co 的 GT 跃迁能量 E_{GT} 为：

$$\begin{aligned} E_{GT} &= (\varepsilon_{1f_{5/2}} - \varepsilon_{2p_{3/2}}) + \Delta E_2 + \Delta E_{pair} \\ &= \frac{119.4 - 112.6}{58^{1/3}} + 2 + \frac{12}{\sqrt{58}} = 5.332 \end{aligned} \tag{4.3.16}$$

图 4-15 为 ^{58}Co 共振跃迁示意图。

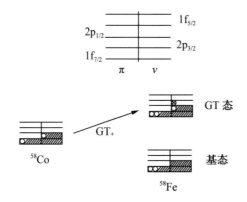

图 4-15　^{58}Co 共振跃迁示意图(FFN,1982)

随着科学技术的发展，更多的能级信息可以通过直接的电子俘获实验或者 Charge-exchange 实验测得。求电子俘获率的另一个重要物理量为电子的相空间。f_{if} 为相空间因子，在无磁场时为：

$$f_{if} = \int_{w_0}^{\infty} w p_e (Q_{if} + w)^2 F(Z, w) f_e(w) [1 - f_\nu (Q_{if} + w)] dw \tag{4.3.17}$$

其中，w_0 为无静止质量的电子能量，w 为包括静止质量的电子能量，$F(Z,w)$ 为费米函数。它是库仑波函数与平面波函数在核半径处比值的平方，表达式为：

$$F(Z, w) = 2(1 + \gamma)(2 p_e R)^{2(\gamma - 1)} \exp(\pi \nu) \left| \frac{\Gamma(\gamma + i\nu)}{\Gamma(2\gamma + 1)} \right|^2 \tag{4.3.18}$$

其中，$\gamma = [1 - (\alpha Z)^2]^{1/2}$，精细结构常数 $\alpha = \frac{e^2}{\hbar c} = \frac{1}{137}$，$\nu = \frac{\alpha Z w}{p_e}$，$R$ 为核半径，$\Gamma(x)$ 为伽马(Gamma)函数。由于条件限制，过去许多学者都采用如下的近似表达式：

$$F(Z, w) = \frac{G(Z, w) w}{p_e} \tag{4.3.19}$$

其中，$G(Z,w) = \exp[A(Z) + B(Z)(w^2 - 1)^{1/2}]$，为库伦改正因子，其近似值的表达式为：

当$w < 2.2$时：

$$A(Z) = -0.811 + 4.46 \times 10^{-2} Z + 1.08 \times 10^{-4} Z^2$$

$$B(Z) = 0.673 - 1.82 \times 10^{-2} Z + 6.38 \times 10^{-5} Z^2$$

当$w \geqslant 2.2$时：

$$A(Z) = -8.46 \times 10^{-2} + 2.48 \times 10^{-2} Z + 2.37 \times 10^{-4} Z^2$$

$$B(Z) = 1.15 \times 10^{-2} + 3.58 \times 10^{-4} Z - 6.17 \times 10^{-5} Z^2$$

上面的近似使用方便，曾被许多学者使用过。由于上式是普适的公式，所以会有较大的系统误差（见表 4-4 最右两列的比较，近似值要偏大）。本书计算了费米（Fermi）函数的准确值，并且将其应用到重核电子俘获率的计算中。从表 4-4 中可以看出，费米（Fermi）函数与核电荷数直接相关。对于轻核如自由质子俘获和自由中子衰变，费米（Fermi）函数对反应率只有微小的影响，可以忽略；而对于重核，费米（Fermi）函数的影响是明显的，必须考虑。入射电子能量越大，费米（Fermi）函数的影响越小，能量大于 5 MeV 时，费米（Fermi）函数值基本保持不变。

表 4-4　一些核素费米（Fermi）函数的准确值

$w(m_e c^2)$	$Z=1, A=1$	$Z=11, A=22$	$Z=18, A=37$	$Z=26, A=30$	$Z=26, A=30$ 近似值
1.01	1.172 44	3.716 09	5.934 9	8.468 5	11.126 9
1.02	1.121 04	2.786 14	4.271 96	6.031 95	8.006 3
1.03	1.098 91	2.405 17	3.567 93	4.972 74	6.636
1.04	1.085 95	2.190 09	3.165 17	4.355 45	5.826 3
1.05	1.077 22	2.049 25	2.899 96	3.943 85	5.278 6
1.06	1.070 86	1.948 71	2.710 2	3.646 79	4.878
1.07	1.065 96	1.872 73	2.566 73	3.420 81	4.569 5
1.08	1.062 06	1.812 95	2.453 89	3.242 3	4.323
1.09	1.058 85	1.764 48	2.362 48	3.097 22	4.120 8
...	...	...	...	...	...
1.1	1.056 16	1.724 26	2.286 71	2.976 67	3.951 4
1.2	1.042 14	1.520 86	1.905 47	2.367 2	3.074 2
1.3	1.036 39	1.440 41	1.755 97	2.127 43	2.725 3
1.4	1.033 19	1.396 3	1.674 29	1.996 24	2.539 9
1.5	1.031 14	1.368 24	1.622 39	1.912 7	2.428 5
1.6	1.029 71	1.348 78	1.586 36	1.854 54	2.357 1
1.7	1.028 67	1.334 49	1.559 85	1.811 58	2.309 9
1.8	1.027 87	1.323 56	1.539 51	1.778 48	2.278 3
1.9	1.027 25	1.314 94	1.523 41	1.752 15	2.257 5
...	...	...	...	...	...
2	1.026 74	1.307 98	1.510 33	1.730 67	2.244 3

续表

$w(m_{\mathrm{e}}c^2)$	$Z=1,A=1$	$Z=11,A=22$	$Z=18,A=37$	$Z=26,A=30$	$Z=26,A=30$ 近似值
4	1.023 86	1.265 37	1.427 07	1.587 79	2.047 2
6	1.023 4	1.256 51	1.407 31	1.549 77	1.989 3
8	1.023 24	1.252 31	1.397 04	1.528 73	1.960 1
10	1.023 16	1.249 65	1.390 16	1.514 15	1.940 1
12	1.023 11	1.247 73	1.384 97	1.502 96	1.924 3
14	1.023 08	1.246 21	1.380 79	1.493 85	1.911
16	1.023 06	1.244 96	1.377 29	1.486 15	1.899 2
18	1.023 05	1.243 89	1.374 27	1.479 49	1.888 5
...	...	...	...	...	...

Q_{if} 的定义为：

$$Q_{if} = (M_{\mathrm{p}} - M_{\mathrm{d}})c^2 + E_i - E_f \tag{4.3.20}$$

其中，M_{p} 和 M_{d} 分别为母核和子核的质量，E_i 和 E_f 分别为初态和末态的激发能。电子能量 w_0 的定义为：

$$w_0 = \begin{cases} -Q_{if} & (-Q_{if} \geqslant 1) \\ 1 & (-Q_{if} < 1) \end{cases} \tag{4.3.21}$$

4.3.2.2 强磁场与 β 衰变

强磁场的出现使得费米（Fermi）球变形为朗道（Laudau）柱面，核外电子排布被改变，电子更倾向于集中到朗道（Laudau）能级［朗道（Laudau）柱］上。弱磁场非简并条件下的朗道（Laudau）能级分布比较密集，甚至几乎是连续的；而在强磁场和完全简并情况下，电子的分布只局限在有限的几个朗道（Laudau）能级［甚至只有一个朗道（Laudau）能级］上。根据弱相互作用的 V-A 理论，磁场中的核子从初态 i 跃迁到终态 j 的概率为：

$$\mathrm{d}\lambda_B = \frac{2\pi}{\hbar} |\langle j | H | i \rangle|^2 \delta(\varepsilon_j - \varepsilon_i) \mathrm{d}\nu_{\mathrm{e}} \mathrm{d}\nu_{\nu} \tag{4.3.22}$$

其中，δ 函数说明能量守恒，H 是哈密顿（Hamilton）量，$d\nu_{\mathrm{e}}$ 和 $d\nu_{\nu}$ 分别为单位体积中电子和中微子的状态密度。

$$\mathrm{d}\nu_{\mathrm{e}} = \frac{B^*}{4\pi^2 \lambda_{\mathrm{e}}^3} \mathrm{d}p_z \tag{4.3.23}$$

$$\mathrm{d}\nu_{\nu} = \frac{V}{8\pi^3 \lambda_{\mathrm{e}}^3} q^2 \mathrm{d}q \mathrm{d}\Omega_{\nu} \tag{4.3.24}$$

其中，q 为中微子的动量（以 $m_{\mathrm{e}}c$ 为单位），$\mathrm{d}\Omega_{\nu}$ 为中微子的发射立体角，V 为体积，p_z 为沿磁场方向的动量。严格地讲，磁场对核内所有的核子态都有影响，但与磁场对电子的影响相比可以完全忽略，因此，考虑磁场对弱相互作用的影响时只需要修正电子的相空间因子。采用前面的变换式（4.3.2）可导出磁场作用下的相空间因子，即：

$$\xi^B = \frac{B^*}{2} \sum_{n=0}^{\infty} \theta_n \tag{4.3.25}$$

其中，

$$\theta_n = g_{n0} \int_0^{\sqrt{Q_{ij}^2 - Q_n^2}} (Q_{ij} - E_e)^2 \frac{F(\mp Z+1, E_e)}{1 + \exp\left[\dfrac{E_e \pm \mu_e \pm 1}{k_B T}\right]} \mathrm{d}p \tag{4.3.26}$$

由反应过程中能量守恒可确定式(4.3.26)的积分上限。$Q_n = (m_e^2 c^4 + 2nB^*)^{1/2}$，将磁场中的相空间因子替代下式中的相空间积分，即可得到磁场中 β 衰变率的计算公式。

$$\lambda_{EC}^B = \frac{\ln 2}{K} \sum_i \frac{(2J_i + 1) \exp\left(\dfrac{-E_i}{k_B T}\right)}{G(Z, A, T)} \sum_f B_{if} f_{if}^B \tag{4.3.27}$$

4.3.2.3 强磁场对 β⁻ 衰变率的影响

强磁场的存在改变了电子的相空间分布，根据 Pauli 不相容原理，出射电子只能占据那些空穴。强磁场增加了核外的空穴数，这样有利于 β⁻ 衰变产生的电子出射率的增加，使得 β⁻ 衰变反应更容易进行，由此可以判断强磁场的存在会提高 β⁻ 衰变率。为了方便比较磁场对 β⁻ 衰变的影响，定义 $C = \dfrac{\lambda_{BD}^B}{\lambda_{BD}}$，$C$ 表示总的增长因子，λ_k^B, λ_k 分别为有无磁场时的总 β 衰变率。类似地，定义 $C_0 = \dfrac{\lambda_0^B}{\lambda_0}$ 为基态跃迁部分的增长因子，$C_{GT} = \dfrac{\lambda_{BGT}^B}{\lambda_{BGT}}$ 为激发态部分的增长因子。

从图 4-16 中可以看出，当磁场强度小于 1×10^{12} G 时，三条曲线都在 $C_0 = C_{GT} = C = 1$ 附近，说明弱磁场对基态、激发态的 β⁻ 衰变率几乎没有影响，当然对总的衰变率的影响也几乎没有；当磁场强度大于 1×10^{12} G 时，C_0, C_{GT}, C_t 都急剧上升，说明强磁场使得基态、激发态的 β⁻ 衰变率都显著增加(增加 1~2 个量级甚至以上)，当然，对总衰变率的影响也是显而易见的。此外还可以看出，增长因子 C_0 和 C 增大时的临界点小于激发态的 C_{GT} 增大时的临界点，说明磁场对基态的衰变率影响更加明显。这是因为基态的能量低，能量越低，越容易受外界物理环境的干扰。^{62}Mn$(e^-, \bar{\nu}_e)^{62}$Fe 的 β⁻ 反应如图 4-17 所示。当磁场强度高于 1×10^{13} G 时，才会明显提高衰变率。这主要与 ^{67}Ni$(e^-, \bar{\nu}_e)^{67}$Cu 和 ^{62}Mn$(e^-, \bar{\nu}_e)^{62}$Fe 发生衰变反应的阈能以及跃迁轨道有关。

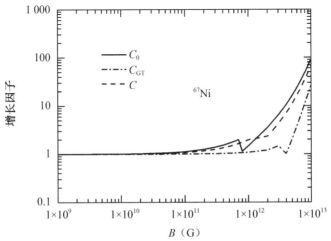

图 4-16 ^{67}Ni$(e^-, \bar{\nu}_e)^{67}$Cu 反应增长因子随磁场的变化($T = 5 \times 10^9$ K, $\rho Y_e = 1 \times 10^8$ mol·cm^{-3})

实线为 C_0，虚线为 C，点划线为 C_{GT}

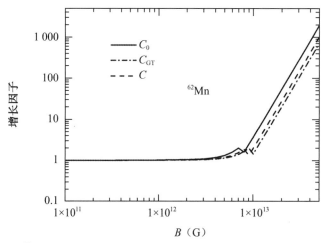

图 4-17 $^{62}\mathrm{Mn}(e^-,\bar{\nu}_e)^{62}\mathrm{Fe}$ 反应增长因子随磁场的变化（$T=5\times10^9\,\mathrm{K},\rho Y_e=2\times10^9\,\mathrm{mol\cdot cm^{-3}}$）
实线为 C_0，虚线为 C，点画线为 C_{GT}

通过上面的分析可以看出，弱磁场对 β^- 衰变几乎没有影响，强磁场（$B>1\times10^{12}$ G）使 β^- 衰变率显著增大。由于中子星壳层存在强磁场，因此在分析中子星壳层的 β^- 衰变时，应考虑强磁场的作用和影响。当然，这种影响的具体大小跟不同的核素和物理环境有关。最近十多年国际研究的热门课题之一就是双中子星合并是重元素快中子俘获过程核合成的重要天体物理环境，估计有部分 r-过程核合成的重元素来源于双中子星的合并，另一部分 r-过程核合成的重元素来源于核坍塌型超新星刚刚爆发成功后中微子驱动的星风。因此，本书的计算结果对于双中子星的合并的 r-过程核合成最后的核产物有很大的影响。

4.3.2.4　强磁场对 β^+ 衰变率的影响

下面以 $^{54}\mathrm{Mn}(\beta^+)^{54}\mathrm{Cr}$ 的 β^+ 反应为例研究强磁场的影响。为了描述强磁场对衰变的影响，定义增长因子 $C=\dfrac{\lambda_k^B}{\lambda_k}$，$\lambda_k^B$ 和 λ_k 分别是有无磁场时的 β^+ 衰变率。类似地，定义 C_0 和 C_{GT} 来描述基态和 GT 共振态衰变率的变化情况。

图 4-18 描述了反应 $^{54}\mathrm{Mn}(\beta^+)^{54}\mathrm{Cr}$ 在温度 5×10^9 K、化学势 2.9 MeV 时三个增长因子随磁场的变化。可以看出，C_0，C_{GT} 和 C 都接近 1，故当磁场强度小于 1×10^{11} G 时，强磁场对 β^+ 衰变率几乎没有影响，但是当磁场强度大于 1×10^{11} G 时，会使反应率明显增加。还可以看出，强磁场对 C_0 和 C 的影响比对 C_{GT} 的影响要明显些，这是因为发生 GT 共振跃迁时正电子的能量较大，磁场不易改变其发射率。正电子的能量越低，其相空间分布越容易被改变，故基态的衰变率受强磁场的影响明显些。图 4-19 给出了反应 $^{54}\mathrm{Mn}$ $(\beta^+)^{54}\mathrm{Cr}$ 在温度 7×10^9 K、化学势 2.7 MeV 时三个增长因子随磁场的变化情况。可以看出，反应 $^{54}\mathrm{Mn}(\beta^+)^{54}\mathrm{Cr}$ 的影响比温度在 5×10^9 K 时的明显。原因是在相同密度条件下，温度越高，正电子的化学势越低，那么正电子的相空间分布更容易被改变，同时会有较多的正电子占据较低的朗道（Laudau）能级。因此，磁场对衰变率的影响强些。此外，由于基态跃迁的能量比激发态的低，从图 4-19 还可以看出曲线 C_0 的变化比 C 和 C_{GT} 更明显。

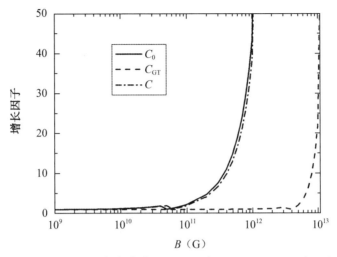

图 4-18　三个增长因子随磁场的变化($T=5\times10^9$ K，$\rho Y_e=3.16\times10^8$ mol·cm^{-3})

实线为 C_0，虚线为 C，点画线为 C_{GT}

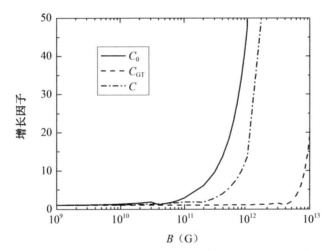

图 4-19　三个增长因子随磁场的变化($T=7\times10^9$ K，$\rho Y_e=3.16\times10^8$ mol·cm^{-3})

实线为 C_0，虚线为 C，点画线为 C_{GT}

前面讨论了强磁场对 β$^-$ 衰变的影响，所得结论与 β$^+$ 衰变的类似。这里给出当温度 $T=5\times10^9$ K、密度 $\rho Y_e=3.16\times10^8$ mol·cm^{-3} 时，核素 ^{54}Mn 发生 β$^+$ 衰变和 β$^-$ 衰变时强磁场影响情况的比较。图 4-20 表明强磁场对反应 ^{54}Mn(β$^+$)^{54}Cr 的影响比对反应 ^{54}Mn(β$^-$)^{54}Fe 的影响要明显些。存在这个差异的原因是发生反应的 Q 值不同，再就是与发生反应的初态和末态的跃迁轨道也有关。

在磁场作用下，核外电子分布将会改变，电子倾向于集中到朗道(Laudau)能级[朗道(Laudau)柱]上。弱磁场作用下的朗道(Laudau)能级分布比较密集，甚至是连续的；而在强磁场和完全简并情况下，电子的分布只局限于有限的几个朗道(Laudau)能级。由以上的计算结果知道，强磁场($B>1\times10^{11}$ G)使 β 衰变率显著增强，而弱磁场($B<1\times10^{11}$ G)对 β 衰变率几乎没有影响。这个结论对于研究天体物理中的核反应，尤其是 r-过程的核合成有一

定的意义。

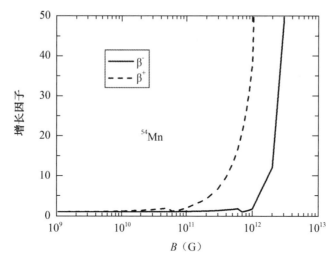

图 4-20　^{54}Mn 的 β^+ 衰变和 β^- 衰变比较（$T=5\times10^9$ K，$\rho Y_e=3.16\times10^8$ mol • cm^{-3}）
实线为 β^-，虚线为 β^+

4.4　中子星反常 X 射线光度的能量来源

4.4.1　中子星反常 X 射线光度

自从 1992 年邓肯（Duncan）和汤普森（Thompson）提出磁星（具有超强磁场的中子星）的概念后，磁星的问题便被许多学者所关注。软 γ 重复暴（SGBs）和反常 X 射线脉冲（AXPs）被认为是磁星的两大特征。近年来观测到磁星有稳定的 X 射线发射，其光度为 $1\times10^{34}\sim1\times10^{36}$ erg • s^{-1}，并发现 X 射线很可能来自热发射。但是对于 X 射线源的机制仍然没有完善的解释。由观测到的自转周期变化可以确定它们的自转能损不足以提供其 X 射线辐射。目前，解释其能源机制的理论模型主要有两类：吸积模型和磁星模型。吸积模型认为，AXPs 具有 1×10^{12} G 磁场强度，通过吸积低质量的伴星、星际介质、超新星爆发回落物质形成的星周吸积盘等产生 X 射线辐射，吸积过程中自转减慢。磁星模型认为，AXPs 具有（$1\sim10$）$\times10^{14}$ G 强磁场，辐射能源来自磁能或残余的热能，观测到的自转周期及其变化被归因于磁偶极辐射和物质抛射。这两种模型各有优缺点，遗憾的是理论计算所提供的能量比观测能量小 100 多倍，目前的观测更支持磁星模型。2007 年，古普塔（Gupta）等人提出连续电子俘获过程中生成核处于激发态，退激发能可以加热中子星壳层。2010 年，库珀（Cooper）等人进一步提出了一种新的加热磁星壳层的机制。他们认为在磁星壳层中，如果磁压与电子简并压相当，磁压能够抵抗相当一部分的引力。当磁场衰减时，磁压降低，壳层收缩，导致密度增大，电子的费米（Fermi）能升高，原来不能俘获电子的核素由于磁场衰减后其费米（Fermi）能可能超过电子俘获的反应阈能，则新的电子俘获反应将会发生（磁场衰变诱导的电子俘获）。电子俘获反应新生成核将处于激发态,在退激发过程中伴随着热量释放,这种机制有利于解释磁星的持续 X 射线光度。但仅仅给出了定性的讨论,并没有对其物理过程,特别是其中的弱相互作用过程进行详细的研究。实际上,这种加热机制是否成立在很大程度上取决于电子俘获率以及电子俘获过程所放出的能量,即库珀(Cooper)提到的每个核子平均释放的热量 Q 值。在本节中,我们通过具体的模型、合理的磁星壳层初始组份以及更加完善的壳层模型理论,对电子俘获反应进行详细计算,定量地研究这个问题,所得结论将有助于解决磁星持续高 X 射线光度的问题。

4.4.2　退激发能的计算方法

选用壳层模型来定量计算电子俘获率。严格地讲,精确的俘获率必须计及所有的初态 i 到末态 j 的跃迁。对于一个处于某温度 T 下平衡态的核素,每一母核初态 i 在费米(Fermi)能和 GT 跃迁算符作用下,在可能的跃迁终态上将产生一强度分布,因此,电子俘获率可写为:

$$\lambda = \frac{\ln 2}{K} \sum_i \frac{(2J_i+1)\exp\left(\dfrac{-E_i}{k_B T}\right)}{G(Z,A,T)} \sum_j B_{ij}\varphi_{ij}(\rho,T,Y_e,Q_{ij}) \qquad (4.4.1)$$

其中,常数 $K=6\ 146$ s,J_i,E_i 分别是母核的自旋和激发能,$G(Z,A,T)$ 为核配分函数,B_{ij} 为从母核初态跃迁到所有可能的终态的概率,φ_{ij} 为相空间积分。这种方法和 4.3.2 中的方法是类似的,但这里采用电子俘获的实验数据、Change-exchange 反应的结果以及大规模壳层模型的结果。原则上讲,考虑所有的能态由式(4.4.1)可以算出电子俘获率,然而用一个精确的分布函数来描述每个核子的所有激发态是不可能的,因为高激发态近乎是连续的(尤其对于较重的核)。对于母核是基态的情况,子核的自旋和激发能级分布可以从现有核试验数据或者用核壳层模型估算得到,如 ^{56}Co(EC)^{56}Fe 中 ^{56}Fe 的能级分布如表 4-5 所示。

表 4-5　^{56}Fe 的实验能级

E_{level}	J	$T_{1/2}$
0.0	0^+	
846.776 4	2^+	
2 085.077 7	4^+	
2 657.568 10	2^+	
2 959.928 9	2^+	
3 122.931 7	4^+	
3 370.071 0	2^+	
3 445.312 9	3^+	
3 856.454 7	3^+	
4 048.832 11	3^+	

续表

E_{level}	J	$T_{1/2}$
4 100.313 7	4^+	55 fs 25
4 119.871 10	3^+	
4 298.044 8	4^+	110 fs 50
4 394.836	3^+	
4 447.64	$(2^-,3,4)$	
4 458.338 21	4^+	

注:J 为自旋和宇称,$T_{1/2}$ 为半衰期。

对于子核激发态的情况,采用实验数据(见图 4-21)或大规模壳层模型(LSSM)的结论。对于母核激发态的情况,采用奥费海德(Auferheide)的假设:母核从任一激发能为 E_i 的初态向所有可能的能量为 E_f 的终态跃迁过程中,GT 算符产生的 GT 跃迁强度分布与母核从基态跃迁产生的强度分布相似,只是共振点的位置向上平移,这就是所谓的"边缘假设"。LSSM 的计算结果表明,"边缘假设"对 GT 强度分布的描绘在总体上是准确的。由于磁星表面的温度不是足够高[$(1\sim10)\times10^7$ K],大多数母核处于基态。例如处于基态的 ^{64}Zn 的自旋为零,故有 $(2J_0+1)\exp\left(\dfrac{-E_0}{k_BT}\right)=1$;^{64}Zn 的第一激发能 $E_1=0.991$ MeV,相应的自旋 $J_1=2$,则有 $(2J_1+1)\exp\left(\dfrac{-E_1}{k_BT}\right)=4.51\times10^{-50}$。因此,"边缘假设"不会带来实质性的误差,是比较完善而准确的处理技巧。

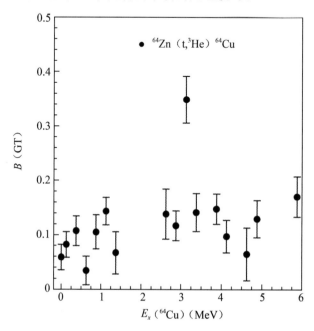

图 4-21 电荷交换实验中 ^{64}Cu 激发能在 6 MeV 以下的 GT 强度

采用所有能够查到的实验能级数据和 LSSM 的结果,平均退激发能量 $\overline{Q}$ 为:

$$\overline{Q} = \sum_i \sum_j \frac{\ln 2(2J_i+1)e^{-E_i/(k_BT)}B_{ij}\varphi_{ij}(\rho,T,Y_e,Q_{ij})}{KG(Z,A,T)\lambda}\Delta E_{ij} \qquad (4.4.2)$$

其中,ΔE_{ij} 是子核激发态到基态的退激发能量。

4.4.3　中子星壳层中的电子俘获退激发能

磁星壳层的初始条件为温度 $T=1\times 10^8$ K,平均密度 $\overline{\rho}=7.33\times 10^8$ g·cm^{-3},电子丰度 $Y_e=0.48$。由上面的计算可得出电子的化学势 $\mu_e=3.17$ MeV(包含静止质量),接下来运用壳层模型计算电子俘获反应的阈能,结果如表 4-6 所示。

表 4-6　壳层中主要核素的电子俘获率($T=1\times 10^8$ K,$\overline{\rho}=7.33\times 10^8$ g·cm^{-3},$Y_e=0.48$)

核素	$Q_{\mathrm{thr,gs\text{-}gs}}$(MeV)	λ(s^{-1})	$\overline{Q}$(MeV)	核素	$Q_{\mathrm{thr,gs\text{-}gs}}$(MeV)	λ(s^{-1})	$\overline{Q}$(MeV)
^{64}Zn	0.575	0.228	0.419	^{64}Cu	-1.677	0.370	0.068
^{56}Ni	-2.133	0.420	1.718	^{56}Co	-4.568	0.121	5.760
^{64}Ga	-7.072	1.500	3.415	^{56}Fe	3.695	2.06×10^{-35}	0.027
^{60}Ni	2.824	7.22×10^{-4}	3.01×10^{-37}	^{60}Co	0.209	8.87×10^{-5}	2.112
^{12}C	13.370	—	—	^{55}Fe	-0.231	0.013	8.10×10^{-10}
^{55}Co	-3.455	0.202	1.952	^{55}Mn	2.604	6.84×10^{-4}	0.037

在表 4-6 中,$Q_{\mathrm{thr,gs\text{-}gs}}$表示基态到基态跃迁的阈能。阈能为负,表示电子俘获反应不需要额外能量。阈能为正,表示只有电子的能量超过相应的阈能,电子俘获反应才能有效地进行,否则只有少量的高能尾巴端的电子参与反应。可想而知,其俘获率会很小。例如电子化学势 $\mu_e>Q_{\mathrm{thr,gs\text{-}gs}}$(^{64}Zn),这时电子俘获反应会有效进行,俘获率 $\lambda=0.228$ s^{-1};而 $\mu_e<Q_{\mathrm{thr,gs\text{-}gs}}$(^{56}Fe),因此 ^{56}Fe 的俘获率几乎为零。根据古普塔(Gupta)提出的由电子俘获退激发加热中子星壳层的思想可知,跃迁到子核的激发态再退激发到基态才是有效的产热方式,而基态到基态的这个过程基本不放热,中微子将带走大量的能量。在反应 ^{64}Zn$(e^-,\nu_e)^{64}$Cu 中,对应子核 ^{64}Cu 的第 1,第 2,第 3,第 4,第 5,第 6,第 7……激发能级的激发能量分别为 0.126 MeV,0.377 MeV,0.624 MeV,0.877 MeV,1.128 MeV,1.380 MeV,2.622 MeV……相应的跃迁到第 1,第 2,第 3,第 4,第 5,第 6,第 7……激发能级的跃迁概率分别为 24.68%,24.37%,5.59%,11.90%,10.46%,2.88%,0.00%……(到基态,跃迁概率是 20.12%)。可见,总的电子俘获率是由低能跃迁决定的。考虑到式(4.4.2)中退激发能的权重平均,得到 $\overline{Q}$(^{64}Zn)$=0.42$ MeV。^{64}Zn 的半衰期为 $\tau=\dfrac{\ln 2}{\lambda}=3.03$ s,而磁场的寿命远大于 ^{64}Zn 的半衰期,所以在磁场的影响下,^{64}Zn 能快速衰变为 ^{64}Cu。由于电子的化学势大于 ^{64}Cu 的电子俘获反应阈能,$Q_{\mathrm{thr,gs\text{-}gs}}=-1.677$ MeV,^{64}Cu 将继续俘获电子生成更加稳定的 ^{64}Ni。幸运的是,^{64}Ni 的阈能 $Q_{\mathrm{thr,gs\text{-}gs}}(^{64}Ni)=6.99$ MeV,远大于电子的化学势,所以在此物理环境下它是稳定的。

对其他核素进行类似地分析,我们发现 ^{56}Ni,^{64}Ga,^{60}Ni 和 ^{55}Co 也都是不稳定的,但是它们的退激发能量相差很大。反应 $^{64}Ga(e^-, \nu_e)^{64}Zn$ 中的退激发能量为 3.42 MeV，而反应 $^{60}Ni(e^-, \nu_e)^{60}Co$ 中的退激发能量几乎为零，原因是其跃迁以基态跃迁为主。由于 $^{56}Co, ^{64}Zn, ^{60}Co$ 和 ^{55}Fe 都是不稳定核素，它们将继续俘获电子生成 $^{56}Fe, ^{64}Ni, ^{60}Fe$ 和 ^{55}Cr（反应链见表 4-7）。另外，^{12}C 的阈能太高，在长时间不会衰变。至此我们得到了稳定的核素 $^{56}Fe, ^{64}Ni, ^{60}Fe, ^{55}Cr$ 和 ^{12}C，电子丰度变为 $Y_e = 0.45$。

表 4-7　磁场衰变前基态到基态的电子俘获阈能

序号	反应链	$Q_{thr,gs\text{-}gs}$（MeV）	产物
1	$^{64}Zn(e^-, \nu_e)^{64}Cu(e^-, \nu_e)^{64}Ni$	6.99	^{64}Co
2	$^{56}Ni(e^-, \nu_e)^{56}Co(e^-, \nu_e)^{56}Fe$	3.70	^{56}Mn
3	$^{64}Ga(e^-, \nu_e)^{64}Zn(e^-, \nu_e)^{64}Cu(e^-, \nu_e)^{64}Ni$	6.99	^{64}Co
4	$^{60}Ni(e^-, \nu_e)^{60}Co(e^-, \nu_e)^{60}Fe$	9.717	^{60}Mn
5	$^{55}Co(e^-, \nu_e)^{55}Fe(e^-, \nu_e)^{55}Mn(e^-, \nu_e)^{55}Cr$	6.096	^{55}V

假如磁场强度衰减到 1×10^{13} G，均密度 $\overline{\rho}' = 1.17 \times 10^9$ g·cm^{-3}，电子化学势增加 0.5 MeV，达到 3.68 MeV。从表 4-7 可以发现，电子的化学势低于大多数核素的阈能[除了 ^{56}Fe，$^{56}Fe \xrightarrow{EC} {}^{56}Co$（$Q_{thr,gs\text{-}gs} = 3.7$ MeV，$\lambda = 7.67 \times 10^{-10}$ s^{-1}，$\overline{Q} = 0.0$ MeV）$\xrightarrow{EC}$ ^{56}Mn（$Q_{thr,gs\text{-}gs} = 1.64$ MeV，$\lambda = 1.57 \times 10^{-4}$ s^{-1}，$\overline{Q} = 1.29$ MeV）$\xrightarrow{EC} {}^{56}Cr$（$Q_{thr,gs\text{-}gs} = 9.055$ MeV，^{56}Cr 是稳定的）]。上述结果表明，虽然在动力学上磁场衰减会导致密度和电子化学势增大，但是由磁场衰减导致的有效产热是非常有限的，这是因为放出的能量正比于 B^2。库珀（Cooper）等人假设磁场强度为 1×10^{16} G，而磁星表面的磁场强度小于 1×10^{16} G。电子俘获反应所释放的总热量可以表示为：

$$Q_t = \Delta m \sum_i \frac{\chi_i}{A_i} N_A \sum_n \overline{Q}_m \tag{4.4.3}$$

其中，χ_i, A_i 分别为第 i 种核素的质量丰度和质量数，壳层的质量 $\Delta m = 4.56 \times 10^{-7} M_\odot$，$n$ 表示核素共发生 n 次电子俘获反应，电子俘获反应总的退激发能量为 $Q_t = 3.85 \times 10^{42}$ erg，虽然还不足以解释持续软 X 射线辐射的光度约为 10^{35} erg·s^{-1}，但是电子俘获反应中新生核子的退激发能量可能是一种维持持续 X 射线发射的重要来源之一。对于更深的位置，比如在磁星表面下 1 km 处，其磁场强度可以高达 1×10^{16} G，密度将达到中子低密度（4×10^{11} g·cm^{-3}），我们没有考虑密度在中子滴出密度附近的俘获反应，它可能会提供更多的退激发能。

我们 2015 年提出电子俘获的退激发能将影响接下来热核反应的点燃条件，进而导致总的产能提高，结果更有利于解释观测到的 I 型 X 射线暴和超暴（比正常 I 型 X 射线暴还强 3 个量级的爆发）。在电子俘获产生的子核从激发态跃迁到基态的过程中，将释放热能。当这种情况发生在吸积中子星壳层时，这些退激发的热能将导致温度升高和改变随后的碳点燃条件。以前的研究表明，理论的碳点燃深度要大于从观察推断的结果。我们采用详细的能级到能级跃迁的方法，计算了在碳点燃之前，rp 过程灰烬的电子俘获产生的退激发能,分析了理论的碳点燃柱密度并与观测比较,从核反应网络的结果估计碳点燃的深度。我们的结果表明,在碳点燃之前,电子俘获的平均退激发能量为 0.025 MeV/u,这显著大于先前的结果。这些能量可以显著提高中子星壳层的温度和降低碳点燃深度。结果可以解释已观测到的碳点燃深度。

第5章 核塌缩型超新星抛射物的长期演化

5.1 超新星遗迹的长期演化

超新星遗迹的演化会持续很长时间,如著名的 1054 年超新星,它的遗迹蟹状星云至今仍然是研究超新星遗迹的主要观测目标之一。因此,研究超新星爆炸以后遗迹的长期演化也是超新星研究的一个重要课题。

大量的观察和理论研究表明,超新星爆炸是星际介质(ISM)中重元素和能量的主要来源。研究金属丰度演化已被证明对于星系史的研究是非常有用的,我们将在后续章节讨论此问题。超新星也是星际云动能的主要来源。假设所有 Ⅰ 型和 Ⅱ 型超新星的能量分别为 5×10^{50} erg 和 1×10^{51} erg,艾伯特(Abbott,1982)估计超新星的能量输入要比 O、B、A、超巨星和 Wolf-Rayet 星输入的总能量还要大 5 倍。这些能量又将影响 ISM 中随后的恒星形成,进而改变超新星的爆发率和能量输出。各种物理过程之间的相互作用使得 ISM 的研究变得复杂。特别地,由于超新星是 ISM 的主要能源,因此对超新星遗迹动力学演化的恰当处理对星系或球状星团研究来说都是必不可少的。下面先介绍桑顿(Thornton)等人在 1998 年的方法。

由于超新星抛射的速度是非相对论的,所以可以采用牛顿力学求解,其动力学方程组为:

$$\frac{1}{\rho} = \frac{4\pi}{3} \times \frac{\partial r^3}{\partial m} \tag{5.1.1}$$

$$\frac{\mathrm{d}r}{\mathrm{d}t} = \nu \tag{5.1.2}$$

$$\frac{\mathrm{d}\nu}{\mathrm{d}t} = -\frac{1}{\rho} \times \frac{\partial P}{\partial r} - \frac{Gm(r)}{r^2} \tag{5.1.3}$$

$$\frac{\mathrm{d}\varepsilon}{\mathrm{d}t} = \frac{(P+\varepsilon)}{\rho} \times \frac{\mathrm{d}\rho}{\mathrm{d}t} - n_\mathrm{e} n_\mathrm{H} \Lambda(T) \tag{5.1.4}$$

$$P = (\gamma - 1)\varepsilon \tag{5.1.5}$$

$$T = \frac{\mu m_\mathrm{H} P}{k\rho} \tag{5.1.6}$$

其中，t 为时间，ν 为速度，P 为压强，T 是温度，ρ 是质量密度，ε 是单位质量的内能，Λ 是冷却函数。其中式(5.1.1)是连续性方程或者称为"质量守恒方程"；式(5.1.3)是动力学方程；式(5.1.4)是能量守恒方程，表示吸或放热与对外做功和内能之间的联系。

金属丰度对冷却函数有重要影响(见图 5-1)，冷却函数直接影响遗迹的光度。典型的计算是设 ISM 中金属丰度与太阳的金属丰度一致，氦的丰度是 23%，氢的丰度为 $(77-Z)\%$，Z 是金属质量丰度百分比，太阳系的 $Z=2$。下面考虑太阳金属丰度，以爆发能量为 1×10^{51} erg 的核塌缩型超新星激波为例计算，并与前人(Thornton et al.，1998)的结果进行比较。

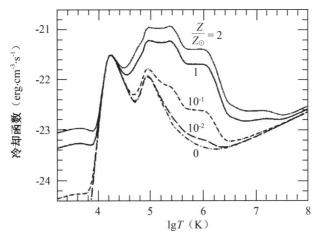

图 5-1　不同金属丰度条件下的冷却函数(Thornton et al.，1998)

图 5-2 为各种能量随时间的变化图。设 ISM 的数密度 $n_{\mathrm{H}}=0.133$ cm^{-3}，金属丰度为太阳的金属丰度。垂直点虚线表示冷却开始和结束的阶段。实线是我们计算的结果，E_{k}，E_{i}，E_{Tot} 分别为动能、热能和总能量，各种分散的符号是桑顿(Thornton，1998)的结果。图 5-3 为激波的波前速度、光度、半径和被激波污染的物质的质量随时间的演化。图 5-4 为不同时刻激波的密度剖面。图 5-5 为不同时刻激波的温度剖面图。5-6 为不同时刻激波的速度剖面。

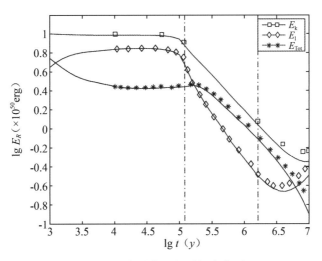

图 5-2　各种能量的时间变化图

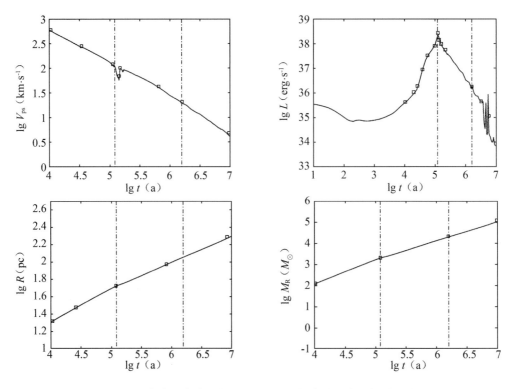

图 5-3　激波的波前速度、光度、半径和被激波污染的物质的质量

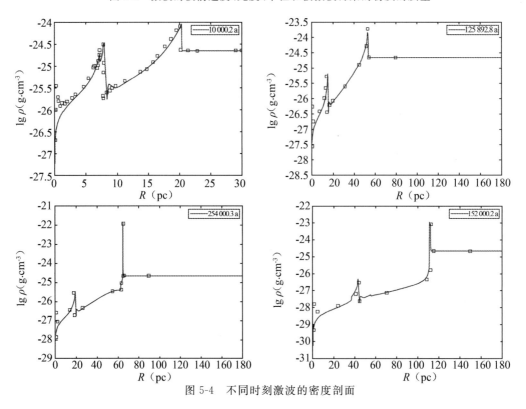

图 5-4　不同时刻激波的密度剖面

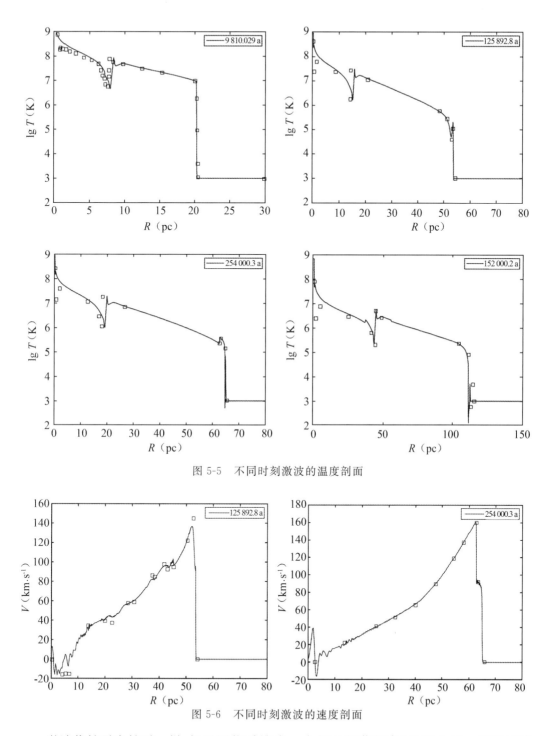

图 5-5 不同时刻激波的温度剖面

图 5-6 不同时刻激波的速度剖面

激波像铲雪车铲雪一样,把星际物质堆成一个相对很薄的壳(见图 5-4)。刚形成壳时的光度最大[见图 5-3(b)]。密度比 ISM 的平均密度大几个量级,激波后面空间类似"真空"。定义 $t_f = 13t_0$,其中 t_0 是光极大的时间。t_f 时的光度近似为最大光度的 0.5%。t_f 表示激波形成的壳存在的最后阶段,超过这个时间,壳就慢慢弥散开,厚度明显增大,密度明显降低,演化明显降速。桑顿(Thornton)拟合出不同抛射物能量、ISM 密度、金属丰度下 t_f 时刻的物理量,如半径 R、质量 M、速度 V_s、光度 L 等。

如果 $\lg[Z/Z_\odot] > -2$,则:

$$R = 49.3 E_{51}^{2/7} n_0^{-0.42} \left(\frac{Z}{Z_\odot}\right)^{-0.1} \text{pc}$$

$$M_R = 1.44 \times 10^4 E_{51}^{6/7} n_0^{-0.24} \left(\frac{Z}{Z_\odot}\right)^{-0.28} M_\odot$$

$$M_s = 1.41 \times 10^4 E_{51}^{6/7} n_0^{-0.24} \left(\frac{Z}{Z_\odot}\right)^{-0.27} M_\odot$$

$$V_s = 11.3 E_{51}^{1/14} n_0^{-0.01} \left(\frac{Z}{Z_\odot}\right)^{-0.09} \text{km} \cdot \text{s}^{-1}$$

$$L = 4.55 \times 10^{36} E_{51}^{11/14} n_0^{0.53} \left(\frac{Z}{Z_\odot}\right)^{0.19} \text{ergs} \cdot \text{s}^{-1}$$

如果 $\lg[Z/Z_\odot] < -2$,则:

$$R = 78.1 E_{51}^{2/7} n_0^{-0.42} \text{pc}$$

$$M_R = 5.23 \times 10^4 E_{51}^{6/7} n_0^{-0.24} M_\odot$$

$$M_s = 4.89 \times 10^4 E_{51}^{6/7} n_0^{-0.24} M_\odot$$

$$V_s = 17.1 E_{51}^{1/14} n_0^{-0.01} \text{km} \cdot \text{s}^{-1}$$

$$L = 1.90 \times 10^{36} E_{51}^{11/14} n_0^{0.53} \text{ergs} \cdot \text{s}^{-1}$$

其中,E_{51} 为以 1×10^{51} erg为单位的抛射物能量,n_0 为 ISM 的数密度,$Z/Z_\odot$ 是以太阳金属丰度为单位的金属丰度。以上计算基于均匀的 ISM 密度,并且 ISM 温度在激波达到前是恒定的。

5.2 双中子星合并遗迹的长期演化

核塌缩型超新星的爆发遗迹和双中子星合并的遗迹演化类似,至今已观测到很多候选体,但天文学家还无法准确分辨,所以我们在此介绍双中子星合并的遗迹演化特征,以期找到他们两者之间的区别,以便于研究。

双中子星合并(BNSM)在当前的天体物理学研究中是一个非常活跃和重要的课题。双中子星合并被认为是短伽马射线的中心引擎(Wang,Huang,2018;Abbott et al.,2017)、引力波的起源之一和r-过程元素的起源地之一(Drout et al.,2017;Abbott et al.,2017)。由于中子星合并和超新星爆炸能量有相同的量级,因此中子星合并的激波演化与超新星的激波演化有相似之处,但是绝非一样。它们之间有以下区别:(1)中子星合并抛射物的质量是 $1 \times 10^{-3} M_\odot \sim 1 \times 10^{-2} M_\odot$,远远小于超新星抛射物的质量。(2)中子星合并抛射物的速度远远大于超新星爆炸抛射物的速度。超新星典型抛射物的速度是10 000 km/s,而中子星合并抛射物的初始速度接近光速。GW170817的抛射速度大约为 $0.3c$,因此牛顿流体力学的计算适用于超新星而不适合于中子星合并的初始激波。(3)中子星合并是r-过程核合成的主要场所,中子星合并抛射物的金属丰度比超新星抛射物(大部分是 H 和 He)高得多,高金属丰度将影响气体的冷却函数。

在理论估计中,双中子星合并事件引力波的探测频率为 1～100 次/年,远高于黑洞的合并频率(Abadie et al.,2010)。这意味着理论上,双中子星合并事件的遗迹应该很多。然而,至今还没有被观测结果证实的双中子星合并遗迹(除了 GW170817)。根据数值模拟的结果,双中子星合并遗迹的中心是致密天体,外面将形成类似真空的空腔,空腔具有相对密度比星际介质密度大几个量级的外壳。它们类似于超新星遗迹,这也许是天文学家没有区分出双中子星合并遗迹和超新星遗迹的原因。但实际上它们的光度、尺度和膨胀速度等都是和超新星遗迹不一样的。现在有一些星系中的空洞被认为是双中子星合并遗迹的候选者(Domainko,Ruffert,2005)。我们利用数值模拟给出更接近于实际情况的双中子星合并遗迹的观测特征。根据我们理论上得到的观测特征,并利用能进行宽波段、大视场巡天的望远镜,希望在观测上首先发现除了 GW170817 外的双中子星合并遗迹。

目前,对双中子星合并的研究主要集中在合并瞬间,如引力波、光学对应体、核合成等。通过观测和模拟,研究人员给出了从前身到余辉的解释,然而只有少数研究人员开展对双中子星合并遗迹的长期演化模拟。蒙特斯(Montes)等人发现当扫掠质量约为 1 000 $M_\odot$ 时,达到壳形成时期。此时,r-过程元素的质量丰度比太阳中对应的金属丰度显著提高两个数量级(Montes et al.,2016)。我们用三个不同的物态方程组调查了双中子星合并遗迹的长期演化影响。发现与 DD2 和 TM1 模型比较,SFHo 模型的遗迹产生的光度最大。在最大光度阶段,激波温度约为 $3×10^5$ K。更重要的是,得到了根据密度、尺度等物理量确定双中子星合并遗迹演化阶段的方法(Liu,Zhang,2017)。

5.2.1　模拟使用的基本方程

德·科莱(De Colle et al.,2012)等人在研究 γ 射线暴时,使用了守恒形式的绝热的狭义相对论流体动力学方程组。我们在 De Colle 给出的方程基础上增加了热量的吸收或者释放项 Q。为了简化,在自然单位制下,狭义相对论流体动力学方程可写为:

$$\frac{\partial D}{\partial t} + \nabla \cdot (D\vec{v}) = 0 \tag{5.2.1}$$

$$\frac{\partial \vec{S}}{\partial t} + \nabla \cdot (\vec{S}\vec{v} + PI) = 0 \tag{5.2.2}$$

$$\frac{\partial \tau}{\partial t} + \nabla \cdot (\tau\vec{v} + P\vec{v}) = Q \tag{5.2.3}$$

$$D = \rho\Gamma \tag{5.2.4}$$

$$\vec{S} = Dh\Gamma\vec{v} \tag{5.2.5}$$

$$\tau = Dh\Gamma - P - D \tag{5.2.6}$$

其中,式(5.2.1)是相对论下的连续性方程或者称为"质量守恒方程"。式(5.2.2)是相对论下的动量守恒方程,$\vec{S}\vec{v}+PI$ 是动量流密度张量。式(5.2.3)是能量守恒方程,表示吸或放热与对外做功和内能之间的联系。在式(5.2.3)至式(5.2.6)中,t 为时间,$\vec{v}$ 为速度,P 为压强,I 是单位矩阵,ρ 是质量密度,$\Gamma=(1-v^2)^{-1/2}$ 是自然单位制下的洛伦兹因子,h 是比焓,由 $h=1+\varepsilon+\dfrac{p}{\rho}$ 决定,ε 是单位质量的内能,Q 是单位体积放出或吸收的能量。

采用新的冷却函数,结果如图 5-7 所示。

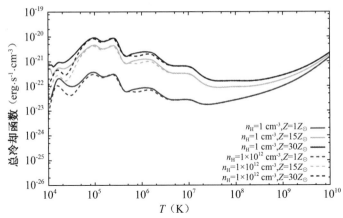

图 5-7 不同金属丰度下的冷却函数（Wang et al.，2014）

5.2.2 数值方法

我们的模拟程序包括 1 800 个网格点,其中最里面的爆炸抛射物的质量占 300 个网格点,剩下的 1 500 个网格点分配给外部星际介质。数值模拟采用显式拉格朗日有限差分格式。激波间断的处理引入人为黏度系数米处埋。时间步长控制采用更严格的Courant-Friedrichs-Lewy 稳定性条件 $\Delta t = 0.1 \min\left\{\dfrac{r_{i+1}^n - r_i^n}{(c_s)_{i+1/2}^n}\right\}$,其中 c_s 是声速,$i = 0, 1, 2 \cdots$;$n = 0,$ $1, 2 \cdots$同时,每一时间步长内的物理量满足改变不超过 10%。经多次测试,该程序与国外其他程序符合很好。采用 3.4 GHZ 双 CPU、内存 2 G 的计算机,在只考虑冷却函数(无其他微观物理过程处理)的情况下,程序运行一次大概耗时 25 h。当考虑其他微观过程机时成量级的增加,因为每一步每一网格都要增加计算量,但是如果采用服务器和 GPU 计算,将会大大减少时间。

5.2.3 计算结果

在激波传播过程中,首激波是最重要的部分,因为它包含了遗迹的主要质量和能量。图 5-8 显示了首激波的相关物理量,包括不同模型的速度、传播距离和温度。从图中可以看出,三种不同物态方程对应的速度、传播距离和温度的演化趋势都是相似的。由于SFHo模型的能量更高,其相应的速度、传播距离和温度都比其他两例大。基于同样的原因,DD2 模型对应的物理量略大于 TM1 模型的。下面,将具体分析这些物理量。首激波的速度 V_{sh} 除演化后期反弹的激波能赶上首激波并提高其速度外,通常是随着时间而减小。例如 DD2 模型中速度曲线朝下的尖点就对应反弹的激波赶上首激波的时刻。激波堆积的壳后面的区域叫作"气泡"(Bubble)。气泡内部速度的变化很复杂(见图 5-9)。在初始阶段,气泡内物质速度随着时间逐渐减少,然后形成内向的激波。向内的激波与BNSM 遗迹中心物质碰撞并反弹。反弹激波向前移动的速度很快,可以赶上首激波。这种激波振荡在气泡中多次出现,但振荡的幅度越来越小。首激波的速度下降很快。例如,SFHo模型的激波速度在 32 年内从 0.24 倍光速降到 10 000 km·s^{-1}。因此,狭义相对论对 10 年后的激波的影响就变得微不足道了。

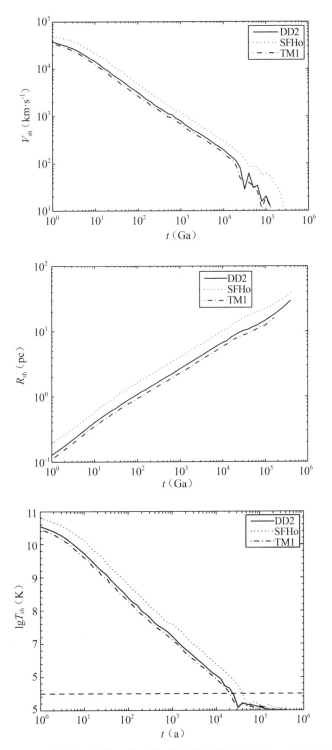

图 5-8　首激波不同模型的速度、传播距离和温度(Liu et al.，2017)
未考虑 r-过程元素的放能和电离消耗的能量

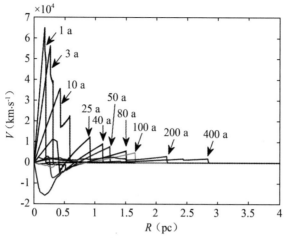

图 5-9 气泡内部的速度变化(Liu et al.,2017)

未考虑 r-过程元素的放能和电离消耗的能量

对于 BNSM 遗迹的半径随时间而增大很好理解。当速度减小到 $10 \text{ km} \cdot \text{s}^{-1}$ 时，TM1、DD2 和 SFHo 三个模型对应的 BNSM 遗迹半径分别为 15.0 pc，17.2 pc 和 24.3 pc，相应地被 BNSM 污染的质量分别为 $4.61 \times 10^2 M_{\odot}$，$6.39 \times 10^2 M_{\odot}$ 和 $1.80 \times 10^3 M_{\odot}$。因此，SFHo模型对星系演化的影响比其他两个模型大。遗迹的初始能量主要由动能贡献，但动能会很快转化为热能。在初始阶段，激波温度可以超过 $1 \times 10^{10} \text{ K}$。在整个绝热膨胀阶段，热能保持不变，而激波的温度随着时间的流失而降低。当辐射变得有效时，热能就迅速损失，温度下降到 ISM 温度。

遗迹的光度如图 5-10 所示。高亮度可以提高探测 BNSM 遗迹的概率，因此，我们仔细研究了最大光度。对 SFHo、TM1 和 TM2 模型最大的光度分别出现在 4.0×10^4 a，2.5×10^4 a 和 2.0×10^4 a。SFHo 模型的最大亮度为 $3.4 \times 10^{38} \text{ erg} \cdot \text{s}^{-1}$，比 DD2 模型约大五倍。SFHo 模型对应的 BNSM 遗迹可支持高亮度（$> 1 \times 10^{38} \text{ erg} \cdot \text{s}^{-1}$）平均 2.29×10^4 a$[(2.51 \sim 4.80) \times 10^4$ a$]$。我们发现，最大光度总是出现在临界温度 $T_{cr} \backsim 3.15 \times 10^5 \text{ K}$（见图 5-8），因为这时冷却率最高。

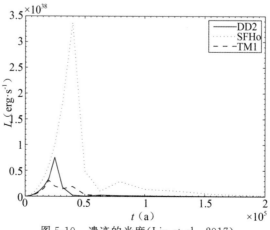

图 5-10 遗迹的光度(Liu et al.,2017)

未考虑 r-过程元素的放能和电离消耗的能量

图 5-11 显 示 了 BNSM 激波密度分布的变化。对于激波壳,密度迅速降低到 $1×10^{-23}$ g·cm^{-3},然而首激波的密度基本不变,直到辐射阶段。例如对于 SFHo 模型,对应的时刻是 $3.16×10^4$ a,对应的半径为 16.1 pc。在最大光度后,由于冷却,壳层密度突然增加。典型的密度比 ISM 密度大一个数量级。最大密度几倍于 $1×10^{-21}$ g·cm^{-3}。在气泡中(除早期外),密度通常比 ISM 密度低 1~4 个数量级。时间越长,气泡密度越小。注意,图中的气泡区有两个尖峰。较大的一个位于 BNSM 原始喷射物和 ISM 的边界。较小的那个是由于重新反弹的激波的挤压而形成的。而且不管最初遗迹的能量有多大,遗迹的密度剖面分布形状非常相似。例如在光度极大前,首激波的密度 ρ_{cr} 约为 $1×10^{-23}$ g·cm^{-3}(图中的虚线);在最大光度之后,激波形成一个极薄的"致密"壳,密度约为 $1×10^{-21}$ g·cm^{-3}。

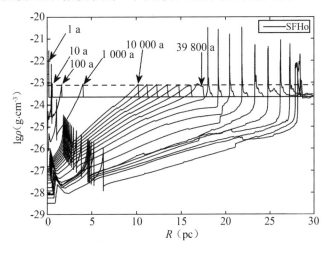

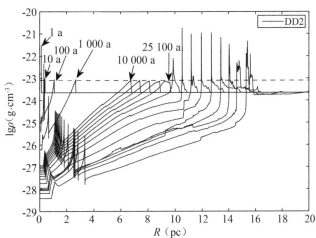

图 5-11　BNSM 激波密度分布的变化(1)(Liu et al.,2017)
未考虑 r-过程元素的放能和电离消耗的能量

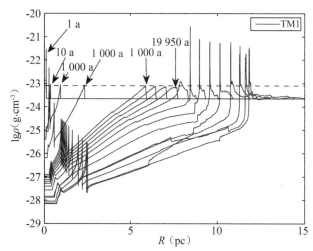

图 5-11　BNSM 激波密度分布的变化（2）（Liu et al. , 2017）
未考虑 r-过程元素的放能和电离消耗的能量

5.2.4　小结

通过采用三个 BNSM 模型以及具有太阳金属丰度、数密度 $n_H = 1\ cm^{-3}$ 的典型 ISM 进行模拟，我们研究了遗迹光度、质量和半径，以及激波的速度、温度和密度。受 SFHo 模型污染的 ISM 质量分别是 TM1 模型和 DD2 模型的 3.6 倍和 2.8 倍。特别是，我们发现了不同模型的激波壳在光极大时的共同特征。

（1）最大光度前的临界温度 T_{cr} 略高于冷却函数中冷却率最大时的温度。请注意，T_{cr} 是 ISM 金属丰度的函数。

（2）最大光度前的临界密度 ρ_{cr} 大约为 ISM 密度的 5 倍。

以上两点都与星际介质有关，与爆炸模型无关。总之，激波壳的密度和温度有以下特征：最大光度前，$T > T_{cr}$，$\rho \approx \rho_{cr}$；最大亮度时，$T \approx T_{cr}$，$\rho \approx \rho_{cr}$；最大光度后，$T < T_{cr}$，$\rho > \rho_{cr}$。

观测到的 HI 环是 BNSM 遗迹的候选体，甚至可能帮助确定 NSBH 合并的地点。在许多星系中，确实观测到了来历不明的大的 HI 环（Domainko et al. , 2005）。现在，直接观测到的基本只有壳体半径和膨胀速度。参考半径和膨胀速度的关系，在哈兹迪米特（Hatzidimitriou）等人的研究中，半径小于 30 pc 的 15 个源可能是 BNSM 遗迹。根据我们的判断，这些候选者的低亮温度说明它们的演化已经经历了最大的光度阶段。未来，需要用高分辨率观测来寻找小半径的 HI 环，并需要所在区域的 ISM 温度和密度数据。

5.3　GW170817 的长期演化

2017 年 8 月 17 日，LIGO 和 Virgo 首次探测到来自双中子星合并源 GW170817 的引力波。10.86 h 后，杜洛特（Drout）等人发现了光学波段的信号，包括紫外、光学、红外。分析发现，光变曲线与 r-过程核合成产物的衰变基本一致，估计合并过程抛射的质量至少为 $0.05 M_\odot$（Drout et al. , 2017）。基尔帕特里克（Kilpatric）等人进一步证实了用千新

星模型可以很好地解释光学和近红外的观测（Kilpatrick et al. ,2017 ; Li,Paczyński,
1998）。当前的研究认为宇宙中大部分的 r-过程元素可能来自中子星合并,而不是先前
认为的超新星爆炸（Sekiguchi et al. ,2015；Drout et al. ,2017）。与中子星合并相比,核
塌缩型超新星的爆发率更高,但 r-过程元素的产量很低。更重要的是,超新星爆炸后的
中微子驱动风中很难产生与观测相符的 $A>130$ 的元素分布（Qian,2008）。除了光学波
段信号,来自 GW170817 的射电波段（Hallinan et al. ,2017）、X 射线（Troja et al. ,
2017）、伽马射线（Wang et al. ,2017）波段的电磁信号也被观测到。因此,双中子星合并
时引力波与电磁信号共存被充分证实。通常认为可能是短伽马暴与双中子星合并事件
成协,但是卡斯利瓦尔（Kasliwal）分析了 GW170817/GRB170817a 伽马波段的信号后认
为,GW170817/GRB170817a 不是普通的、具有极端相对论行喷流的短伽马暴（Kasliwal
et al. ,2017）,而是宽角度、中等相对论性、形状类似蚕茧状的爆发（Mooley,2018；Evans
et al. ,2017）。2018 年,纳卡（Nakar）等人通过二维和三维的程序模拟了 GW170817 从伽
马波段到射电波段的光学对应体的产生过程。爆发前,它的中心可能有一个磁星
（Metzger et al. ,2018）;爆发后,它的中心可能形成一个黑洞（Pooley et al. ,2018）。也可
能是一颗强磁星,但徐仁新等人认为有可能是奇异星合并而非中子星合并（Lai et al. ,
2018）。此外,中子星合并还与暗能量、广义相对论等天文和理论物理前沿研究有联系
（Creminelli,Vernizzi,2017；Ezquiaga,Zumalacárregui,2017）。

　　综上所述,双中子星合并源 GW170817 是一个非常重要和典型的源,同时也是目前
天文和理论物理研究的热点之一。目前对 GW170817 的研究主要是报道观测现象以及
如何解释这些观测现象,很少有关于其后续演化的。我们根据 GW170817 的爆发数据估
算:在其爆炸 4 年后（即 2021 年）,由于抛射物和星际介质碰撞将产生较强辐射（主要是
轫致辐射）,最大光度为 2×10^{35} erg • s^{-1} 以上,主要频率为 10 GHz 左右,辐射的具体光
度和频率强烈依赖于星际介质的性质,如密度、金属丰度等,因此,GW170817 有可能被
再次观测到。我们之前一直从事超新星的数值模拟。2017 年,我们根据不同的物态方程
（EoS。Sekiguchi et al. ,2015）,对双中子星合并激波在星际介质中传播的长期演化进行
了较详细的模拟,得到了激波动能、势能、热能、速度、光度等随时间的演化规律。我们将
包括 GW170817 的爆发数据和详细物质电离过程的非齐次狭义相对论性流体力学方程
组,考虑不同星际介质性质来模拟 GW170817 的后续演化。

5.3.1　电离效应

　　在先前的双中子星合并遗迹或超新星遗迹模拟中,星际介质温度通常是假定为
10^4 K 以上的常数。这时大部分物质是电离的,甚至是完全电离的,所以计算电离过程可
以忽略。物态方程和能量守恒方程的计算都相对简单。然而在实际情况下,典型的星际
介质温度可能低至几十开尔文,其中的物质由分子组成。因此,为了更准确、更贴近实际
情况地描述双中子星合并遗迹的长期演化,必须考虑电离效应。迄今为止,电离效应对
双中子星合并遗迹或超新星遗迹长期演化的影响还没有被研究过。靠近中子星合并点
的地方温度高,远离中子星合并点的地方温度低,造成初始的电离程度不一样。当温度
低于 H（或 He 或金属）的电离温度时,物质处于未电离或者部分电离的状态。激波能量
首先要损失部分能量去电离,然后再计算被激波碰撞的物质的冷却放能。当星际介质有

足够高的温度,并已经完全电离时,只需考虑被激波碰撞的物质冷却放能。

我们在狭义相对论齐次方程基础上增加三个热量的吸收或者释放项,变为非齐次狭义相对论流体动力学方程。为了简化,在自然单位制下,拟采用的非齐次狭义相对论流体动力学方程可写为[矢量表达参见式(5.2.1)至(5.2.6)]:

$$\frac{\partial D}{\partial t} + \nabla \cdot (D\nu) = 0 \tag{5.3.1}$$

$$\frac{\partial S}{\partial t} + \nabla \cdot (S\nu + PI) = 0 \tag{5.3.2}$$

$$\frac{\partial \tau}{\partial t} + \nabla \cdot (\tau\nu + P\nu) = -n_e n_H \Lambda(T) - \sum \frac{dn_i}{dt} E_i + E_r \tag{5.3.3}$$

$$D = \rho\Gamma \tag{5.3.4}$$

$$S = Dh\Gamma\nu \tag{5.3.5}$$

$$\tau = Dh\Gamma - P - D \tag{5.3.6}$$

其中,式(5.3.1)是相对论下的连续性方程,或者称为"质量守恒方程"。式(5.3.2)是相对论下的动量守恒方程,$S\nu + PI$ 是动量流密度张量。式(5.3.3)是能量守恒方程,表示吸或放热与对外做功和内能之间的联系。$\Lambda(t)$ 为冷却函数,E_i 和 n_i 分别为离子的数密度和电离能。E_r 是每克物质中 Sb,Kr,Ru,Rh 等较长衰变周期的 r-过程元素每秒钟放出的能量。在式(5.3.3)至式(5.3.6)中,t 为时间,ν 为速度,P 为压强,I 是单位矩阵,ρ 是质量密度,$\Gamma = (1-\nu^2)^{-1/2}$ 是自然单位制下的洛伦兹因子,h 是比焓,由 $h = 1 + \varepsilon + p/\rho$ 决定,ε 是单位质量的内能,Q 是单位体积的放出或吸收的能量。

5.3.2 模拟结果

图 5-12 是遗迹的光度随时间的演化(设 ISM 温度为 60 K)。左图为光度的长期演化,右图为约 300 年内的变化。由于激波处于高温和低密度状态,所以主要是韧致辐射冷却。知道辐射功率后,利用韧致辐射公式(参见尤峻汉《天体的辐射机制》第六章)可以进一步得到辐射谱。

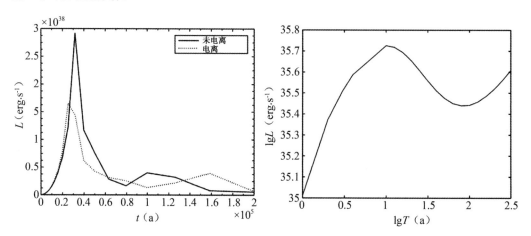

图 5-12　遗迹的光度随时间的演化(设 ISM 温度 60 K)

第 6 章　超新星抛射的铁族元素对星系演化的影响

6.1　金属丰度分布的研究及意义

对星系金属丰度分布的研究是当下天文学发展的重要方向之一,并且也是研究恒星和星系演化的主要方法之一。2015 年,海登(Hayden)等人通过对银河系中 69919 颗红巨星的金属丰度分布进行分析,研究了银河系盘的不同半径处[α/Fe]随[Fe/H]的分布情况,不仅以此提出了一个新的金属丰度分布方程,还进一步推演了银河系的化学演化历史。金属丰度分布包含许多复杂的物理学过程。2008 年,科拉维蒂(Colavitti)、马特西(Matteucci)和穆兰特(Murante)提出在研究金属丰度分布时应该详细地考虑暗物质吸积率的影响。因为在一般情况下,吸积率与重子的形成息息相关。在此之前,纳布(Naab)与奥斯特里克(Ostriker)等人在 2006 年曾提出吸积率影响金属丰度分布,不过他们认为吸积率在整个恒星演化过程中是一个不变常数,但这个假设并没有详细的演化理论和模型支持,而吸积率至少应该是一个随时间和星系半径变化的量(Pezzulli,Fraternali,2016)。同样地,金属丰度分布也特别受星风的影响。最近的研究表明,物质外流率也同样影响着金属丰度分布。格里索尼(Grisoni)、斯皮托尼(Spitoni)和马特西(Matteucci)等人于 2018 年提出,外流影响在不同中心半径上的金属丰度分布。除了吸积率和外流率,反馈机制(包括超新星反馈和星风反馈等)也影响着金属丰度分布。2011 年,小林(Kobayashi)和中岛(Nakasato)等人发现在考虑了反馈后,模拟结果在 UVB 三个波段与观测结果更加统一。除了这些主要影响机制外,还有其他许多物理过程影响着金属丰度分布,如盘状恒星径向迁移、非轴对称扰动等(Roskaretal,2008;Schonrich,Binney,2009;Loebman,2011;Haywood,2016)。2009 年,多位天文学家(Kirby,Shetrone,Geisler 等)通过观测和分析光谱,并采用不同的物理模型,解释了不同星系中金属丰度分布的情况。但是这些模型有着相似的缺点,即不能很好地解释低金属丰度的分布。钱永忠和瓦斯伯格(Wassbergs)提出了另一种新的模型(以下简称"QW 模型"),详细地研究了不同星系中的铁元素丰度分布,并对比现有的观测数据,拟合结果能较好地解释天炉星系(Fornax)和六分仪星系(Sextans)等矮椭球星系的金属丰度分布。刘门全等人(2016)改进了 QW 模型,加入了Ⅰa型超新星和Ⅱ型超新星的爆发概率和具体的铁族元素产量,改进后的模型不仅在整体上与观测数据更加符合,还能解释在星系初期形成的低金属丰度恒星中的 Mn 等元素的分布。在此研究基础上,我们 2018 年进一步考虑了新生成的核素衰变对模型的影响,并模拟了矮椭球星系玉夫星系(Sculptor)中 Co 等元素的分布,给出了考虑或忽略衰变效应后星系中 Co 等元素随时间的分布曲线。

金属丰度分布的物理理论与光谱分析相辅相成,通过对光谱的分析,可以修正目前的理论和模型,而新的模型理论也可以指导观测。

6.2 矮椭球星系的研究现状和意义

6.2.1 矮椭球星系简介

矮椭球星系是矮星系的一种,这类星系光度很弱,很难被发现,目前被人们观测到的只有 20 个。但实际上这类星系非常多,甚至可能是宇宙中数量最多的星系,而且这其中还有许多个是宇宙早期遗留下来的。玉夫星系(Sculptor)就是距离我们大约 8 600 pc 的一个矮椭球星系,其质量为太阳质量的 3.4×10^8 倍。该星系位于银河系维度较高的位置($b = -83°$,Schlegel et al.,1998),光度很弱,约为 -11.2。早期通过对该星系发出的 B,V 和 I 波段的光度测定发现,该星系中各处存在着大量年老的贫金属恒星,这些年老的恒星形成于 7 Ga 到 14 Ga 前。但是也发现该星系的中央存在着年轻的、金属丰度较高的恒星。由于该星系中的物质从沿半径方向到中央呈梯度增加,预计在未来,该星系的中央还会不断地形成金属丰度较高的恒星。T. 波尔(T. J. L. de Boer)和 E. 托尔斯泰(E. Tolstoy)等天文学者在 2012 年通过观测这些年老恒星和年轻恒星、研究它们的演化历史发现,矮椭球星系玉夫星系(Sculptor)中的Ⅰa型超新星爆发的时间延迟在该星系的恒星开始形成后的 2 Ga 左右。

6.2.2 研究矮椭球星系玉夫星系(Sculptor)的原因

对矮椭球星系玉夫星系(Sculptor)的研究非常频繁。有许多学者运用过不同的方法模拟矮椭球星系玉夫星系(Sculptor)的化学演化。萨尔瓦多里(Salvadori)等人在 2008 年根据银河系及其中矮星系的演化,并利用宇宙学半解析模型模拟过玉夫星系(Sculptor)的金属丰度分布以及总质量。柯比(Kirby)等人于 2011 年也利用新的化学演化模型模拟过玉夫星系(Sculptor)的金属丰度分布。他们的结果能较好地符合本地群矮椭球星系的金属丰度分布和 α 元素丰度分布。列瓦兹(Revaz)和雅布朗卡(Jablonka)在 2011 年利用化学动力学平滑粒子流体动力模型很好地解释了玉夫星系(Sculptor)的本地群星系的金属丰度分布,并且进一步给出了该星系的恒星形成率。兰弗兰基(Lanfranchi)和马特西(Matteucci)在 2012 年利用化学演化模型模拟过包括玉夫星系(Sculptor)在内的许多矮椭球星系的金属丰度分布。2012 年,T. 波尔(T. J. L. de Boer)和 E. 托尔斯泰(E. Tolstoy)通过分析玉夫星系(Sculptor)的颜色星等图,给出了沿半径分布的恒星形成率和金属梯度。因为有相对详细的研究,矮椭球星系玉夫星系(Sculptor)可以作为一个研究其他星系的基准。除这个原因外,选择矮椭球星系作为研究星系至少还有两个优势。一是相对于大星系,矮椭球星系较为"封闭",与其他星系的物质交换相对更少。二是现在对矮椭球星系中独立恒星的观测越来越多,即使是离我们很远的 Leo Ⅰ 和 Leo Ⅱ 也有相对详细的观测,如矮星系物质丰度和径向速度研究团队(DART)给出了许多准确的观测数据。柯比(Kirby)等人于 2012 年通过分析铁的吸收线,给出了八个本地群矮椭球星系中央的金属丰度分布。同年,诺斯(North)等人给出玉夫星系(Sculptor)、天炉星系(Fornax)等星系的 Mn 元素含量。这些数据具有重要意义,不仅能帮助我们分析核合成时的产量,还能帮我们进一步了解超新星的爆发率。

6.3　QW 模型

6.3.1　归一化金属丰度分布方程

钱永忠和瓦斯伯格(Wassbergs)于 2012 年提出了一种以矮椭球星系[Fe/H]作为演化时间轴的金属丰度分布的唯象模型,其中 $[\mathrm{Fe/H}] = \lg\left(\dfrac{\mathrm{Fe}}{\mathrm{H}}\right) - \lg\left(\dfrac{\mathrm{Fe}}{\mathrm{H}}\right)_{\odot}$。他们的模型既考虑到了进入这些星系暗物质晕的有关气体,还考虑到了由于超新星爆炸而流出的气体。

他们的模型认为在均匀分布的吸积气体中,Fe 元素的演化遵循以下方程:

$$\frac{\mathrm{d}M_{\mathrm{g}}}{\mathrm{d}t} = \left(\frac{\mathrm{d}M_{\mathrm{g}}}{\mathrm{d}t}\right)_{\mathrm{in}} - \psi(t) - F_{\mathrm{out}}(t) \tag{6.3.1}$$

$$\frac{\mathrm{d}M_{\mathrm{Fe}}}{\mathrm{d}t} = P_{\mathrm{Fe}}(t) - \left(\frac{M_{\mathrm{Fe}}(t)}{M_{\mathrm{g}}(t)}\right)\left[\psi(t) + F_{\mathrm{out}}(t)\right] \tag{6.3.2}$$

其中,$M_{\mathrm{g}}(t)$ 为与时间 t 相关的系统气体质量;$\dfrac{\mathrm{d}M_{\mathrm{g}}}{\mathrm{d}t}$ 为初始气体吸积率;$F_{\mathrm{out}}(t)$ 为气体外流率;$\psi(t)$ 为恒星形成率;$M_{\mathrm{Fe}}(t)$,$P_{\mathrm{Fe}}(t)$ 分别为气体中 Fe 元素质量和 Fe 元素产生速率。恒星形成率与总气体质量的比例系数为 λ_*。

$$\psi(t) = \lambda_* M_{\mathrm{g}}(t) \tag{6.3.3}$$

初始条件 $M_{\mathrm{g}}(0) = 0$,$M_{\mathrm{Fe}}(0) = 0$。由于在星系演化过程中,重元素相对于 H 的质量分数变化很小,所以对其取对数 $[\mathrm{Fe/H}] = \lg Z_{\mathrm{Fe}}(t)$。

$$Z_{\mathrm{Fe}}(t) = \frac{M_{\mathrm{Fe}}(t)}{\chi^{\odot} M_{\mathrm{g}}(t)} \tag{6.3.4}$$

太阳中的 Fe 元素质量分数为 $\chi^{\odot}$。假设恒星形成率的初始质量函数不随时间变化,那么,单位时间内每隔单位质量间隔内的恒星形成数目为:

$$\frac{\mathrm{d}^2 N}{\mathrm{d}m\mathrm{d}t} = \left[\frac{\psi(t)}{M_{\odot}}\right]\frac{m^{-2.35}}{\int_{m_l}^{m_u} m^{-1.35}\mathrm{d}m} \tag{6.3.5}$$

本书所提及的恒星质量 m 均以太阳质量为单位;M_u,M_l 分别为恒星质量的上限 100 和下限 0.1。假设 $Z_{\mathrm{Fe}}(t)$ 是时间的单调增函数,得到金属丰度分布函数。

$$\frac{\mathrm{d}N}{\mathrm{d}[\mathrm{Fe/H}]} = \frac{\int_{0.1}^{m_{\max}(t)} \frac{\mathrm{d}^2 N}{\mathrm{d}m\mathrm{d}t} \mathrm{d}m}{\frac{\mathrm{d}[\mathrm{Fe/H}]}{\mathrm{d}t}}$$

$$= \left(\frac{\lambda_*}{\lg e}\right) \frac{\int_{0.1}^{m_{\max}(t)} m^{-2.35} \mathrm{d}m}{\int_{0.1}^{100} m^{-1.35} \mathrm{d}m} \times \left[\frac{M_g(t)}{M_\odot}\right] \frac{Z_{\mathrm{Fe}}(t)}{\frac{\mathrm{d}Z_{\mathrm{Fe}}}{\mathrm{d}t}} \tag{6.3.6}$$

其中，$m_{\max}(t)$ 是在 t 时刻诞生并存活到现在的恒星的最大质量。现在矮椭球星系中基本没有恒星形成。设恒星形成结束的时间为 t_f。当前星系中恒星的总数为：

$$N_{\mathrm{Tot}} = \int_0^{t_f} \int_{0.1}^{m_{\max}(t)} \left(\frac{\mathrm{d}^2 N}{\mathrm{d}m\mathrm{d}t}\right) \mathrm{d}m\mathrm{d}t$$

$$= \left[\frac{\lambda_*}{\int_{0.1}^{100} m^{-1.35} \mathrm{d}m}\right] \int_0^{t_f} \frac{M_g(t)}{M_\odot} \int_{0.1}^{m_{\max}(t)} \mathrm{d}m\mathrm{d}t m^{-2.35} \tag{6.3.7}$$

在式(6.3.6)和式(6.3.7)中，$m_{\max}(t)$ 对积分的影响很小。当 $m_{\max}(t)$ 的取值从 0.8 增加到 100 时，积分结果只增加 6%。因为 0.8 倍太阳质量的恒星寿命几乎等于宇宙的寿命，故式(6.3.6)和式(6.3.7)中都近似取 $m_{\max}(t) = 0.8$，简化后的归一化金属丰度积分函数为：

$$\frac{\mathrm{d}N}{N_{\mathrm{Tot}}\mathrm{d}[\mathrm{Fe/H}]} = \frac{1}{\lg e} \left[\frac{M_g(t)}{\int_0^{t_f} M_g(t) \mathrm{d}t}\right] \frac{Z_{\mathrm{Fe}}(t)}{\frac{\mathrm{d}Z_{\mathrm{Fe}}}{\mathrm{d}t}} \tag{6.3.8}$$

6.3.2 建立模型

在前面的讨论中，众多研究表明气体吸积率与气体外流率影响重元素的生成率。超新星的前身星种类、爆发率和爆发机制又影响着吸积率和外流率。它们之间又存在复杂的正负反馈。星系玉夫星系(Sculptor)中的 Ia 型超新星爆发又存在约 2 Ga 的时间延迟。为计算简便，QW 模型不区分 Ia 型超新星和 II 型超新星的 Fe 元素产量，并且忽略超新星前身星诞生和死亡的时间推迟。假设吸积率、流出率和 Fe 元素净生成率等均与恒星形成率成正比，则有：

$$F_{\mathrm{out}}(t) = \eta\lambda_* M_g(t) \tag{6.3.9}$$

$$P_{\mathrm{Fe}}(t) = \lambda_{\mathrm{Fe}} \chi_{\mathrm{Fe}}^\odot M_g(t) \tag{6.3.10}$$

通过观测超新星爆发流出率，拟合出无量纲常数 η。超新星有效 Fe 元素产量系数 λ_{Fe} 正比于 λ_*。

$$\left(\frac{\mathrm{d}M_g}{\mathrm{d}t}\right) = \lambda_{\mathrm{in}} M_0 \frac{(\lambda_{\mathrm{in}}t)^\alpha}{\Gamma(\alpha+1)} \mathrm{e}^{-\lambda_{\mathrm{in}}t} \tag{6.3.11}$$

式(6.3.11)为吸积率表达式，包含吸积常数 λ_{in}，以及与峰值相关的 γ 函数和参数 α。当 $\alpha > 0$ 时，星系中的气体沉积速度缓慢。M_0 为恒星开始演化到结束为止，整个时间周期的吸积气体总质量。

联立各式，取 $\lambda \equiv (1+\lambda)\lambda_*$，可以解出气体的变化方程和 Fe 元素的化学演化方程。

$$\frac{\mathrm{d}M_g}{\mathrm{d}t} = \lambda_{\mathrm{in}} M_0 \frac{(\lambda_{\mathrm{in}}t)^\alpha}{\Gamma(\alpha+1)} \mathrm{e}^{-\lambda_{\mathrm{in}}t} - \lambda M_g(t) \tag{6.3.12}$$

$$\frac{\mathrm{d}M_{\mathrm{Fe}}}{\mathrm{d}t} = \lambda_{\mathrm{Fe}} \chi_{\mathrm{Fe}}^\odot M_g(t) - \lambda M_{\mathrm{Fe}}(t) \tag{6.3.13}$$

通过数值模拟发现，$\dfrac{\lambda_{\text{in}}}{\lambda}$ 这个比值直接决定了金属的分布图形。通过比对观测发现，取 $\dfrac{\lambda_{\text{in}}}{\lambda}=1$ 比较合理。若取 $\lambda_{\text{in}}=\lambda$ 且 $\alpha>-1$，式(6.3.12)和式(6.3.13)的解为：

$$M_{\text{g}}(t)=M_0\,\frac{(\lambda t)^{\alpha+1}}{\Gamma(\alpha+2)}e^{-\lambda t} \tag{6.3.14}$$

$$M_{\text{Fe}}(t)=\frac{\lambda_{\text{Fe}}}{\lambda}\,\chi_{\text{Fe}}^{\odot}M_0\,\frac{(\lambda t)^{\alpha+2}}{\Gamma(\alpha+3)}e^{-\lambda t} \tag{6.3.15}$$

当 $\lambda_{\text{in}}=\lambda$ 时，取不同的 α 值时，金属分布表现出不同的峰值。模型的宽度由 $\dfrac{\lambda_{\text{Fe}}}{\lambda}$ 决定。取横坐标为 $[\text{Fe}/\text{H}]=\lg\dfrac{\lambda_{\text{Fe}}}{\lambda}$。基于上面的讨论，将模型和柯比(Kirby)等人的观测数据进行比较。

6.3.3　模拟分析

在图 6-1(a)中，天炉星系(Fornax)的总质量为 $M_*=1.9\times10^7M_{\odot}$，$\lg\dfrac{\lambda_{\text{Fe}}}{\lambda}=-0.95$，$\dfrac{\lambda_{\text{in}}}{\lambda}=1$，$\alpha=1$，可以得到 Fe 元素金属丰度分布的情况。实线为模拟曲线，带误差棒的折线为观测数据。可以看出，除了在峰值那里有些许的误差外，整体符合得非常好。

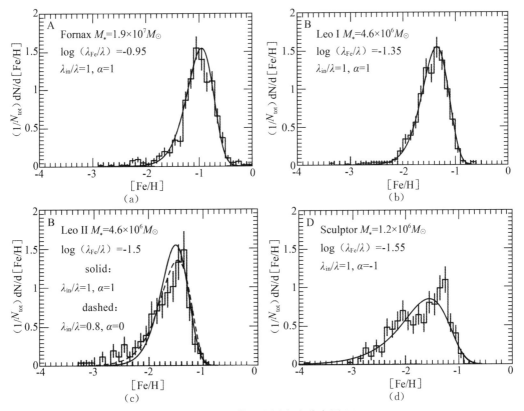

图 6-1　QW 模型金属丰度分布图(1)

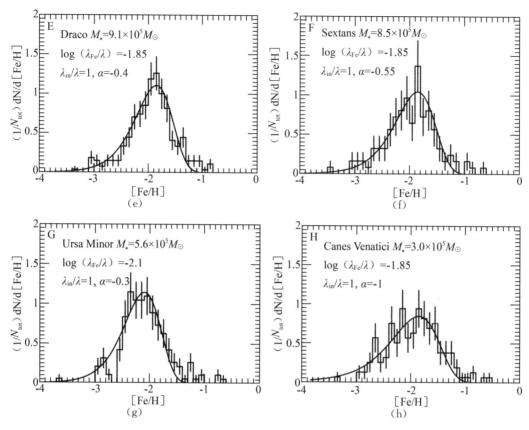

图 6-1 QW 模型金属丰度分布图（2）

在图 6-1(b)中，LeoI星系的总质量为 $M_* = 4.6 \times 10^6 M_\odot$，$\lg \frac{\lambda_{Fe}}{\lambda} = -1.35$，$\frac{\lambda_{in}}{\lambda} = 1$，$\alpha = 1$。Fe 元素金属丰度分布曲线能够很好地解释从演化初期到演化末期的整个分布规律。

据图 6-1(a)(b)推测，在该星系的演化末期，I a 型超新星的二次爆发对 Fe 元素产量并没有贡献，不然单峰曲线不可能符合得如此之好，至少在接近演化结束时还存在一个峰值。

在图 6-1(c)中，Leo II 星系的总质量为 $M_* = 1.4 \times 10^6 M_\odot$，在同一个 Fe 生成比例系数 $\lg \frac{\lambda_{Fe}}{\lambda} = -1.5$ 下。图中实线为参数取 $\frac{\lambda_{in}}{\lambda} = 1$，$\alpha = 1$ 的结果，此时峰值出现在一个不太合理的位置——最大峰值的时间之前。若改变参数，取 $\frac{\lambda_{in}}{\lambda} = 0.8$，$\alpha = 0$，则得到虚线所示的金属丰度分布。虽然这样不能够达到观测上的峰值，但是在误差范围内，而且还能够更好地解释演化初期的观测值分布。不论是实线还是虚线，显然都不是最优解，应该还有更好的参数选择。

在图 6-1(d)中，玉夫星系(Sculptor)的总质量为 $M_* = 1.2 \times 10^6 M_\odot$，$\lg \frac{\lambda_{Fe}}{\lambda} = -1.55$，$\frac{\lambda_{in}}{\lambda} = 1$，$\alpha = -1$。模拟曲线并不能和观测数据相对应，这有可能是因为该星系的 Fe 元素

金属丰度分布呈双峰式分布。这个问题的出现并不是说 QW 模型不能普遍适用。如果 QW 模型能更加详细地考虑初始气体的吸积方程以及恒星形成率,那么,就会得到更多峰值的金属丰度分布函数。所以,这是 QW 模型中值得修改的地方。

在图 6-1(e)中,Draco 星系的总质量为 $M_* = 9.1 \times 10^5 M_\odot$,$\lg \frac{\lambda_{Fe}}{\lambda} = -1.85$,$\frac{\lambda_{in}}{\lambda} = 1$,$\alpha = -0.4$。这个星系也能被较好地解释,观测误差均在模型所描述的范围内,只是峰值略低。这有可能是 QW 模型并没有考虑到恒星形成和超新星爆发之间的时间差,而是近似认为,恒星形成率越大,同时的超新星爆发率也越大。

在图 6-3(f)中,六分仪星系(Sextans)的总质量为 $M_* = 8.5 \times 10^5 M_\odot$,$\lg \frac{\lambda_{Fe}}{\lambda} = -1.85$,$\frac{\lambda_{in}}{\lambda} = 1$,$\alpha = -0.55$。这颗星系的峰值异常尖锐,但是整体趋近于单峰模型分布,故而在观测误差内也能被 QW 模型解释。而峰值过于尖锐,有可能是因为 QW 模型并未考虑年轻 Ⅰa 型超新星的正反馈机制。

在图 6-1(g)中,Ursa Minor 星系的总质量为 $M_* = 5.6 \times 10^5 M_\odot$,$\lg \frac{\lambda_{Fe}}{\lambda} = -2.1$,$\frac{\lambda_{in}}{\lambda} = 1$,$\alpha = -0.3$。该星系的 Fe 元素金属丰度分布情况明显地呈双峰分布,而且在爆发末期还有一次小爆发性的 Fe 产量增长,导致 QW 模型在该行星的契合度并不高。但是,QW 模型的物理机制简单易懂,在绝大部分观测数据在误差范围内都能解释情况下,具有里程碑式的意义。相信只要更加详细地考虑初值气体质量方程、恒星形成率、重元素产量以及星风吹出率,这个问题就能迎刃而解。

在图 6-3(h)中,Canes Venatici Ⅰ 星系的总质量为 $M_* = 3.0 \times 10^5 M_\odot$,$\lg \frac{\lambda_{Fe}}{\lambda} = -1.85$,$\frac{\lambda_{in}}{\lambda} = 1$,$\alpha = -1$。该星系在 2006 年被发现,是离银河系最远的星系之一。该行星的质光关系约为 220,这意味着该行星的主要性质由暗物质决定。格切维奇(Grcevich)和普特曼(Putman)发现该行星内部在目前观测看来并没有新恒星形成,其中也未能检测到中性 H。尽管存在这么多的困难,QW 模型在观测误差内还是表现得很好。

QW 模型与八个矮椭球星系均能在观测误差范围内符合上。当 α 取大于等于 0 的值时,金属丰度分布函数在初期上升较缓慢。当 α 取小于 0 的值时,金属丰度分布函数在低金属丰度时上升相对更快。通过调改归一化金属丰度分布函数的这些系数参数,发现拟合模型与大质量的星系——天炉星系(Fornax)和 LeoⅠ符合得非常好。但是,模型的物理机制还有待进一步完善,如符合很好的天炉星系(Fornax)的参数还可以更加优化。

6.4　改进的 QW 模型

6.4.1　参数优化

接着 QW 的工作,我们在 2016 年进一步优化和发展了该模型,其中包括区分不同类型超新星的金属丰度,以及更详细地考虑不同星系的爆发率,进而重新定义模型参数。优化后的模型不仅能更好地解释现有的 Fe 元素金属丰度分布,还能符合最新的观测数据,包括矮椭球星系天炉星系(Fornax)、玉夫星系(Sculptor)和六分仪星系(Sextans)。此外,还给出了 Mn 元素的金属丰度分布。

我们重新拟合了三个矮椭球星系对应的不同参数(见表 6-1),α,λ,λ_* 取自 QW 模型,α',λ',λ'_* 由我们的计算给出。

表 6-1　三个矮椭球星系对应的不同参数

矮椭球星系	$M_0(M_\odot)$	α	α'	λ	λ'	λ_*	λ'_*
Fornax	4.76×10^8	1.00	5.00	1.05	1.30	0.069	0.345
Sculptor	8.16×10^7	-1.00	0.00	0.70	0.70	0.018	0.062
Sextans	6.12×10^7	-0.55	1.00	0.80	0.80	0.019	0.029

同样地讨论 $\lambda_{in}/\lambda=1$ 的情况,可以得到归一化恒星形成率方程,即:

$$\psi(t) \approx M_0\lambda_* \frac{(\lambda t)^{\alpha+1}}{\Gamma(\alpha+2)}\exp(-\lambda t) \tag{6.4.1}$$

其中,$M_0=\dfrac{\Omega_b}{\Omega_m}M_h=0.17M_h$,$M_h$ 为暗物质晕的总质量。Ω_b,Ω_m 分别是宇宙中重子和总物质的比例系数。

图 6-2 是天炉星系(Fornax)、玉夫星系(Sculptor)和六分仪星系(Sextans)中 Fe 元素金属丰度分布与理论模型的比较。虚线为 QW 模型模拟的结果,实线为我们改进方法后的模拟结果。我们发现,模拟结果和观测的 Fe 元素金属丰度分布在三个星系上都相对符合。由于我们把不规则的观测数据简化为了光滑连续的曲线,这会导致后面我们推导出的恒星形成率、超新星爆发率等都是光滑连续的曲线。

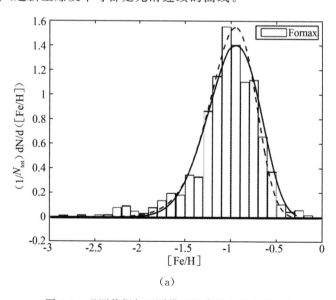

(a)

图 6-2　观测数据与不同模型拟合结果的比较(1)

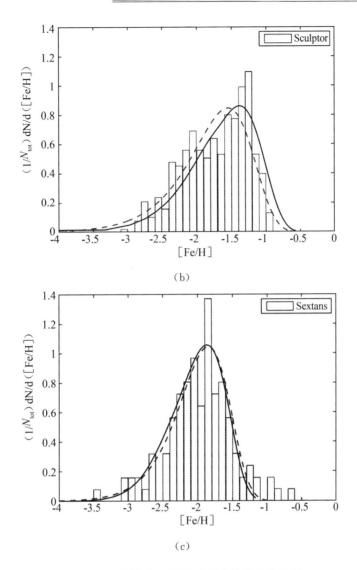

图 6-2　观测数据与不同模型拟合结果的比较(2)

6.4.2　Mn 元素化学演化模型

6.4.2.1　铁族元素演化方程

和铁族其他元素比较,Mn 元素是观测较多的铁族元素,因此,常常通过研究 Mn 来研究铁族元素。我们通过以下方式来修改 QW 模型:第一,QW 模型考虑了气体质量和 Fe 元素的演化,我们将其推广到 Mn 元素;第二,QW 模型已经提到不同类型的超新星应该分开考虑其金属丰度产量,但没有实际应用;第三,超新星爆发率依赖于恒星形成率,但是恒星的形成和死亡有时间延迟,QW 模型没考虑这一点;第四,我们还考虑了恒星金属丰度初期的超新星产量。

考虑到 Ⅰa 型超新星和Ⅱ型超新星不同的产量,以及前身星出身和死亡的时间延迟,

Fe 元素的演化方程为：

$$\frac{dM_{Fe}}{dt} = P'_{Fe}(t) - \frac{dM_{Fe}(t)}{M_g(t)}[\psi(t) + F_{out}(t)] \tag{6.4.2}$$

$$P'_{Fe}(t) = R_{SN\,I\,a}(t)y_{I\,a}^{Fe}([Fe/H]) + R_{CCSN}(t)y_{CC}^{Fe}([Fe/H])$$

其中，$R_{SN\,I\,a}(t)$ 和 $R_{CCSN}(t)$ 分别代表 Ⅰa 型和 Ⅱ 型超新星的爆发率，并且 $R_{SN}(t)\propto \psi(t-\tau)$，$\tau$ 是时间延迟。$y_{I\,a}^{Fe}$ 和 y_{CC}^{Fe} 分别是 Ⅰa 和 Ⅱ 型超新星中 Fe 的产量。$[Fe/H]$ 是前身星的 Fe 金属丰度。$\psi(t)$、$F_{out}(t)$ 的含义一样，只是参数由我们的模型决定。值得注意的是，这里的恒星形成率并不是真的恒星形成率，它是通过 Fe 的观测数据拟合的一个等效恒星形成率。

同理，Mn 的演化方程为：

$$\frac{dM_{Mn}}{dt} = P'_{Mn}(t) - \frac{dM_{Mn}(t)}{M_g(t)}[\psi(t) + F_{out}(t)] \tag{6.4.3}$$

$$P'_{Mn}(t) = R_{SN\,I\,a}(t)y_{I\,a}^{Mn}([Fe/H]) + R_{CCSN}(t)y_{CC}^{Mn}([Fe/H])$$

其中，$y_{I\,a}^{Mn}([Fe/H])$ 和 $y_{CC}^{Mn}([Fe/H])$ 分别是 Ⅰa 型和 Ⅱ 型超新星中 Mn 的产量。

6.4.2.2　Ⅰa 型超新星爆发率及其产量

我们认为，Ⅰa 型超新星是由高吸积率的白矮星热核爆炸形成的。这类白矮星前身星的 H 层和 He 层燃烧生成 C-O 核，导致白矮星质量不断增加至钱德拉塞卡极限。此时的核心密度足够高，高到能点燃 C 核，进而引发热核爆炸。

格雷焦（Greggio）和伦齐尼（Renzini）首次计算了星系中的 Ⅰa 型超新星爆发率。尽管后来又出现了许多计算方法，但是格雷焦（Greggio）和伦齐尼（Renzini）的方法仍然是非常有效的。根据他们的计算，假设双星前身星的生命周期由质量小的那个星体决定，故：

$$R_{SN\,I\,a} = A\int_{m_{min}^B(t)}^{16} \varphi(M_B)\int_{\mu_{min}(t)}^{0.5} f(\mu)\,\psi(t-\tau_{com})\,d\mu dM_B \tag{6.4.4}$$

其中，爆发率系数 $A=0.05$。星系中超新星的爆发率受许多因素的影响，如前身星采用以 Ⅰa 型超新星形式爆发的比例参数，所以 $A=0.05$ 并不适用于每一个矮椭球星系。罗本托（Romoto）和斯塔堡（Starburg）采用的 $A=0.03$。然而我们发现，天炉星系（Fornax）比较适合取 $A=0.05$，六分仪星系（Sextans）和 Sculpture 星系比较适合取 $A=0.02$。爆发率系数偏小的原因可能是一些 Ⅰa 型超新星单简并星模型存在临界吸积率，比如对 He 吸积的 CO 白矮星，其吸积率上限约为 $2.05\times10^{-6}M_\odot\,a^{-1}$。大于该临界吸积率将导致偏离星体中心的 C 点燃和吸积导致的塌缩而不是Ⅰa 型超新星，因此，原来由单简并星模型得到的Ⅰa 型超新星诞生率被高估（Wang et al.，2017）。M_B 是双星的总质量，$\varphi(M_B)=\beta M_B^{-(1+1.35)}$，$\beta=0.1716$ 是萨尔皮特初始质量分布函数，伴星的生命周期 $\tau_{com}=5M_{com}^{-2.7}+0.012(M\leqslant8M_\odot)$，$m_{min}^B=\max(2M_{com}(t),3)$，其中 $M_{com}(t)=\left(\frac{t-0.012}{5}\right)^{-1/2.7}$ 是伴星的质量下限。这里采用马特西（Matteucci）和格雷焦（Greggio）的假设，即双星 Ⅰa 型超新星的质量范围为 $3M_\odot\sim16M_\odot$。换言之，只有质量大于 $1.5M_\odot$ 但小于 $8M_\odot$ 的恒星才能形成 C-O 白矮星，因此，双星演化初期的最小质量由结束了主序阶段的伴星决定。例

如 $t=0.5$ Ga，伴星的最小质量是 $2.36M_\odot$，且 $M_{\min}^B(0.5\ \text{Ga})=4.72M_\odot$。这也说明了双星总质量至少是伴星的两倍。$\mu=\dfrac{M_{\text{com}}}{M_B}$，伴星的质量比函数为 $f(\mu)=24\mu^2$。最小质量比为 $\mu_{\min}(t)=\max\left[\dfrac{M_{\text{com}}(t)}{M_B},\dfrac{M_B-8}{M_B}\right]$。注意，伴星的最小质量应大于下面两个值中的一个：结束了主序阶段的最小伴星质量；双星的总质量减去大的那颗白矮星的质量。

因为 Ⅰa 型超新星的产量是金属丰度 [Fe/H] 的函数，而 [Fe/H] 又是时间 t 的函数，故：

$$R_{\text{SNⅠa}}(t)\,y_{\text{Ⅰa}}([\text{Fe/H}])=A\int_{m_{\min}^B(t)}^{16}\varphi(M_B)\int_{\mu_{\min}(t)}^{0.5}f(\mu)\psi(t-\tau_{\text{com}})\,y_{\text{Ⅰa}}^{\text{Mn}}([\text{Fe/H}])\,\mathrm{d}\mu\mathrm{d}M_B$$

$$(6.4.5)$$

尽管许多人对此都有研究，但是关于不同金属丰度的前身星，并没有给出系统的超新星产量值。我们采用的是特拉瓦利奥（Travaglio）给出的产值，其中包括了金属丰度 $Z=10^{-1}Z_\odot,Z_\odot,3Z_\odot$，$Z_\odot$ 是太阳的金属丰度。利用线性插值得到 $Z_\odot=0.1Z_\odot\sim3Z_\odot$。

6.4.2.3　Ⅱ型超新星的爆发率和产量

质量超过 $8M_\odot$ 的为 Ⅱ 超新星，其爆发率等于死亡的大质量恒星数量。

$$R_{\text{CCSN}}=\int_8^{100}\psi(t-\tau_m)\alpha(m)\,\mathrm{d}m\qquad(6.4.6)$$

$M\geqslant8M_\odot$ 恒星的生命周期 $\tau_m=1.2M^{-1.85}+0.003$。尽管还有些不确定因素，但是 Ⅱ 型超新星的爆发机制还是比较清楚的。现今的理论可以解释能量较低的 Ⅱ 型超新星的爆发，如 O-Ne-Mg 核和 Fe 核前身星，但是高能 Ⅱ 型超新星和超能超新星还是很难解释。Ⅱ 型超新星的产量非常依赖于前身星的质量。伍斯利（Woosley）和威弗（Weaver）的模型（WW95）仅仅考虑了 $11M_\odot\sim14M_\odot$ 的情况。WW95 的模型大部分都很吻合观测数据，但是产量数据并不是严格的符合。采用萨尔皮特的初始质量分布函数，认为 $8M_\odot\sim100M_\odot$ 的恒星均会成为 Ⅱ 型超新星。前身星质量为 $8M_\odot\sim10M_\odot$ 和超过 $40M_\odot$ 占总 Ⅱ 型超新星的 26.2% 和 8.93%，因此不能忽略它们。

在式（6.4.7）中，$y_{\text{number}}([\text{Fe/H}])$ 代表产量，下标代表质量范围。将 $8M_\odot\sim100M_\odot$ 划分为 12 段：$8.8M_\odot,12M_\odot,13M_\odot,15M_\odot,18M_\odot,20M_\odot,22M_\odot,25M_\odot,30M_\odot,35M_\odot,40M_\odot$ 和 $50M_\odot$。$8.8M_\odot$ 代表 $8M_\odot\sim10M_\odot$，$12M_\odot$ 代表 $10M_\odot\sim12.5M_\odot$，依此类推。$8.8M_\odot$ 和 $11M_\odot\sim40M_\odot$ 的产量采用瓦纳达（Wanajo）和 WW95 的标准模型。$50M_\odot$ 采用富永（Tominaga）的 50A 模型。WW95 提供了不同金属丰度下的产值，但是瓦纳达（Wanajo）只提供了金属丰度为 $Z_\odot$ 的产值，富永（Tominaga）也只提供了金属丰度为 $Z=0$ 的产值，因此假设 Mn/Fe 是光滑曲线。结果发现，WW95 给出的 B、C 模型 [Mn/Fe] 值有奇异性，所以刘等人的模型采用 30A、35A、40A 模型。$12M_\odot\sim25M_\odot$ 时，[Mn/Fe] 随 [Fe/H] 的值降低，但 $30M_\odot\sim40M_\odot$ 时，情况却相反。值得注意的是，WW95 给出的 [Mn/Fe] 值要比其他情况下 Ⅱ 型超新星的值大。

$$R_{\mathrm{CCSN}} y_{\mathrm{cc}}([\mathrm{Fe/H}]) = \frac{\lambda_*}{\displaystyle\int_{0.1}^{100} m^{-1.35}\,\mathrm{d}m} \left\{ \begin{aligned} &y_{8\text{-}10}([\mathrm{Fe/H}])\int_{8}^{10} M_{\mathrm{g}}(t-\tau_m)m^{-2.35}\,\mathrm{d}m \\ &+ y_{10\text{-}12.5}([\mathrm{Fe/H}])\int_{10}^{12.5} M_{\mathrm{g}}(t-\tau_m)m^{-2.35}\,\mathrm{d}m \\ &+ y_{12.5\text{-}14.5}([\mathrm{Fe/H}])\int_{12.5}^{14.5} M_{\mathrm{g}}(t-\tau_m)m^{-2.35}\,\mathrm{d}m \\ &+ y_{14.5\text{-}17}([\mathrm{Fe/H}])\int_{14.5}^{17} M_{\mathrm{g}}(t-\tau_m)m^{-2.35}\,\mathrm{d}m \\ &+ y_{17\text{-}19}([\mathrm{Fe/H}])\int_{17}^{19} M_{\mathrm{g}}(t-\tau_m)m^{-2.35}\,\mathrm{d}m \\ &+ y_{19\text{-}21}([\mathrm{Fe/H}])\int_{19}^{21} M_{\mathrm{g}}(t-\tau_m)m^{-2.35}\,\mathrm{d}m \\ &+ y_{21\text{-}23}([\mathrm{Fe/H}])\int_{21}^{23} M_{\mathrm{g}}(t-\tau_m)m^{-2.35}\,\mathrm{d}m \\ &+ y_{23\text{-}28}([\mathrm{Fe/H}])\int_{23}^{28} M_{\mathrm{g}}(t-\tau_m)m^{-2.35}\,\mathrm{d}m \\ &+ y_{28\text{-}33}([\mathrm{Fe/H}])\int_{28}^{33} M_{\mathrm{g}}(t-\tau_m)m^{-2.35}\,\mathrm{d}m \\ &+ y_{33\text{-}38}([\mathrm{Fe/H}])\int_{33}^{38} M_{\mathrm{g}}(t-\tau_m)m^{-2.35}\,\mathrm{d}m \\ &+ y_{38\text{-}45}([\mathrm{Fe/H}])\int_{38}^{45} M_{\mathrm{g}}(t-\tau_m)m^{-2.35}\,\mathrm{d}m \\ &+ y_{45\text{-}100}([\mathrm{Fe/H}])\int_{45}^{100} M_{\mathrm{g}}(t-\tau_m)m^{-2.35}\,\mathrm{d}m \end{aligned} \right\} \tag{6.4.7}$$

经过计算机模拟,结果如图 6-3 和图 6-4 所示。

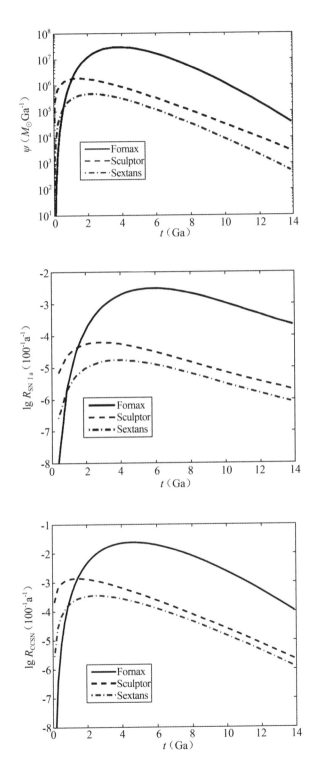

图 6-3　矮椭球星系天炉星系(Fornax)、六分仪星系(Sextans)和玉夫星系(Sculptor)中的恒星形成率、
Ⅰa 型超新星和核塌缩型超新星爆发率随时间的演化

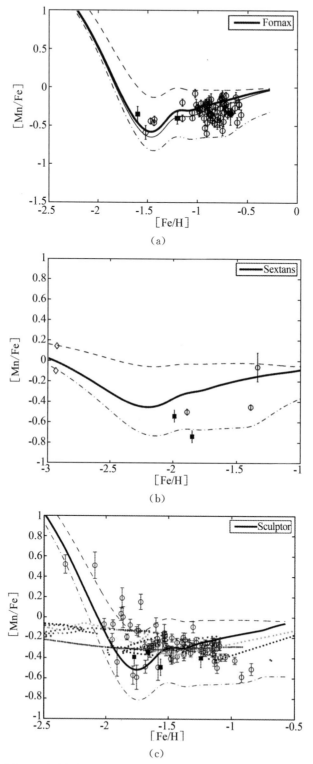

图 6-4　矮椭球星系天炉星系(Fornax)、六分仪星系(Sextans)
和玉夫星系(Sculptor)的[Mn/Fe]随[Fe/H]的金属丰度分布

图 6-4 中带误差棒的圆圈和黑框为可信度较高的观测数据,小圆点为罗曼诺(Romano)和施塔肯堡(Starkenburg)发表的模拟数据。在每张图中,上部的虚线、中部的实线和下部的点划线分别代表只考虑 SN Ⅰa 型、只考虑所有超新星和只考虑 CCSN 的贡献。注意,[Fe/H]本质上代表时间 t,因为金属丰度随时间增加。可以看出,三个 dsph 的 [Mn/Fe]曲线的变化趋势是相似的:在开始的时候它们减少。这是由初始条件决定的,可以用来解释星系中铁丰度[Fe/H]低的恒星[Mn/Fe]的丰度却较高的问题,这是之前的研究没有解释的。在低[Fe/H]时,实线更接近于 CCSN 导致的点划线,这主要是因为在星系早期,核塌缩型超新星的爆发概率更高。但是随着时间增大,大质量恒星的数量越来越少,到后期,SN Ⅰa 型的爆发概率会大大超过核塌缩型超新星的爆发概率。Mn 的产量由 SN Ⅰa 型决定,实线更接近 SN Ⅰa 型导致的虚线。SN Ⅰa 型曲线普遍高于观测值,CCSN 曲线普遍低于观测值。那些接近于 SN Ⅰa 型曲线的样本,表明形成这些恒星的原始气体主要来自 SN Ⅰa 型的遗迹。类似地,接近于 CCSN 曲线的样本表明它们的原始气体主要来自 CCSN 爆炸。对于大多数样品原始气体来说,应该来自这两种超新星抛射物质的混合。因此,只要是位于最低限和最高限之间的样本都是合理的。

图中的观测样本总数为 161 个,其中玉夫星系(Sculptor)80 个、天炉星系(Fornax)74 个、六分仪星系(Sextans)7 个。只有玉夫星系(Sculptor)中的两个样本在我们的模型曲线之外,因此,我们的模型能描述绝大部分 Mn 元素的分布。还可以注意到,在天炉星系(Fornax)中的模型曲线描述要比玉夫星系(Sculptor)中的更好。可能的原因是天炉星系(Fornax)的金属丰度分布是单峰(很明显),而玉夫星系(Sculptor)的金属丰度分布包含两个峰,而我们用单峰函数来近似描述差别自然就较大。

6.4.3　Co 元素化学演化模型

不同矮椭球星系的初始质量函数、超新星爆发率等都不同,而玉夫星系(Sculptor)能够作为一个研究其他星系的基准,研究该星系的元素含量、金属丰度分布、爆发率等对发现、观测和研究其他星系有基础性的帮助。从 1930 年发现矮椭球星系玉夫星系(Sculptor)到现在,对该星系的研究一直持续不断,并且十分火热,如韦斯特法尔(Westfall,2006)、孟席斯(Menzies,2002)、德布尔(de Boer,2012)和萨维诺(Savino,2018)等人就展开过许多有关研究。通过颜色星等图分析研究恒星的演化历程,发现该玉夫星系(Sculptor)约在 12 Ga 前恒星形成率达到峰值,接着玉夫星系(Sculptor)的恒星形成率开始下降,直至 8 Ga 前停止,并且到目前,该星系内部几乎已经不存在含 HI 元素的气体了。2018 年,通过哈勃太空望远镜和盖亚对玉夫星系(Sculptor)中各个恒星的综合观测,给出了该星系一些新的运动和轨道参数,如该行星在太空中的位置、视差、自行、恒星数量、星等范围等。

2018 年,希提(Chiti)等人致力于在玉夫星系(Sculptor)中寻找极贫金属星,发现 [C/Fe]有向低金属丰度演变的趋势。综合各方面的观测,希尔(Hill)等人在 2018 年通过对玉夫星系(Sculptor)中心随机的 99 颗红巨星的详尽观测,给出了多种元素的金属丰度分布,包括 Li,Na,α 元素(O,Mg,Si,Ca,Ti),以及在范围 $-2.3 \leqslant [Fe/H] \leqslant -0.9$ 之间的铁族元素(Sc,Cr,Fe,Co,Ni,Zn)等。

在研究矮椭球星系玉夫星系(Sculptor)中的金属丰度分布时,采用从特殊到一般的方法,先研究 Co 元素的金属丰度分布。Co 元素与星系的演化以及恒星形成率也有着密切的联系,根策尔(Genzel)就通过测量 Co 元素的产量确定了恒星形成率。我们重新考虑了 β 衰变对 Co 元素产量的影响,虽然 Co 衰变时相对单一(见表 6-2)。

表 6-2　Co 同位素衰变周期

同位素	^{57}Co	^{58}Co	^{59}Co	^{60}Co	^{61}Co	^{62}Co
衰变周期	271.74 天	70.86 天	稳定	1 925.28 天	1.649 h	1.50 min

可以发现,只有 ^{59}Co 不发生衰变的。虽然 ^{60}Co 的衰变周期比较长,但是和超新星爆炸距离至今的整个时间相比,还是可以忽略的。这样在计算产量的时候就只需要考虑 ^{59}Co,减少了计算量,同时缩小了误差。

Ⅰa 型超新星爆炸以及Ⅱ型核合成超新星爆炸是重元素的主要产生场所,有:

$$P_{Fe}(t) = R_{Ia}(t)y_{Ia}^{Fe}([Fe/H]) + R_{II}(t)y_{II}^{Fe}([Fe/H]) \tag{6.4.8}$$

其中,$R_{Ia}(t)$ 是Ⅰa 型超新星的爆发率,$R_{II}(t)$ 是Ⅱ型超新星的爆发率,y_{Ia}^{Fe} 为Ⅰa 型超新星的 Fe 元素产量,y_{II}^{Fe} 为Ⅱ型超新星的 Fe 元素产量。

在式(6.3.1)中,星系演化依赖于吸积速率的大小,它由下式决定:

$$\left(\frac{dM_g}{dt}\right)_{in} = \lambda_{in}M_0 \frac{(\lambda_{in}t)^\alpha}{\Gamma(\alpha+1)} \exp(-\lambda_{in}t) \tag{6.4.9}$$

其中,α,λ_{in} 为可调参数。通过第 2 章的讨论,我们发现在多数情况下取 $\lambda_{in}=\lambda$,金属丰度分布都能较好和[Fe/H]对应上。被吸入吸积盘的气体总质量 $M_0 = 0.17M_h$。采用刘门全等人的统计结果,α,λ,λ_* 分别为 0,0.7,0.062。Γ 为数学伽马(Gamma)函数。

由以上解得的恒星形成率的参数化方程:

$$\psi(t) \approx \lambda_* M_0 \frac{(\lambda t)^{\alpha+1}}{\Gamma(\alpha+2)} \exp(-\lambda t) \tag{6.4.10}$$

我们假设重元素的产生都遵循同样的准则,在核合成一份 Fe 元素时,也合成相同量的 Co 元素,即:

$$\frac{dM_{Co}}{dt} = P_{Co}(t) - \frac{M_{Co}(t)}{M_g(t)}[\psi(t) + F_{out}(t)] \tag{6.4.11}$$

其中,Co 的净生成率 $P_{Co}(t)$ 为:

$$P_{Co}(t) = R_{Ia}(t)y_{Ia}^{Co}([Fe/H]) + R_{II}(t)y_{II}^{Co}([Fe/H]) \tag{6.4.12}$$

其中,y_{Ia}^{Co},y_{II}^{Co} 分别表示Ⅰa 型超新星和Ⅱ型超新星中 Co 的产量。Co 具有多种同位素,并且在伍斯利(Woosley)的研究中也提到了多种模型。在这里,我们将 A 模型中的所有 Co 的同位素都计入总产量(见表 6-3 和表 6-4)。

表 6-3　Co 产量(y_{II}^{Co})

前身星质量	$y_{II}^{Co}(Z=Z_\odot)$		$y_{II}^{Co}(Z=10^{-1}Z_\odot)$		$y_{II}^{Co}(Z=10^{-2}Z_\odot)$		$y_{II}^{Co}(Z=10^{-4}Z_\odot)$	
($M_\odot$)	衰变前	衰变后	衰变前	衰变后	衰变前	衰变后	衰变前	衰变后
8.8A	8.61×10^{-5}	8.610×10^{-5}	—	—	—	—	—	—
12A	4.66×10^{-4}	5.770×10^{-5}	3.60×10^{-4}	3.82×10^{-6}	5.33×10^{-4}	2.11×10^{-7}	3.17×10^{-4}	4.590×10^{-9}
13A	9.25×10^{-4}	1.297×10^{-4}	1.22×10^{-3}	6.99×10^{-6}	7.14×10^{-4}	4.40×10^{-7}	4.434×10^{-4}	2.444×10^{-9}

续表

前身星质量 (M⊙)	$y_{II}^{Co}(Z=Z_\odot)$		$y_{II}^{Co}(Z=10^{-1}Z_\odot)$		$y_{II}^{Co}(Z=10^{-2}Z_\odot)$		$y_{II}^{Co}(Z=10^{-4}Z_\odot)$	
	衰变前	衰变后	衰变前	衰变后	衰变前	衰变后	衰变前	衰变后
15A	1.18×10^{-3}	1.735×10^{-4}	9.14×10^{-4}	8.73×10^{-6}	8.39×10^{-4}	5.64×10^{-7}	2.86×10^{-4}	9.740×10^{-9}
18A	1.26×10^{-3}	2.741×10^{-4}	8.51×10^{-4}	1.381×10^{-5}	7.77×10^{-4}	6.60×10^{-7}	9.26×10^{-4}	1.426×10^{-8}
20A	1.88×10^{-3}	2.268×10^{-4}	1.18×10^{-3}	1.365×10^{-5}	8.64×10^{-4}	4.98×10^{-7}	9.24×10^{-4}	1.187×10^{-8}
22A	3.70×10^{-3}	3.220×10^{-4}	1.41×10^{-3}	1.111×10^{-5}	1.03×10^{-3}	7.28×10^{-7}	9.05×10^{-4}	1.037×10^{-8}
25A	6.28×10^{-3}	4.162×10^{-4}	4.32×10^{-3}	1.101×10^{-5}	4.78×10^{-3}	6.11×10^{-7}	4.32×10^{-3}	2.222×10^{-8}
30A	4.48×10^{-4}	3.707×10^{-4}	2.89×10^{-5}	2.675×10^{-5}	1.60×10^{-6}	1.566×10^{-6}	2.13×10^{-8}	1.822×10^{-8}
35A	4.33×10^{-4}	4.006×10^{-4}	1.97×10^{-5}	1.906×10^{-5}	1.37×10^{-6}	1.446×10^{-6}	2.18×10^{-9}	7.310×10^{-9}
40A	3.63×10^{-4}	3.942×10^{-4}	1.86×10^{-5}	1.901×10^{-5}	1.06×10^{-6}	1.304×10^{-6}	2.88×10^{-9}	5.430×10^{-9}
50A	—	—	—	—	—	—	1.34×10^{-3}	1.340×10^{-3}

表 6-4 Ⅰa 型超新星 Co 产量($M_\odot$)

$y_{Ia}^{Co}(Z=10^{-1}Z_\odot)$		$y_{Ia}^{Co}(Z=Z_\odot)$		$y_{Ia}^{Co}(Z=0.3Z_\odot)$		$y_{Ia}^{Fe}(Z=10^{-1}Z_\odot)$		$y_{Ia}^{Fe}(Z=Z_\odot)$		$y_{Ia}^{Fe}(Z=0.3Z_\odot)$	
衰变前	衰变后	衰变前	衰变后	衰变前	衰变后	衰变前	衰变后	衰变前	衰变后	衰变前	衰变后
7.48×10^{-4}	7.48×10^{-4}	7.33×10^{-4}	7.33×10^{-4}	7.46×10^{-4}	7.46×10^{-4}	0.505 4	0.505 4	0.531 0	0.531 0	0.504 3	0.504 3

表 6-5 为 Fe 产量(y_{II}^{Fe})。

表 6-5 Fe 产量(y_{II}^{Fe})

前身星质量 (M⊙)	$y_{II}^{Fe}(Z=Z_\odot)$		$y_{II}^{Fe}(Z=10^{-1}Z_\odot)$		$y_{II}^{Fe}(Z=10^{-2}Z_\odot)$		$y_{II}^{Fe}(Z=10^{-4}Z_\odot)$	
	衰变前	衰变后	衰变前	衰变后	衰变前	衰变后	衰变前	衰变后
8.8A	2.70×10^{-3}	2.70×10^{-3}	—	—	—	—	—	—
12A	1.56×10^{-2}	1.62×10^{-2}	1.08×10^{-3}	2.07×10^{-3}	1.91×10^{-4}	9.63×10^{-4}	7.04×10^{-4}	1.53×10^{-3}
13A	1.78×10^{-2}	1.88×10^{-2}	6.48×10^{-3}	7.98×10^{-3}	3.37×10^{-4}	1.98×10^{-3}	6.95×10^{-4}	2.05×10^{-3}
15A	2.33×10^{-2}	2.47×10^{-2}	1.90×10^{-3}	3.50×10^{-3}	6.55×10^{-4}	2.34×10^{-3}	2.88×10^{-3}	1.36×10^{-3}
18A	3.20×10^{-2}	2.89×10^{-2}	2.96×10^{-3}	5.08×10^{-3}	1.43×10^{-3}	3.68×10^{-3}	1.18×10^{-3}	2.79×10^{-3}
20A	3.20×10^{-2}	3.50×10^{-2}	3.62×10^{-3}	7.10×10^{-3}	1.42×10^{-3}	4.61×10^{-3}	1.33×10^{-3}	5.00×10^{-3}
22A	3.66×10^{-2}	4.00×10^{-2}	4.09×10^{-3}	8.18×10^{-3}	1.47×10^{-3}	5.17×10^{-3}	1.03×10^{-3}	4.75×10^{-3}
25A	4.02×10^{-2}	4.26×10^{-2}	3.71×10^{-3}	6.90×10^{-3}	1.09×10^{-3}	3.55×10^{-3}	9.03×10^{-4}	3.83×10^{-3}
30A	2.85×10^{-2}	2.91×10^{-2}	1.65×10^{-3}	1.65×10^{-3}	1.15×10^{-4}	1.15×10^{-4}	6.27×10^{-7}	6.28×10^{-7}
35A	3.44×10^{-2}	3.15×10^{-2}	1.80×10^{-3}	1.80×10^{-3}	1.31×10^{-4}	1.31×10^{-4}	6.40×10^{-7}	6.61×10^{-7}
40A	3.22×10^{-2}	3.23×10^{-2}	2.00×10^{-3}	2.00×10^{-3}	1.42×10^{-4}	1.43×10^{-4}	7.32×10^{-7}	7.35×10^{-7}
50A	—	—	—	—	—	—	0.3684	0.3684

在不同金属丰度分布下，Ⅰa 型超新星的产量数据如表 6-6 和表 6-7 所示，由于特拉瓦利奥(Travaglio)等人给出的数据就是稳定同位元素的产量，所以表中衰变前后的数据是一样的。

表 6-6 Mn 产量(y_{II}^{Mn})

前身星质量 (M☉)	$y_{II}^{Mn}(Z=Z_\odot)$		$y_{II}^{Mn}(Z=10^{-1}Z_\odot)$		$y_{II}^{Mn}(Z=10^{-2}Z_\odot)$		$y_{II}^{Mn}(Z=10^{-4}Z_\odot)$	
	衰变前	衰变后	衰变前	衰变后	衰变前	衰变后	衰变前	衰变后
8.8A	3.41×10^{-6}	3.41×10^{-6}	—	—	—	—	—	—
12A	2.25×10^{-4}	1.40×10^{-4}	4.62×10^{-5}	2.33×10^{-6}	3.31×10^{-5}	1.46×10^{-7}	4.83×10^{-5}	5.67×10^{-9}
13A	3.06×10^{-4}	1.49×10^{-4}	1.12×10^{-4}	2.57×10^{-6}	6.31×10^{-5}	1.63×10^{-7}	6.72×10^{-5}	5.64×10^{-9}
15A	3.54×10^{-4}	1.71×10^{-4}	7.78×10^{-5}	2.90×10^{-6}	8.17×10^{-5}	1.91×10^{-7}	6.05×10^{-5}	2.89×10^{-9}
18A	5.02×10^{-4}	2.04×10^{-4}	1.19×10^{-4}	3.45×10^{-6}	1.24×10^{-4}	2.25×10^{-7}	1.04×10^{-4}	1.28×10^{-8}
20A	5.93×10^{-4}	2.13×10^{-4}	2.58×10^{-4}	3.67×10^{-6}	1.76×10^{-4}	2.35×10^{-7}	1.84×10^{-4}	1.34×10^{-8}
22A	1.85×10^{-3}	2.30×10^{-4}	3.08×10^{-4}	3.87×10^{-6}	2.04×10^{-4}	2.57×10^{-7}	1.95×10^{-4}	1.07×10^{-8}
25A	3.03×10^{-4}	2.58×10^{-4}	5.51×10^{-6}	4.35×10^{-6}	2.79×10^{-4}	2.91×10^{-7}	2.80×10^{-4}	1.96×10^{-8}
30A	3.54×10^{-4}	3.03×10^{-4}	5.75×10^{-6}	5.43×10^{-6}	3.40×10^{-7}	3.28×10^{-7}	1.37×10^{-9}	1.31×10^{-9}
35A	3.33×10^{-4}	3.29×10^{-4}	6.11×10^{-6}	5.72×10^{-6}	3.66×10^{-7}	3.64×10^{-7}	3.91×10^{-9}	3.91×10^{-9}
40A	3.34×10^{-4}	3.29×10^{-4}	6.26×10^{-6}	6.26×10^{-6}	3.87×10^{-7}	3.86×10^{-7}	4.97×10^{-9}	1.48×10^{-9}
50A	—	—	—	—	—	—	2.87×10^{-9}	2.87×10^{-5}

表 6-7 Ⅰa 型超新星 Mn 产量($M_\odot$)

$y_{Ia}^{Mn}(Z=10^{-1}Z_\odot)$		$y_{Ia}^{Mn}(Z=Z_\odot)$		$y_{Ia}^{Mn}(Z=0.3Z_\odot)$		$y_{Ia}^{Fe}(Z=10^{-1}Z_\odot)$		$y_{Ia}^{Fe}(Z=Z_\odot)$		$y_{Ia}^{Fe}(Z=0.3Z_\odot)$	
衰变前	衰变后	衰变前	衰变后	衰变前	衰变后	衰变前	衰变后	衰变前	衰变后	衰变前	衰变后
5.15×10^{-3}	5.15×10^{-3}	6.38×10^{-3}	6.38×10^{-3}	9.19×10^{-3}	9.19×10^{-3}	0.505 4	0.505 4	0.531 0	0.531 0	0.504 3	0.504 3

表中虽然只列出了部分前身星的金属产量,实际上在我们的模型中是利用线性插值计算了从八个太阳质量到一百个太阳质量的前身星。这样,我们就得到[Co/Fe]随[Fe/H]变化的曲线(见图 6-5)。

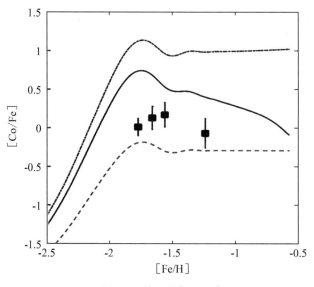

图 6-5 修正前[Co/Fe]

在图 6-5 中,与图 6-4 类似,最上面的曲线表示所有 Co 元素都由Ⅰa 型超新星爆发时产生;最下面的曲线表示所有 Co 元素都由Ⅱ型超新星爆炸时产生;图中间的曲线表示既考虑Ⅰa 型超新星随时间推移的产量,也考虑Ⅱ型超新星在不同时期的产量。可以发现,在超新星爆炸初期,Ⅰa 型超新星和Ⅱ型超新星中均只有相对少量的 Co 元素。随着时间的推进,核合成会产生越来越多的 Co 元素。图中的黑色误差棒为观测时的误差,中间的小正方形为观测数据。我们发现,在横坐标−1.8～−1.7 之间的数据略偏移拟合曲线。原因是我们的模型先是用单峰曲线拟合 Fe 元素的金属丰度分布,在与其符合的相对较好时才确定参数。但是,矮椭球星系 Scuptor 与天炉星系(Fornax)、Setanx 等星系不同,该星系的实际观测数据倾向于双峰曲线,该双峰曲线的另一个峰值在横坐标−1.8～−1.7 之间,所以模拟曲线和观测数据的误差在此处要相对更大些。拟合曲线随着星系的演化,有逐渐向下走的趋势。通过前面部分对超新星的前身星和爆发机制的讨论,可以发现星系中的超新星爆发进入尾声时,Ⅱ型超新星近乎爆发殆尽,剩下的大都是Ⅰa 型超新星。虽然拟合曲线甚至高出了观测误差,但是拟合曲线趋近于观测数据的分布趋势,而且这些观测也都在我们理论所估计的范围之内。

6.4.4　模型改进

通过之前的模拟,发现理论产量明显高于观测数值,这可能是因为在考虑元素产量的时候没有考虑元素的衰变。类似地,改进后的 Co 元素净产率为:

$$P'_{Co}(t) = R_{Ⅰa}(t)y'^{Co}_{Ⅰa}([Fe/H]) + R_{Ⅱ}(t)y'^{Co}_{Ⅱ}([Fe/H]) \tag{6.4.13}$$

保持星系的超新星爆发率不变,进一步考虑 β 衰变对 Co 元素产量的影响。在反应中,除了稳定的 ^{59}Co,其他同位素均会衰变为其他元素。同理,质量分数比 Co 元素轻的不稳定元素 ^{59}Fe、^{59}Mn、^{59}Cr、^{59}V、^{59}Ti 最终也会衰变为 ^{59}Co,所以在计算 Co 的总产量时,也要计入这些元素的产量。

修改后的[Co/Fe]与[Fe/H]的演变曲线如图 6-6 所示。与图 6-5 相比,新拟合的曲线能更合理地解释观测数据。图中的空心圆为最新的观测数据。经过我们修正后的模型能够解释绝大部分的观测数据,但是还是有几个观测点低于我们的理论标准。从希尔(Hill)等人的观测数据可以发现,低于我们理论模型的点都基本聚集在一起,说明此处的超新星的爆发较为密集,且产生的重元素量没有以前的理论计算值高。一个原因可能是本身模型的单峰曲线就不能很好地解释横坐标−1.8～−1.7 之间的[Fe/H]分布。由于恒星诞生和死亡时超新星爆炸之间有时间差,最终导致此处出现较大的误差。另外一个原因可能是我们采用的核塌缩型超新星模型所估计的产量太高。

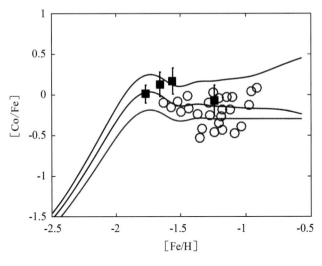

图 6-6　修正后[Co/Fe]

为了进一步说明对修正产量的必要性,我们还给出了 Mn 元素修正产量后的金属丰度分布,并和之前的模型进行了比较。产量修正数据如图 6-7 所示。

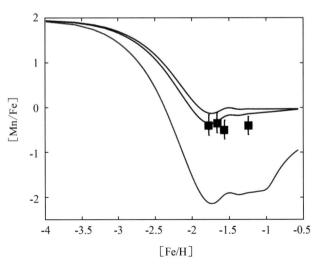

图 6-7　修正后[Mn/Fe]

与图 6-4(c)相比较,我们的模拟结果和两个实际观测点重合,能够很好地解释玉夫星系(Sculptor)中 Mn 元素的金属丰度分布。考虑了两种超新星的黑色拟合曲线在演变末期,看起来似乎和Ⅱ型超新星重合了,但这并不是说 Mn 元素的金属丰度分布在演变后期倾向于Ⅱ型超新星的金属丰度分布趋势。可以发现,最上面的蓝色曲线在[Fe/H]>−1.5时,Ⅱ型超新星的 Mn 元素金属丰度分布已经趋于平稳。理论上也应该是这样的,因为Ⅱ型超新星在星系演化的中后期已经几乎爆发完毕。所以么,此处的Ⅱ型超新星和最终拟合曲线重合的原因是Ⅰa型超新星的金属丰度在后期上升了。导致Ⅰa型超新星的金属丰度在后期上升的直接原因可能是在演化末期,只有在十分靠近星系中心的地方才存在新的恒星。当这些恒星爆发后,核合成的重元素不仅很难被抛射到太空中去,还相反地被正反馈到星系中心去。这样就出现了Ⅰa型超新星的金属丰度分布在末期不但没有趋于平稳,还加快上升。另外,Ⅰa型超新星的[Mn/Fe]相比修正前下降很多,这是因为 Mn 元素在考虑衰变后产量减少,但是 Fe 元素在衰变前后的变化相对较少。这其中的物理原因极有可能是Ⅰa型超新星 Fe 元素的合成效率比其他元素高,不过这是根据我们模型的一个外推。

6.5　讨论

6.5.1　[Mn/Fe]初始值问题

与前人[例如塞斯卡蒂(Cescutti)等,2008]的结果进行比较。他们的[Mn/Fe]比值曲线在初始阶段是上升的,与我们的完全相反。这个区别主要是由[Mn/Fe]的初始值引起的。通常只有小于$100M_{\odot}$的质量恒星才被包含在计算中。不过,如果我们考虑这些数量极少的超大质量恒星($>100M_{\odot}$),在星系早期爆炸中,初始[Mn/Fe]值由这些超大质量超新星来决定。超大质量超新星产生的[Mn/Fe]非常少(Tominaga et al. 2007),所以[Mn/Fe]初始值就很小。事实上,这些超大质量恒星的数量太少,导致核合成生成 Fe,Mn 等趋于零。对于玉夫星系(Sculptor)和天炉星系(Fornax),我们假设原始的 Fe,Mn 质量相等,根据定义:

$$[\text{Mn/Fe}] \equiv \frac{\dfrac{M_{\text{Mn}}}{M_{\text{Fe}}}}{\dfrac{M_{\text{Mn}\odot}}{M_{\text{Fe}\odot}}}$$

得到$[\text{Mn/Fe}]_{\text{ini}} = 1.96$。利用这个初始值结果可以很自然地解释早期演化中的下降趋势。对于六分仪星系(Sextans)中[Fe/H]$=-2.9$的两个观测到的恒星样本,它们可以解释为初始$[\text{Mn/Fe}]_{\text{ini}} = 0.36$,这意味着每个星系中的最贫([Fe/H]值最小)金属星可以反映该星系的原始[Mn/Fe]值。换句话说,图 6-4 中曲线最小值左边的源都是由[Mn/Fe]初始值决定的。

6.5.2　SN Ⅰa 型中 Mn 产量的金属依赖关系

先前的一些学者认为 SN Ⅰa 型中 Mn 产量与前身星的金属丰度成正比,即$y_{\text{Mn}}(z) \propto (\frac{Z}{Z_{\odot}})^{0.65}$,以便与观测数据结果一致。这是一种很强的[Mn/Fe]—[Fe/H]关系。在我们的计算中,采用了特拉瓦格里奥(Travaglio)等人的核合成网络的结果(Travaglio et al.,2005)。其中,对应前身星的金属丰度分别为$0.1Z_{\odot}$,$1Z_{\odot}$和$3Z_{\odot}$,Mn 产量为$5.15 \times 10^{-3}M_{\odot}$,$6.38 \times 10^{-3}M_{\odot}$和$9.19 \times 10^{-3}M_{\odot}$。由此发现,这种金属依赖关系要比前面的假设弱得多。对于[Fe/H]<-1的情况(即金属丰度$<0.1Z_{\odot}$),我们用 Mn 产量作为金属丰度为[Fe/H]$=-1$的前身星的结果,而不是使用正比关系,发现拟合好多了。我们

也注意到,小林(Kobayashi)和野本(Nomoto)在 2009 年计算$[(\alpha,Mn,Zn)/Fe]-[Fe/H]$关系时也没有用上述 SN Ia 型的金属丰度依赖关系。出现这种情况的原因可能是以前的学者通常使用 $11M_\odot \sim 40M_\odot$ 超新星,而其 Mn 含量通常较高。而为了与观测结果一致,必须降低 SN Ia 型的 Mn 产量。我们的计算中包括更多的核塌缩型超新星的子类型,如 $8.8M_\odot$ 和 $50M_\odot$ 超新星,其$[Mn/Fe]$丰度本来就很低,这就不再需要以前的假设了。

6.5.3 是否还有未统计的同位素

通过对 QW 模型的铁族元素产量进行改进,并推广到 Mn,Co,Ni 和 Ti 元素发现,产量修正后的 QW 模型总体可以较好地解释诺斯(North)等人所观测到的 Mn,Co,Ni 和 Ti 元素的金属丰度分布。但是对于希尔(Hill)等人的最新观测,采用我们修正产量后的模型,其理论预计值仍然偏高。在计算中,我们是把所有非稳定核都衰变到稳定再计算其产量,包括了所有的同位素。矮椭球星系本身就很暗,其中的恒星就更难被测到光谱;恒星中的铁族元素本身就很少,除 Fe 以外的其他铁族元素的谱线可以说是极其微弱的,这也是观测到的样本少的原因。在这种情况下,他们的结果中是否有未统计的同位素的谱线? 随着下一代 30 m 口径天文望远镜的修建和投入使用,相信在不久的未来会有更多的、高精度的光谱数据,这样我们就能进一步确定是不是理论值偏高,以及具体高了多少。

主要参考文献

[1]Abadie J., Abbott B. P., Abbott R., et al.. Predictions for the Rates of Compact Binary Coalescences Observable by Ground-based Gravitational-wave Detectors [J]. Classical and Quantum Gravity, 2010. 27:3001.

[2]Aguilera D. N., Pons J. A. & Miralles J. A.. The Impact of Magnetic Field on the Thermal Evolution of Neutron Stars[J]. The Astrophysical Journal, 2008, 673 (2): L167-L170.

[3]Amundsen L. & Ostgaard E.. Superfluidity of Neutron Matter. Ⅱ. Triplet Pairing[J]. Nuclear Physics A, 1985, 442: 163-188.

[4]Araki T., Enomoto S., Furuno K., et al.. Experimental Investigation of Geologically Produced Antineutrinos with KamLAND [J]. Nature, 2005, 436: 499-503.

[5]Arcones A. & Martínez-Pinedo G.. Dynamical R-process Studies within the Neutrino-driven Wind Scenario and Its Sensitivity to the Nuclear Physics Input[J]. Physical Review C, 2011, 83: 45809.

[6]Arcones A. & Montes F.. Production of Light-element Primary Process Nuclei in Neutrino-driven Winds[J]. The Astrophysical Journal, 2011, 731: 5.

[7]Arcones A., Martinez-Pinedo G., O'Connor E., et al.. Influence of Light Nuclei on Neutrino-driven Supernova Outflows [J]. Physical Review C, 2008, 78 (1): 5806.

[8]Aufderheide M. B., Fushiki I., Woosley S. E., et al.. Search for Important Weak Interaction Nuclei in Presupernova Evolution [J]. Astrophysical Journal Supplement Series, 1994, 91(1): 389-417.

[9]Baade W. & Zwicky F.. On Supernovae[J]. Proceedings of the National Academy of Science, 1934, 20: 254-259.

[10]Badenes C., Borkowski K. J. & Bravo E.. Thermal X-Ray Emission from Shocked Ejecta in Type Ⅰ a Supernova Remnants. Ⅱ. Parameters Affecting the Spectrum[J]. The Astrophysical Journal, 2005, 624: 198-212.

[11] Bahcall J. N., Chen X. L. & Kamionkowski M.. Electron-screening Correction for the Proton-proton Reaction[J]. Physical Review C, 1998, 57（5）: 2756-2759.

[12]Bandyopadhyay D., Chakrabarty S. & Pal S.. Quantizing Magnetic Field and Quark-Hadron Phase Transition in A Neutron Star[J]. Physical Review Letters, 1997, 79(12): 2176-2179.

[13] Baym G., Pethick C. & Pines D.. Superfluidity in Neutron Stars[J]. Nature, 1969, 224: 673-674.

[14]Beers T. C. & Christlieb N.. The Discovery and Analysis of Very Metal-Poor Stars in the Galaxy[J]. Annual Review of Astronomy and Astrophysics, 2005, 43: 531-580.

[15]Bethe H. A., Brown G. E., Applegate J., et al.. Equation of State in the Gravitational Collapse of Stars[J]. Nucl. Phys. A 1979, 324: 487.

[16] Bezchastnov V. G., Haensel P., Kaminker A. D., et al.. Neutrino Synchrotron Emission from Dense Magnetized Electron Gas of Neutron Stars[J]. Astronomy and Astrophysics, 1997, 328(1): 409-418.

[17]Bisterzo S., Gallino R., Straniero O., et al.. S-Process in Low-metallicity stars - I. Theoretical Predictions[J]. Monthly Notices of the Royal Astronomical Society, 2010, 404: 1529-1544.

[18]Blinnikov S.. I, Panov I. V, Rudzsky M. A., et al.. The Equation of State and Composition of Hot, Dense Matter in Core-collapse Supernovae[J]. Astronomy and Astrophysics, 2011, 535: 37.

[19]Brachwitz F., Dean D. J., Hix W. R., et al.. The Role of Electron Captures in Chandrasekhar-mass Models for Type I a Supernovae[J]. Astrophysical Journal, 2000, 536(2): 934-947.

[20]Bravo E. & García-Senz D.. Coulomb Corrections to the Equation of State of Nuclear Statistical Equilibrium Matter: Implications for SN I a Nucleosynthesis and the Accretion-induced Collapse of White Dwarfs[J]. Monthly Notices of the Royal Astronomical Society, 1999, 307: 984-992.

[21] Bruenn S. W., Mezzacappa A. & Dineva T.. Dynamic and Diffusive Instabilities in Core Collapse Supernovae[J]. Physics Reports, 1995, 256: 69-94.

[22]Buras R., Rampp M., Janka H. T., et al.. Improved Models of Stellar Core Collapse and Still No Explosions: What is Missing? [J]. Physical Review Letters, 2003, 90: 241101.

[23]Burrows A., Livne E., Dessart L., et al.. A New Mechanism for Core-Collapse Supernova Explosions[J]. The Astrophysical Journal, 2006, 640: 878-890.

[24]Cescutti G., Matteucci F., François P., et al.. Abundance Gradients in the Milky Way for α Elements, Iron Peak Elements, Barium, Lanthanum, and Europium

[J]. Astronomy and Astrophysics, 2007, 462: 943-951.

[25] Cescutti G., Matteucci F., Lanfranchi G. A., et al.. The Chemical Evolution of Manganese in Different Stellar Systems[J]. Astronomy and Astrophysics, 2008, 491: 401-405.

[26] Chakrabarty S., Bandyopadhyay D. & Pal S.. Dense Nuclear Matter in a Strong Magnetic Field[J]. Physical Review Letters, 1997, 78(15): 2898-2901.

[27] Chatzopoulos E., Wheeler J. C., Vinko J., et al.. Extreme Supernova Models for the Superluminous Transient ASASSN-15lh[J]. Astrophysical Journal, 2016, 828.

[28] Chiu H. Y. & Salpeter E. E.. Surface X-Ray Emission from Neutron Stars [J]. Phys. Rev. Lett., 1964, 12(15): 413.

[29] Clifford F. E. & Tayler R. J.. The Equilibrium Distribution of Nuclides in Matter at High Temperatures[J]. Memoirs of the Royal Astronomical Society, 1965, 69: 21.

[30] Cooper R. L. & Kaplan D. L.. Magnetic Field-Decay-Induced Electron Captures: A Strong Heat Source in Magnetar Crusts[J]. Astrophysical Journal Letters, 2010, 708(2): L80-L83.

[31] Dai Z. G., Peng Q. H. & Lu T.. The Conversion of 2-Flavor to 3-Flavor Quark Matter in a Supernova Core[J]. Astrophysical Journal Letters, 1995, 440(2): 815-820.

[32] Dai Z. G., Wang S. Q., Wang J. S., et al.. The Most Luminous Supernova ASASSN-15lh: Signature of a Newborn Rapidly-Rotating Strange Quark Star[J]. Astrophysical Journal, 2016, 817(2):132.

[33] Dalgarno A. & McCray R.. A Heating and Ionization of HI Regions[J]. Astronomy and Astrophysics, 1972, 10(1):375-424.

[34] Davidson K. & Ostriker J. P.. Neutron-Star Accretion in a Stellar Wind: Model for a Pulsed X-Ray Source[J]. The Astrophysical Journal, 1973, 179: 585-598.

[35] De Colle F., Granot J., López-Cámara Diego, et al.. Gamma-Ray Burst Dynamics and Afterglow Radiation from Adaptive Mesh Refinement, Special Relativistic Hydrodynamic Simulations[J]. Astrophysical Journal, 2012, 746:122.

[36] Domainko W. & Ruffert M.. Long-term Remnant Evolution of Compact Binary Mergers[J]. Astronomy and Astrophysics, 2005, 444(2):L33-L36.

[37] Dong S. B., Shappee B. J., Prieto J. L., et al.. Astronomy. ASASSN-15lh: A Highly Super-luminous Supernova. [J]. Science, 2015, 351(6270):257.

[38] Duan H. & Qian Y. Z.. Rates of Neutrino Absorption on Nucleons and the Reverse Processes in Strong Magnetic Fields[J]. Physical Review D, 2005, 72: 23005.

[39] Duan H., Fuller G. M. & Qian Y. Z.. Collective Neutrino Flavor Transformation in Supernovae[J]. Physical Review D, 2006, 74: 123004.

[40]Duncan R. C. , Shapiro S. L. & Wasserman I.. Neutrino-driven Winds from Young, Hot Neutron Stars[J]. Astrophysical Journal, 1986, 309(10): 141-160.

[41] Dutta S. I. , Ratkovic S. & Prakash M.. Photoneutrino Process in Astrophysical Systems[J]. Physical Review D, 2004, 69(2): 023005.

[42]Epstein R. I. & Arnett W. D.. Neutronization and Thermal Disintegration of Dense Stellar Matter[J]. The Astrophysical Journal, 1975, 201: 202-211.

[43]Fassio-Canuto. Neutron Beta Decay in Strong Magnetic Field[J]. Physics Review, 1969, 187(5): 2138-2146.

[44]Fischer T. , Whitehouse S. C. , Mezzacappa A. , et al.. Protoneutron Star Evolution and the Neutrino-driven Wind in General Relativistic Neutrino Radiation Hydrodynamics Simulations[J]. Astronomy and Astrophysics, 2010, 517: 80.

[45]Friman B. L. & Maxwell O. V.. Neutrino Emissivities of Neutron Stars[J]. The Astrophysical Journal, 1979, 232(9): 541-557.

[46]Frohlich C, Martinez-Pinedo G. , Liebendorfer M. , et al.. Neutrino-induced Nucleosynthesis of $A > 64$ Nuclei: The nu p Process[J]. Physical Review Letters, 2006, 96(14): 142502.

[47]Fuller G. M. , Fowler W. A. & Newman M. J.. Stellar Weak Interaction Rates for Intermediate Mass Nuclei. III - Rate Tables for the Free Nucleons and Nuclei with $A = 21$ to $A = 60$[J]. The Astrophysical Journal Supplement Series, 1982, 48(3): 279-319.

[48]Fuller G. M. , Fowler W. A. & Newman M. J.. Stellar Weak Interaction Rates for Intermediate-mass Nuclei. II-$A = 21$ to $A = 60$[J]. The Astrophysical Journal, 1982, 252(1): 715-740.

[49]Fuller G. M. , Fowler W. A. & Newman M. J.. Stellar Weak-interaction Rates for Sd-Shell Nuclei. I -Nuclear Matrix Element Systematics with Application to Al-26 and Selected Nuclei of Importance to the Supernova Problem [J]. The Astrophysical Journal Supplement Series, 1980, 42(3): 447-473.

[50]Gal-Yam A. , Luminous supernovae. [J]. Science, 2012, 337(337):927-932.

[51]Gao Z. F. , Wang N. , Song D. L. , et al.. The Effects of Intense Magnetic Fields on Landau Levels in A Neutron Star[J]. Astrophysics and Space Science, 2011, 334: 281-292.

[52]Goriely S. , Bauswein A. & Janka H. T.. R-process Nucleosynthesis in Dynamically Ejected Matter of Neutron Star Mergers[J]. The Astrophysical Journal Letters, 2011, 738: L32.

[53]Gupta S. , Brown E. F. , Schatz H. , et al.. Heating in the Accreted Neutron Star Ocean: Implications for Superburst Ignition[J]. Astrophysical Journal, 2007, 662(2): 1188-1197.

[54] Haensel P. , Levenfish K. P. & Yakovlev D. G.. Bulk Viscosity in

Superfluid Neutron Star Cores-Ⅱ. Modified Urca Processes in NPE Mu Matter[J]. Astronomy & Astrophysics, 2001, 372(1): 130-137.

[55]Haensel P., Potekhin A. Y. & Yakovlev D. G.. Neutron Stars. 1. Equation of State and Structure[M]. 2007, Springer: New York.

[56]Haensel P.. URCA Processes in Dense Matter and Neutron Star Cooling[J]. Space Science Reviews, 1995, 74(3-4): 427-436.

[57]Hartmann D., Woosley S. E. & El Eid M. F.. Nucleosynthesis in Neutron-rich Supernova Ejecta[J]. The Astrophysical Journal, 1985, 297: 837-845.

[58]Heger A. & Woosley S. E.. The Nucleosynthetic Signature of Population Ⅲ [J]. Astrophysical Journal, 2002, 567(1): 532-543.

[59]Heger A., Langanke K., Martinez-Pinedo G., et al.. Presupernova Collapse Models with Improved Weak-interaction Rates[J]. Physical Review Letters, 2001, 86 (9): 1678-1681.

[60] Heger A., Woosley S. E., Martinez-Pinedo G., et al.. Presupernova Evolution with Improved Rates for Weak Interactions[J]. Astrophysical Journal, 2001, 560(1): 307-325.

[61]Hewish A., Bell S. J., Pilkington J. D. H., et al.. Observation of a Rapidly Pulsating Radio Source[J]. Nature, 1968, 217: 709-713.

[62] Hitt G. W., Zegers R. G. T., Austin S. M., et al.. Gamow-Teller Transitions to Cu^{64} Measured with the Zn^{64}(t, He^3) reaction[J]. Physical Review C, 2009, 80: 14313.

[63]Hix W. R. & Thielemann F. K.. Silicon burning. Ⅱ. Quasi-equilibrium and Explosive Burning[J]. Astrophysical Journal, 1999, 511(2): 862-875.

[64]Hoffman R. D., Woosley S. E. & Qian Y. Z.. Nucleosynthesis in Neutrino-driven Winds. 2. Implications for Heavy Element Synthesis[J]. Astrophysical Journal, 1997, 482(2): 951-962.

[65] Iwamoto K., Brachwitz F., Nomoto K. I., et al.. Nucleosynthesis in Chandrasekhar Mass Models for Type Ⅰa Supernovae and Constraints on Progenitor Systems and Burning-Front Propagation[J]. The Astrophysical Journal Supplement Series, 1999, 125: 439-462.

[66]Janka H. T., Langanke K., Marek A., et al.. Theory of Core-collapse Supernovae[J]. Physics Reports-Review Section of Physics Letters, 2007, 442(1-6): 38-74.

[67]Joggerst C. C. & Whalen D. J.. The Early Evolution of Primordial Pair-instability Supernovae[J]. The Astrophysical Journal, 2011, 728: 129.

[68] Jose J. & Hernanz M.. Nuclear Uncertainties and Their Role in Nova Nucleosynthesis[J]. Tours Symposium on Nuclear Physics Ⅰii, 1998(425): 539-550.

[69]Jose J. & Hernanz M.. Nucleosynthesis in Classical Novae: CO Versus ONe

White Dwarfs[J]. Astrophysical Journal, 1998, 494(2): 680-690.

[70]Juodagalvis A., Langanke K., Hix W. R., et al.. Improved Estimate of Electron Capture Rates on Nuclei During Stellar Core Collapse[J]. Nuclear Physics A, 2010, 848(3-4): 454-478.

[71]Kaminker A. D., Gusakov M. E., Yakovlev D. G., et al.. Minimal Models of Cooling Neutron Stars with Accreted Envelopes[J]. Monthly Notices of the Royal Astronomical Society, 2006, 365(4): 1300-1308.

[72]Kaminker A. D., Potekhin A. Y., Yakovlev D. G., et al.. Heating and Cooling of Magnetars with Accreted Envelopes[J]. Monthly Notices of the Royal Astronomical Society, 2009, 395(4): 2257-2267.

[73]Kar K., Ray A. & Sarkar S.. Beta-Decay Rates of Fp Shell Nuclei with a-Greater-Than-60 in Massive Stars at the Presupernova Stage[J]. Astrophysical Journal, 1994, 434(2): 662-683.

[74]Kim C. G. & Ostrikerd E. C.. Momentum Injection by Supernovae in the Interstellar Medium[J]. Astrophysical Journal, 2015, 802:99.

[75]Koike O., Hashimoto M., Kuromizu R., et al.. Final Products of the rp-process on Accreting Neutron Stars [J]. Astrophysical Journal, 2004, 603 (1): 242-251.

[76]Komissarov S. S. & Barkov M V.. Magnetar-energized Supernova Explosions and Gamma-ray Burst Jets[J]. Monthly Notices of the Royal Astronomical Society, 2007, 382: 1029-1040.

[77]Lai D. & Qian Y. Z.. Neutrino Transport in Strongly Magnetized Proto-Neutron Stars and the Origin of Pulsar Kicks: The Effect of Asymmetric Magnetic Field Topology[J]. The Astrophysical Journal, 1998, 505: 844-853.

[78]Lai D. & Shapiro S. L.. Cold Equation of State in A Strong Magnetic Field - Effects of Inverse Beta-decay[J]. The Astrophysical Journal, 1991, 383(2): 745-751.

[79]Lai D.. Matter in strong magnetic fields[J]. Reviews of Modern Physics, 2001, 73(3): 629-661.

[80]Lai X. J., Liu M. Q., Liu J. J., et al.. The Mass Effect of the Quark Phase Transition in Supernova Core[J]. Chinese Physics, 2008, 17(2): 585-591.

[81]Lai X. J., Luo Z. Q. & Liu H. L.. Effect of Current Quark Masses on Quark Phase Transitions in Supernovae[J]. Chinese Physics C, 2008, 32: 428.

[82] Landau L. D. & Lifshitz L. M.. Quantum Mechanics Non-Relativistic Theory(Third Edition)[M]. 1977, Pergamon: Oxford.

[83]Lanfranchi G. A., Matteucci F. & Cescutti G.. A Comparison of the s- and r-process Element Evolution in Local Dwarf Spheroidal Galaxies and in the Milky Way [J]. Astronomy and Astrophysics, 2008, 481: 635-644.

[84]Langanke K. & Martinez-Pinedo G. Nuclear Weak-interaction Processes in

Stars[J]. Reviews of Modern Physics，2003，75(3)：819-862.

[85] Langanke K. & Martinez-Pinedo G.. Shell-model Calculations of Stellar Weak Interaction Rates：Ⅱ. Weak Rates for Nuclei in the Mass Range A＝45-65 in Supernovae Environments[J]. Nuclear Physics A，2000，673(1-4)：481-508.

[86]Langanke K. & Martinez-Pinedo G.. Supernova Electron Capture Rates on odd-odd Nuclei[J]. Physics Letters B，1999，453(3-4)：187-193.

[87]Langanke K.. Nuclear Astrophysics[J]. Nuclear Physics A，1999，654：330-349.

[88]Lattimer J. M. & Prakash M.. The Physics of Neutron Stars[J]. Science，2004，304(5670)：536-542.

[89]Lattimer J. M.，Pethick C. J.，Prakash M.，et al.. Direct Urca Process in Neutron-Stars[J]. Physical Review Letters，1991，66(21)：2701-2704.

[90]Leloudas G.，Fraser M.，Stone N. C.，et al.. The Superluminous Transient ASASSN-15lh as A Tidal Disruption Event from A Kerr Black Hole[J]. 2016.

[91]Liu H. L.，Liu M. Q.，Liu J. J.，et al.. Resonance Reaction Rate of 21Na (p，γ)22Mg[J]. Chinese Physics，2007，16：3200-3204.

[92]Liu M. Q.，Zhang J. & Luo. Z. Q.. Screening Effect on Electron Capture in Presupernova Stars[J]. Astronomy and Astrophysics，2007，463：261-264.

[93]Liu M. Q.，Yuan Y. F. & Zhang J.. Effect of Electron Screening on the Collapsing Process of Core-Collapse Supernovae[J]. Monthly Notices of the Royal Astronomical Society，2009，400(2)：815-819.

[94]Liu M. Q.，Zhang J. & Luo Z. Q.. Nuclear statistical equilibrium at core-collapse supernova[J]. Chinese Physics，2007，16：3146-3149.

[95] Liu M. Q.. Steady State Equilibrium Condition of npe± Gas and its Application to Astrophysics[J]. Research in Astronomy and Astrophysics，2011，11：91-102.

[96]Liu M. Q. & Zhang J.. Hydrodynamic Evolution of Neutron Star Merger Remnants[J]. Monthly Notices of the Royal Astronomical Society，2017，472：708-712.

[97]Liu M. Q. & Wang Z. X.. Dynamics of Neutrino-driven Winds：Inclusion of Accurate Weak Interaction Rates in Strong Magnetic Fields[J]. Research in Astronomy and Astrophysics，2013，13(2)：207-214.

[98]Liu M. Q. & Wang Z. X.. A New Estimation of Manganese Distribution for Local Dwarf Spheroidal Galaxies[J]. Research in Astronomy and Astrophysics，2016，16：149.

[99]Liu T.，Gu W. M.，Xue L.，et al.. Structure and Luminosity of Neutrino-cooled Accretion Disks[J]. Astrophysical Journal，2007，661(2)：1025-1033.

[100]Luo Z. Q.，Liu M. Q.，Lin L. B.，et al.. Electron Capture in fp Shell at

Presupernova Stage[J]. Chinese Physics，2005，14(6)：1272-1275.

[101]Luo Z. Q. & Peng Q. H.. The Effect of A Strong Magnetic Field on the Thermonuclear Reactions in the Shells of Neutron Stars[J]. Chinese Astronomy and Astrophysics，1997，21：28-34.

[102]MacDonald J. , Hernanz M. & Jose J.. Evolutionary Calculations of Carbon Dredge-up in Helium Envelope White Dwarfs[J]. Monthly Notices of the Royal Astronomical Society，1998，296(3)：523-530.

[103]MacFadyen A. I. & Woosley S. E.. Collapsars：Gamma-ray Bursts and Explosions in "Failed Supernovae"[J]. Astrophysical Journal，1999，524(1)：262-289.

[104]Martinezpinedo G. & Langanke K.. Supernova Electron Capture rates[J]. Nuclear Physics A，1999，654：904.

[105]Martinez-Pinedo G.. Selected Topics in Nuclear Astrophysics[J]. European Physical Journal-Special Topics，2008，156：123-149.

[106]Metzger B. D. , Thompson T. A. & Quataert E.. Proto-neutron Star Winds with Magnetic Fields and Rotation[J]. Astrophysical Journal，2007，659(1)：561-579.

[107]Meyer B. S. , Krishnan T. D. & Clayton D. D.. Theory of Quasi-equilibrium Nucleosynthesis and Applications to Matter Expanding from High Temperature and Density[J]. Astrophysical Journal，1998，498(2)：808-830.

[108]Moller P. , Nix J. R. & Kratz K. L.. Atomic Data and Nuclear Data Tables，1997，66：131.

[109]Montes G. , Ramirez-Ruiz E. , Naiman J. , et al.. Transport and Mixing of r-process Elements in Neutron Star Binary Merger Blast Waves[J]. Astrophysical Journal，2016，830：12.

[110]Mori K. , Famiano M. A. , Kajino T. , et al.. Impact of New Gamow-Teller Strengths on Explosive Type I a Supernova Nucleosynthesis[J]. Astrophysical Journal，2016，833.

[111]Nabi J. U. & Rahman M. U.. Gamow-Teller Strength Distributions and Electron Capture Rates for Co-55 and Ni-56[J]. Physics Letters B，2005，612(3-4)：190-196.

[112]Nabi J. U. & Saijad M. Neutrino Energy Loss Rates and Positron Capture Rates on (CO)-C-55 for Presupernova and Supernova Physics[J]. Physical Review C，2008，77(5)：055802.

[113]Nabi J. U. , Rahman M. U. & Sajjad M.. Gamow-teller（GT +/−）Strength Distributions of Ni-56 for Ground and Excited States[J]. Acta Physica Polonica，2008，39(3)：651-669.

[114]Nabi J. U. & Rahman M. U.. Gamow-Teller Strength Distribution in Proton-rich Nucleus 57Zn and its Implications in Astrophysics[J]. Astrophysics and Space Science，2011，332：309-317.

[115] Ning H. , Qian Y. Z. & Meyer B. S.. R-process Nucleosynthesis in Shocked Surface Layers of O-Ne-Mg cores[J]. Astrophysical Journal, 2007, 667(2): L159-L162.

[116] Nomoto K. , Tominaga N. , Umeda H.., et al.. Nucleosynthesis in Hypernovae and Population Ⅲ Supernovae [J]. Nuclear Physics A, 2005, 758: 263-271.

[117] North P, Cescutti G. , Jablonka P. , et al.. Manganese in Dwarf Spheroidal Galaxies[J]. Astronomy and Astrophysics, 2012, 541: 45.

[118] Paczyński B.. Carbon Ignition in Degenerate Stellar Cores[J]. Astrophysical Letters, 1972, 11: 53.

[119] Page D. , Geppert U. & Weber F.. The Cooling of Compact Stars[J]. Nuclear Physics A, 2006, 777: 497-530.

[120] Panov I. V. & Janka H. T.. On the Dynamics of proto-neutron Star Winds and r-process Nucleosynthesis [J]. Astronomy and Astrophysics, 2009, 494 (3): 829-844.

[121] Peng Q. H.. A New Mechanism of Core Collapsed Supernova Explosion—the Important Role of Electron Capture Process[J]. Nuclear Physics A, 2004, 738: 515-518.

[122] Pethick C. J. & Ravenhall D. G.. Matter at Large Neutron Excess and the Physics of Neutron-star Crusts[J]. Annual Review of Nuclear and Particle Science, 1995, 45: 429-484.

[123] Pons J. A. , Reddy S. , Prakash M. , et al.. Evolution of proto-neutron Stars[J]. Astrophysical Journal, 1999, 513(2): 780-804.

[124] Potekhin A. Y. & Yakovlev D. G.. Thermal Structure and Cooling of Neutron Stars with Magnetized Envelopes[J]. Astronomy and Astrophysics, 2001, 374 (1): 213-226.

[125] Pruet J. & Fuller G. M.. Estimates of Stellar Weak Interaction Rates for Nuclei in the Mass Range $A = 65\text{-}80$ [J]. Astrophysical Journal Supplement Series, 2003, 149(1): 189-203.

[126] Qian Y. Z. & Woosley S. E.. Nucleosynthesis in Neutrino-driven Winds. Ⅰ. The Physical Conditions[J]. Astrophysical Journal, 1996, 471(1): 331-351.

[127] Qian Y. Z.. Recent Progress in the Understanding of the r-Process, in Proceedings of Science the 10th Symposium on Nuclei in the Cosmos. 2008: Michigan, USA. 1-9.

[128] Qian Y. Z. & Wasserburg G. J.. Supernova-driven Outflows and Chemical Evolution of Dwarf Spheroidal Galaxies[J]. Proceedings of the National Academy of Science, 2012, 109: 4750-4755.

[129] Qian Y. Z. & Fuller G. M.. Neutrino-neutrino Scattering and Matter-

enhanced Neutrino Flavor Transformation in Supernovae[J]. Physical Review D, 1995, 51: 1479-1494.

[130] Rauscher T. & Thielemann F. K.. Astrophysical Reaction Rates From Statistical Model Calculations[J]. Atomic Data and Nuclear Data Tables, 2000, 75: 1-351.

[131] Rauscher T.. Nuclear Partition Functions at Temperatures Exceeding 10^{10} K [J]. The Astrophysical Journal Supplement Series, 2003, 147: 403-408.

[132] Reddy S., Prakash M. & Lattimer J. M.. Neutrino Interactions in Hot and Dense Matter[J]. Physical Review D, 1998, 58(1): 013009.

[133] Roberts L. F., Shen G., Cirigliano V., et al.. Protoneutron Star Cooling with Convection: The Effect of the Symmetry Energy[J]. Physical Review Letters, 2012, 108: 61103.

[134] Roberts L. F., Woosley S. E. & Hoffman R. D.. Integrated Nucleosynthesis in Neutrino-Driven Winds[J]. Astrophysical Journal, 2010, 722(1): 954-967.

[135] Rosswog S., Korobkin O., Arcones A., et al.. The Long-term Evolution of Neutron Star Merger Remnants- I The Impact of r-process Nucleosynthesis [J]. Monthly Notices of the Royal Astronomical Society, 2014, 439(1): 744-756.

[136] Salpeter E. E. & van Horn H. M.. Nuclear Reaction Rates at High Densities[J]. The Astrophysical Journal, 1969, 155: 183-202.

[137] Sasano M., Perdikakis G., Zegers R. G. T., et al.. Gamow-Teller Transition Strengths from Ni56[J]. Physical Review Letters, 2011, 107: 202501.

[138] Seitenzahl I. R., Timmes F. X. & Magkotsios G.. The Light Curve of SN 1987A Revisited: Constraining Production Masses of Radioactive Nuclides [J]. Astrophysical Journal, 2014, 792(1):10.

[139] Sekiguchi Y., Kiuchi K., Kyutoku K., et al.. Dynamical Mass Ejection from Binary Neutron Star Mergers: Radiation-hydrodynamics Study in General Relativity[J]. Physical Review D, 2015, 91: 64059.

[140] Shapiro S. L. & Teukolsky S. A.. et al.. Black Holes, White Dwarfs, and Neutron Stars[M]. 1983, A Wiely-Interscience Publication: New York.

[141] Sukhbold T. & Woosley S.. The Most Luminous Supernovae [J]. Astrophysical Journal, 2016, 820(2):38.

[142] Surman R. & McLaughlin G. C.. Neutrinos and Nucleosynthesis in Gamma-ray Burst Accretion Disks[J]. Astrophysical Journal, 2004, 603(2): 611-623.

[143] Thielemann F. K., Arcones A., Käppeli R., et al.. What are the Astrophysical Sites for the r-process and the Production of Heavy Elements? [J]. Progress in Particle and Nuclear Physics, 2011, 66: 346-353.

[144] Thompson T. A., Burrows A. & Meyer B. S.. The Physics of proto-neutron Star Winds: Implications for r-process Nucleosynthesis [J]. Astrophysical

Journal, 2001, 562(2): 887-908.

[145] Thompson T. A.. Magnetic Protoneutron Star Winds and r-process Nucleosynthesis[J]. Astrophysical Journal, 2003, 585(1): L33-L36.

[146]Thornton K., Gaudlitz M., Janka H-T., et al.. Energy Input and Mass Redistribution by Supernovae in the Interstellar Medium[J]. Astrophysical Journal, 1998, 500:95.

[147]Tong H. & Peng Q. H.. Improbability of DUrca Process Constraints EOS [J]. Chinese Journal of Astronomy and Astrophysics, 2007, 7(6): 809-813.

[148]Vincenzo F., Matteucci F., Vattakunnel S., et al.. Chemical Evolution of Classical and ultra-faint Dwarf Spheroidal Galaxies[J]. Monthly Notices of the Royal Astronomical Society, 2015, 441(4): 2815-2830.

[149] Von Neumann J. & Richtmyer R. D.. A Method for the Numerical Calculation of Hydrodynamic Shocks[J]. Journal of Applied Physics, 1950, 21(3): 232-237.

[150]Wanajo S., Janka H. T. & Muller B.. Electron-Capture Supernovae as the Origin of Elements Beyond Iron[J]. Astrophysical Journal Letters, 2011, 726(2): L15-L18.

[151]Wang B., Podsiadlowski P., & Han Z. W.. He-accreting Carbon-oxygen White Dwarfs and Type Ⅰa Supernovae [J]. Monthly Notices of the Royal Astronomical Society, 2017, 472: 1593.

[152] Wang Y., Ferland G. J., Lykins M. L., et al.. Radiative Cooling Ⅱ: Effects of Density and Metallicity[J]. Monthly Notices of the Royal Astronomical Society, 2014, 440(4): 3100-3112.

[153]Wang Z. X., Chakrabarty D. & Kaplan D. L.. A Debris Disk Around An Isolated Young Neutron Star[J]. Nature, 2006, 440(4): 772-775.

[154]Wilson J. R. & Mayle R. W.. Convection in Core Collapse Supernovae[J]. Physics Reports, 1988, 163: 63-77.

[155]Woods P. M. & Thompson C.. Soft Gamma Repeaters and Anomalous X-ray Pulsars: Magnetar Candidates, in Compact Stellar X-ray Sources, L. Walter, Editor. 2006, Cambridge University Press.

[156] Woosley S. E. & Heger A.. Nucleosynthesis and Remnants in Massive Stars of Solar Metallicity[J]. Physics Reports-Review Section of Physics Letters, 2007, 442(1-6): 269-283.

[157]Woosley S. E. & Weaver T. A.. The Evolution and Explosion of Massive Stars. 2. Explosive Hydrodynamics and Nucleosynthesis[J]. Astrophysical Journal Supplement Series, 1995, 101(1): 181-235.

[158]Woosley S. E., Blinnikov S. & Heger A.. Pulsational Pair Instability as An Explanation for the Most Luminous Supernovae[J]. Nature, 2007, 450(7168):

390-392.

[159]Woosley S. E., Heger A. & Weaver T. A.. The Evolution and Explosion of Massive Stars[J]. Reviews of Modern Physics, 2002, 74: 1015-1071.

[160]Woosley S. E., Wilson J. R., Mathews G. J., et al.. The R-Process and Neutrino-Heated Supernova Ejecta[J]. Astrophysical Journal, 1994, 433(1): 229-246.

[161]Woosley S. E. Bright Supernovae from Magnetar Birth[J]. Astrophysical Journal Letters, 2010, 719(2): L204-L207.

[162]Xu R. X., Zhang B. & Qiao G. J.. What if Pulsars are Born as Strange Stars?, 15 101[J]. Astropart. Phys., 2001, 15: 101.

[163]Yakovlev D. G. & Levenfish K. P.. Modified Urca Process in Neutron-Star Cores[J]. Astronomy and Astrophysics, 1995, 297(3): 717-726.

[164]Yakovlev D. G., Kaminker A. D., Gnedin O. Y., et al.. Neutrino Emission from Neutron Stars[J]. Physics Reports, 2001, 354: 1-155.

[165]Yuan Y. F.. Electron-positron Capture Rates and a Steady State Equilibrium Condition for an Electron-positron Plasma with Nucleons[J]. Physical Review D, 2005, 72: 013007.

[166]Yuan Y. F. & Zhang J. L.. The Effect of Interior Magnetic Field on the Modified URCA Process and the Cooling of Neutron Stars [J]. Astronomy and Astrophysics, 1998, 335: 969-972.

[167]Yu Y. W, Liu L. D, & Dai Z. G.. A Long-lived Remnant Neutron Star after GW170817 Inferred from Its Associated Kilonova[J]. The Astrophysical Journal, 2018, 861: 114.

[168]Zhang J., Liu M. Q. & Luo Z. Q.. Effect of High Magnetic Field on beta +Decay in the Crusts of Accreting Neutron Star[J]. Communications in Theoretical Physics, 2007, 47(4): 765-768.

[169]Zhang J., Liu M. Q. & Luo Z. Q.. Influence of Strong Magnetic Field on β Decay in the Crusts of Neutron Stars[J]. Chinese Physics, 2006, 15: 1477-1480.

[170]Zhang J., Wang S. F. & Liu M. Q.. Proton Branch of Modified Urca Process in Strong Magnetic Field and Superfluidity of Neutron Star Cores [J]. International Journal of Modern Physics E-Nuclear Physics, 2010, 19(3): 437-447.

[171]Zhang J.. The De-excited Energy of Electron Capture in Accreting Neutron Star Crusts[J]. Research in Astronomy and Astrophysics, 2015, 15(9):1483-1492.

[172]戴子高,陆埮,彭秋和. 强磁场对吸积中子星壳层中电子俘获反应的影响[J]. 中国科学(A辑), 1993, 23(4):418-426.

[173]刘门全,罗志全,彭秋和,等. 压强梯度对WS12$M_\odot$模型瞬时爆发能量的影响[J],计算物理,2006,23(4):494-498.

[174]刘门全,张洁,袁业飞. 物态方程对初生中子星星风动力学的影响[J]. 中国科学: 物理学 力学 天文学, 2013, 43(6): 787-794.

［175］刘鹏，张洁，支启军，等. 中子星质量分布与诞生方式的研究［J］. 天文学报，2018，58(3)：27.

［176］冯丹丹，刘门全，罗夏，等. 超亮超新星 ASASSN-15lh 爆炸过程所需[56]Ni 的估算［J］. 天文学报，2017，58：33.

［177］罗志全，彭秋和. 强磁场对非零温中子星壳层电子俘获反应的影响［J］. 天文学报，1996，37(4)：430-436.

［178］罗志全，彭秋和. 恒星高密环境下电荷屏蔽对电子俘获反应的影响［J］. 中国科学（A 辑），1996，26(7)：665-672.

［179］王贻仁，张锁春，谢佐恒，等. 超新星爆发机制和数值模拟［M］. 2003，郑州：河南科学出版社.

［180］徐仁新. 天体物理导论［M］. 2006，北京：北京大学出版社.

［181］张洁，王少峰. 电荷屏蔽对快中子俘获过程的影响［J］. 物理学报，2010，59(2)：1391-1395.

［182］张洁. 初生中子星星风中正反中微子的吸收反应截面［J］. 中国科学：物理学力学 天文学，2012，42(12)：1371-1376.

后　记

在完稿之际,我觉得书中仍然还有不少需要完善和补充的地方,如超新星数值模拟并没有真正实现反弹激波成功冲出铁核的过程。徐仁新教授建议尝试基于初生夸克星的光子驱动的爆发机制,并给了详细的边界条件和初始条件,这是一种基于物理基础的可行方案,但还没来得及开展。另外,我们没有使用核反应网络计算超新星抛射物的物质组份,虽然在中微子驱动星风一节,定性分析了对 r-过程核合成的影响,但具体的影响程度还要依赖于核反应网络的计算。此外,我们对一些具体问题的处理还很简略,如用一个单峰光滑函数来描述星系的恒星形成历史,本质上是采用了一个"等价的"恒星形成历史,而实际情况肯定会复杂很多。随着观测技术的进步,用实际的恒星形成历史来代替我们的工作是完全必要的。限于篇幅,书中引用的很多参考文献都没有在文末的主要参考文献中列出,感兴趣的读者可以查阅我们发表的论文,基本都能在论文的参考文献中找到它们。

在核塌缩型超新星的数值模拟方面,国内和国外还有大的差距。国内现在还没有独立开发的完整的多维核塌缩型超新星模拟程序,也没有相应的比较成熟的大型核反应网络。国外虽然有多个版本的程序并发表了很多的相关论文来介绍结果,但程序本身是严格保密的,除非能加入他们的科研团组,否则很难接触到源程序。多维超新星模拟程序和大型核反应网络的编写是非常复杂的,不光要耗费大量的精力,还需要具有很强的物理、数学和计算机编程能力。目前的程序虽然能填补国内的空白,但对于天文的意义却不大,因为国外已经做过了。这可能是很多人在选题时不选这个课题的原因。但是,要在这个很小的学科领域赶上甚至超过国外,这些基础性的工作是不可或缺的。据了解,国内已有学者在研发与大型核反应网络相关的程序,愿他们的努力能使我国在这个天文基础领域的研究更进一步。

我从硕士入学就开始学习核塌缩型超新星理论,特别是 2004 年春参加了在北京大学举办的超新星及相关核物理讲习班,其把我正式引入了超新星研究领域。在此,特别感谢中国科学院应用数学所王贻仁、张锁春、谢佐恒及北京大学医学部计算中心汪惟中几位研究员提供他们花费大量心血编写的超新星数值模拟程序和对我的指导;感谢南京大学彭秋和教授多年来对我的指导和鼓励;感谢我的导师们:西华师范大学罗志全教授、杨树政教授,中国科学技术大学袁业飞教授,上海天文台王仲翔研究员,明尼苏达大学钱永忠教授,在我硕士、博士、博士后和访学期间的悉心指导和大量支持!同时,感谢课题组的历届研究生在相关工作中的贡献!最后,感谢家人和朋友们在学习和生活上给予的支持和关怀!

刘门全

2019 年 11 月